海老原 円 著

じっくり速習
線形代数と微分積分
大学理系篇

数学書房

まえがき

　大学の理工系学部・学科の初年度における数学の授業は，「微分積分」と「線形代数」を2本の柱とするのが通例である．「微分積分」は，文字通り「微分」と「積分」を取り扱う．これらの概念は，すでに高等学校で相当程度学習している．一方，「線形代数」という言葉は，高等学校ではあまり使われないが，内容的には，中学校で学ぶ「連立1次方程式」や高等学校で学ぶ「ベクトル」の延長線上にある．

　このように，大学の理工系学部・学科における数学の授業内容の基本的な部分には，高等学校での学習の上に積み上げられた一定のスタンダードが存在する．しかしながら，ひと口に理工系学部・学科といっても，その目指すところはさまざまである．数学の授業においても，発展的な題材の取り扱い方や議論の厳密さの度合いは，それぞれの学部・学科の事情に合わせて千差万別である．

　たとえば，数学そのものを専門とし，数学の研究者の養成を目的とする学科では，一つ一つの議論に厳密な検証を加えて，精巧な建造物にも似た緊密な理論体系を構築していく．一方において，手っ取り早く数学の基礎の全体像をつかんで，それぞれの専門に活かそうとする学部・学科もある．

　当然のことながら，数学をより厳密な形で展開しようとすれば，それだけ多くの授業時間が必要になる．その場合，「微分積分」と「線形代数」はそれぞれ別のものとして講義が立てられる．場合によっては，さらに「演習」の時間が加わる．一方，限られた時間で数学を速習し，全体の俯瞰を得ることを目的としたカリキュラムを組んでいるところもある．そのような場合，微分積分と線形代数をあわせて1年間で履修を終える時間割になっていることもある．

　このように数学のカリキュラム構成が学部・学科によって異なっているのは，もちろん当然のことである．その違いはそれぞれの学部・学科の特性によるものであって，カリキュラムの優劣を論ずべきことがらではない．

　さて，本書は，「速習型」のカリキュラムに沿ったテキストを目指している．

　「速習」というと，「ものごとの結論や問題の解き方だけを提供して，なぜそのような結論になるのか，どうしてそのような解き方ができるのかということには触れず，問答無用の記憶と反復練習を強いる教育方法」というイメージが強いが，本書ではそのような方法をとらない．なぜならば，本当に基本的なことを習得するには，そのような「詰め込み方式」では不十分であり，また，非効率でもあるからである．

「速習＝結論や方法の記憶」という図式は必ずしも正しくないのである．

もちろん，「速習型」という制約がある以上，厳密性をある程度犠牲にせざるを得ない．本書においても，定理や命題の証明を省略した箇所は多い．

しかし，「根本的に理解すること」を最終目標として掲げた場合，「証明」が絶対的なツールであるとは限らない，ということをここで指摘しておこう．

数学を本格的に勉強したことがあれば納得していただけると思うが，「定理や命題を証明すること」と「その定理や命題の成り立ちを理解すること」の間には，しばしば微妙な乖離が生ずる．定理や命題の証明を記述する際，その定理や命題に対する直観的な理解内容を厳密な数学的言語の定型に落とし込むために，一種の「数学的なレトリック」が必要となることがある．証明は理解内容そのものではなく，それを論理の枠の中で「物語る」ものである．「物語」には相応の「言葉」が必要であり，時としてその言葉は，高度にレトリカルなものにならざるを得ない．本書では，そのように高度な「言葉」を必要とする証明は割愛した．

もちろん，証明を省略した場合，それに代わる「何か」が必要である．それは何か？ この問いに対する解答は，個別の局面に応じて用意する必要がある．どのような解答を与え得るかは，それを与える側の力量が問われるところであり，本書の執筆において，最も苦心した部分でもある．

ただ，これだけはいえる．

急がば，回れ．

限られた時間で物事を理解しようとするならば，基本的な部分の考察にこそ時間をかけるべきである．「速習」が成功するかどうかは，基礎的な考察にじっくり取り組めたかどうかにかかっている，といっても過言ではない．そういうわけで，本書は「じっくり速習」を目指して執筆したつもりである．

本書の構成をたどっておこう．

第 1 章 (プロローグ) は，本書全体の導入として，1 次式と 2 次式の定める図形を幾何学的に考察している．特に，空間図形のイメージを持っておくことが，本書全体の内容の理解に役立つはずである．

第 2 章から第 10 章までは，いわゆる「線形代数」の解説にあてられる．線形代数は，1 次式が関与する数学的現象を広く扱う．そういった現象を記述するにあたって，「行列」という概念が役に立つ．ひと昔前までは，高等学校において「行列」を学習していたが，本書を執筆している時点では，学生は，「行列」という概念を大学においてはじめて学ぶことになる．

第 2 章で行列とベクトルの基本演算を述べてから，第 3 章で行列を用いて連立

1 次方程式を論ずる．第 4 章，第 5 章は行列の幾何学的な側面に焦点を当て，第 6 章，第 7 章は「行列式」とよばれる特性量について説明する．第 8 章ではベクトルの内積の関連事項をまとめ，第 9 章，第 10 章では「行列の対角化」とよばれることがらを取り上げる．その応用として，2 次形式 (定数項や 1 次の項を含まない 2 次式) についても言及する．

第 11 章から第 21 章までは，微分積分を取り扱う．1 変数関数の微分積分については，高等学校でかなりの部分を学んでいるので，そういう部分は軽く触れるにとどめた．とはいえ，根本的な理解が求められるところ，あるいは，多変数関数の微分積分の理解に必要と思われるところは，じっくりと説明したつもりである．

第 11 章では，まず，関数や数列の極限について，その後の議論に必要なことがらを中心にまとめる．第 12 章，第 13 章では 1 変数関数の微分について論ずる．第 14 章，第 15 章では多変数関数の微分を取り扱う．第 16 章からは積分の話題に入る．第 16 章から第 18 章までは 1 変数関数の積分を取り扱い，第 19 章から第 21 章までは多変数関数の積分 (重積分) の解説にあてる．

微分積分の取り扱いについては，厳密性よりも直観的な理解を重視した．特に，微分については，それが 1 次式による近似である，という面を強調した．関数をミクロに考察すると，それは 1 次式に似てくる．したがって，線形代数の手法がしばしば有効である．また，1 階の微分が 0 になる点の近くでは，関数は 2 次式に近いふるまいを見せるので，2 次形式の理論が援用できる．

積分については，区分求積法との関連を重視した．というのも，区分求積法は，「細かい区画に分けて足し上げる」という手法であり，その「細かい区画」の一つ一つにおいて，近似的にではあるが，線形代数の介入が可能になるからである．まず手始めに，1 変数関数の置換積分法について，区分求積法を用いた直観的な説明を加え，それを多変数関数の積分の変数変換の理解の一助とした．さらに，重積分の変数変換において，「ヤコビアン」という形で行列式が登場する理由についても，できるだけ直観に訴える説明を採用したつもりである．

ここで，「速習型」のテキストの利点について語っておこう．

第 1 の利点は，厳密な証明の持つレトリカルな一面にあえて触れないことにより，まずは学ぶべきことがらの全体像を直観的に把握できる，ということである．もちろん，本当の意味で数学を学ぶには，それだけでは不十分である．興味のある読者には，より精密な理論を勉強していただきたい．厳密で論理的な議論には，純粋な魅力がある．その魅力に触れずして，数学の楽しさを語ることはできないので，ぜひチャレンジしていただきたい．しかし，その場合でも，「速習型」のテキストで学

んだ直観的な理解が役に立つであろう．いい方を変えれば，将来，厳密な理論体系を学ぶことにも耐え得る，しっかりとした素養を涵養することこそ，速習型テキストの使命である，ということができる．

　第2の利点は，「線形代数」と「微分積分」を1冊にまとめることによって，それらを統合的に理解することができる，ということである．そもそも「線形代数」「微分積分」という区分は便宜的なものであり，本来，数学は一つのまとまりとして理解すべきものである．本文中でも随時指摘しているが，線形代数の知識と微分積分の知識は別個のものではなく，相互に結びついている．その結びつきを1冊の本の中で述べられるのは，このような統合型のテキストの特長であるので，本書の執筆においても，その結びつきを十二分に意識した．

　最後になってしまったが，このような速習型・統合型のテキストの執筆を薦めてくださり，折にふれて貴重な助言もくださった数学書房の横山伸氏には，心より感謝申し上げたい．また，特にここでお名前を出すことは差し控えるが，本書の刊行が多くの方々に支えられたものであることを申し上げなければならない．執筆の過程において，諸々の状況が必ずしも万全とはいえないこともあったが，そのような状況下でも，直接的に，あるいは間接的に支えてくださった方々の存在なくして，本書の完成はあり得なかった．本書をそのようなすべての方々に捧げる．

2018 年晩秋　海老原 円

目　次

第 1 章	プロローグ ── 式と図形	1
1.1	平面内の直線の方程式	1
1.2	空間内の平面の方程式	1
1.3	2 変数の 2 次式のグラフとして表される曲面	3

線形代数

第 2 章	行列とベクトルの演算	6
2.1	ベクトルの加法とスカラー乗法	6
2.2	行列の定義	7
2.3	行列の加法とスカラー乗法	8
2.4	行列のベクトルへの作用	9
2.5	行列の積	10
2.6	正方行列と正則行列	12
2.7	対角行列	14
2.8	行列の区分け (ブロック分け)	14
2.9	転置行列・複素共役行列	15
第 3 章	連立 1 次方程式と行列の基本変形	17
3.1	連立 1 次方程式と係数行列・拡大係数行列	17
3.2	行列の行基本変形と連立 1 次方程式	18
3.3	掃き出し法	20
3.4	行基本変形を用いた逆行列の計算	23
3.5	行列の基本変形についての補足	25
第 4 章	$\mathbb{R}^n$ の線形部分空間	27
4.1	斉次連立 1 次方程式	27
4.2	斉次連立 1 次方程式の解空間	28
4.3	$\mathbb{R}^n$ の線形部分空間の次元	30
4.4	正方行列の正則性と階数	35

vi 目 次

第 5 章　行列と線形写像　　37

5.1　回転行列と鏡映行列 37

5.2　座標変換と行列 39

5.3　線形写像 42

5.4　次元定理 44

第 6 章　2 次と 3 次の行列式　　50

6.1　2 次の行列式 50

6.2　3 次の行列式 54

第 7 章　行列式 (一般の場合)　　60

7.1　4 次以上の行列式の性質とその計算 60

7.2　余因子と行列式の展開 62

7.3　余因子行列 64

7.4　クラメールの公式 66

7.5　行列の階数と小行列式 68

第 8 章　ベクトルの内積と行列　　70

8.1　実ベクトルと複素ベクトルの内積 70

8.2　シュワルツの不等式と三角不等式 72

8.3　正規直交基底 73

8.4　グラム–シュミットの直交化法 74

8.5　随伴行列と直交行列・ユニタリ行列 77

第 9 章　正則行列による行列の対角化　　80

9.1　行列の対角化のメカニズム 80

9.2　正則行列による対角化の実例 83

9.3　正則行列による対角化の可能性について 85

9.4　正則行列による対角化の応用 88

第 10 章　直交行列・ユニタリ行列による行列の対角化　　92

10.1　直交行列による行列の対角化 92

10.2　ユニタリ行列による対角化 96

10.3　2 次形式と対称行列 96

10.4　2 次形式の直交標準形 98

10.5　シルベスタ標準形と 2 次形式の符号 101

10.6　正定値 2 次形式と負定値 2 次形式 104

目 次　vii

微分積分

第 11 章　関数や数列の極限　　106

11.1　数直線上の区間 106

11.2　1 変数関数の極限 107

11.3　片側極限 110

11.4　数列の極限 110

11.5　極限の性質 111

11.6　連続関数 114

11.7　連続関数の性質 114

11.8　0 に近づく度合いをはかる 117

11.9　多変数関数についてのコメント 120

第 12 章　1 変数関数の微分の基本事項　　124

12.1　1 次式による近似 — フックの法則を例にとって 124

12.2　微分係数と導関数 125

12.3　関数の和・差・積・商の導関数 127

12.4　合成関数の導関数 128

12.5　逆関数の導関数 129

12.6　高階導関数 131

第 13 章　1 変数関数の微分の応用　　133

13.1　平均値の定理と関数の増減・凹凸 133

13.2　ロピタルの定理 136

13.3　テイラー展開 — 多項式による近似理論 139

第 14 章　多変数関数の微分の基本事項　　146

14.1　全微分と偏微分 146

14.2　関数の和・差・積・商の偏導関数 151

14.3　合成関数の偏導関数 151

14.4　高階の偏導関数 155

第 15 章　多変数関数の微分の応用　　158

15.1　テイラーの定理と平均値の定理 158

15.2　関数の極値と停留点 162

15.3　陰関数 167

15.4　条件付き極値問題 171

viii 目 次

第 16 章	1 変数関数の積分の基本事項	175
16.1	求積法と積分	175
16.2	積分の定義と基本的な性質	177
16.3	部分積分法	181
16.4	置換積分法	182

第 17 章	1 変数関数の積分の計算と広義積分	187
17.1	いくつかの関数の原始関数の具体例	187
17.2	有理関数の不定積分	188
17.3	$f(\sin\theta,\cos\theta)$ という形の関数の不定積分	191
17.4	特別な形の無理関数の不定積分	192
17.5	広義積分	195

第 18 章	1 変数関数の積分の応用	198
18.1	平面図形の面積	198
18.2	曲線の長さ	199
18.3	回転体の体積	200
18.4	回転体の表面積	201

第 19 章	多変数関数の積分の定義と性質	205
19.1	重積分の導入としての求積法	205
19.2	有界な関数	209
19.3	長方形上の 2 重積分	210
19.4	有界集合上の 2 重積分	212
19.5	有界な集合の面積	213
19.6	重積分の性質	215

第 20 章	多変数関数の積分の計算 — 累次積分・変数変換	216
20.1	累次積分	216
20.2	変数変換	222

第 21 章	多変数関数の積分の発展と応用	229
21.1	広義重積分	229
21.2	3 重積分	234
21.3	立体の体積	236
21.4	曲面積	237

問の解答	240

索引	260

記号

ものの集まりを**集合**といい，集合を構成する要素を**元**という．次の集合の記号は標準的に用いられる．

$\mathbb{N}$：自然数全体の集合．　$\mathbb{Z}$：(負の整数や 0 を含む) 整数全体の集合．

$\mathbb{Q}$：有理数全体の集合．　$\mathbb{R}$：実数全体の集合．　$\mathbb{C}$：複素数全体の集合．

x が集合 X の元であるとき，「x は X に**属する**」といい，$x \in X$ $(X \ni x)$ と表す．x が集合 X の元でないときは，$x \notin X$ $(X \not\ni x)$ と表す．

集合の表し方は 2 通りある．たとえば，6 の (正の) 約数を表すのに

$$X = \{\, 1, 2, 3, 6 \,\}$$

のように，集合を構成する元を書き並べ，中括弧でくくる表し方と

$$X = \{\, x \in \mathbb{N} \mid x は 6 の約数 \,\}$$

のように，中括弧の中を縦の線で区切り，前半にその集合に属する元の候補を，後半に，その候補が実際にその集合に属するための条件を書く表し方がある．

元をまったく含まない集合を**空集合**とよび，$\emptyset$ という記号で表す．

集合 A の任意の元が集合 B に属するとき，「A は B に**含まれる**」(「B は A を**含む**」)，あるいは「A は B の**部分集合である**」といい，$A \subset B$ $(B \supset A)$ と表す．A と B が等しいときも $A \subset B$ が成り立つと考える．空集合は任意の集合の部分集合であると約束する．$A \subset B$ が成り立たない場合は，$A \not\subset B$ と表す．

集合 A と集合 B が等しいとき，$A = B$ と表す．そうでないとき，$A \neq B$ と表す．

2 つの集合 X と Y の両方に属する元全体の集まりを $X \cap Y$ と表し，X と Y の**共通部分**，あるいは**交わり**という．X と Y のどちらか一方もしくは両方に属する元全体の集まりを $X \cup Y$ と表し，X と Y の**合併集合**，あるいは**和集合**という．3 つ以上の集合の交わりや和集合も同様に定義する．

集合 X には属するが Y には属さない元全体の集まりを $X \setminus Y$ と表し，X, Y の**差集合**とよぶ．

n 個の実数 $x_1, x_2, \ldots, x_n$ の中でもっとも大きいものを

$$\max\{x_1, x_2, \ldots, x_n\}, \quad \max\{x_i \mid 1 \leq i \leq n\}$$

などと表し，もっとも小さいものを

$$\min\{x_1, x_2, \ldots, x_n\}, \quad \min\{x_i \mid 1 \leq i \leq n\}$$

などと表す．

第1章

プロローグ — 式と図形

本書全体の導入として，ここでは 1 次式と 2 次式の定める図形を考察する．

1.1 平面内の直線の方程式

$f(x) = ax + b$ とする (a, b は実数)．$y = f(x)$ のグラフを考えよう．

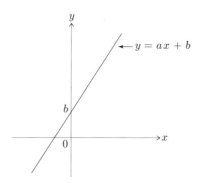

異なる 2 点 $(x_1, y_1), (x_2, y_2)$ がこの直線上にあるとし
$$x_2 - x_1 = h$$
とおくと，$y_1 = ax_1 + b, y_2 = ax_2 + b = a(x_1 + h) + b$ であるので
$$\frac{y_2 - y_1}{x_2 - x_1} = \frac{a(x_1 + h) + b - (ax_1 + b)}{h} = a$$
が成り立つ．よって，a はこのグラフの**傾き**を表す (次頁の図参照)．

a は $x = x_1$ における $f(x)$ の**微分係数** $f'(x_1)$ と一致する．

1.2 空間内の平面の方程式

$f(x, y) = ax + by + c$ とする (a, b, c は実数)．$z = f(x, y)$ は空間内の平面を表す (理由は後述)．

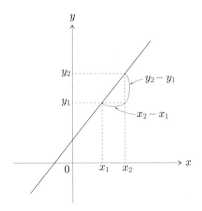

異なる 2 点 $(x_1, y_1, z_1), (x_2, y_2, z_2)$ がこの平面上にあるとし
$$x_2 = x_1 + h, \quad y_2 = y_1$$
が成り立つとすると，この 2 点を結ぶ直線の傾きは
$$\frac{z_2 - z_1}{x_2 - x_1} = \frac{a(x_1 + h) + by_1 + c - (ax_1 + by_1 + c)}{x_1 + h - x_1} = a$$
である．よって，a は「x 軸方向に沿った傾き」を表す．

同様に，b は「y 軸方向に沿った傾き」を表す．

a は関数 $f(x, y)$ の $(x, y) = (x_1, y_1)$ における x 方向の**偏微分係数**と一致し，b は y 方向の偏微分係数と一致する．偏微分係数の定義は後述する (定義 14.3).

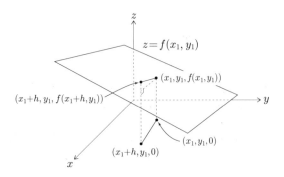

$z = ax + by + c$ は $ax + by - z + c = 0$ と書き直すことができる．そこで，一般に
$$px + qy + rz + s = 0 \tag{1.1}$$
という式で表される図形 S を考察しよう．ただし，p, q, r, s は実数とし，p, q, r

のうち，少なくとも 1 つは 0 でないと仮定する．いま，空間ベクトル $\vec{p}$ を
$$\vec{p} = (p, q, r)$$
と定め，図形 S 上の点 (x_0, y_0, z_0) を 1 つ選ぶと
$$px_0 + qy_0 + rz_0 + s = 0 \tag{1.2}$$
が成り立つ．式 (1.1) から式 (1.2) を辺々引けば
$$p(x - x_0) + q(y - y_0) + r(z - z_0) = 0 \tag{1.3}$$
が得られる．この式は，図形 S 上の点 (x_0, y_0, z_0) から (x, y, z) に向かうベクトル $(x - x_0, y - y_0, z - z_0)$ がベクトル $\vec{p} = (p, q, r)$ と直交していることを意味する．実際，式 (1.3) の左辺は，これら 2 つのベクトルの内積にほかならない．したがって，図形 S は，点 (x_0, y_0, z_0) を通り，ベクトル $\vec{p}$ と直交する平面である．

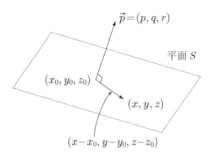

ベクトル $\vec{p}$ は平面 S の **法線ベクトル** とよばれる．

1.3　2 変数の 2 次式のグラフとして表される曲面

ここでは，2 変数の 2 次式のグラフとして表される曲面の例を 2 つ扱う．

例 1.1　$f(x, y) = x^2 + y^2$ とする．$z = f(x, y)$ の表す曲面 S の形を調べよう．k を実数とし，xy 平面に平行な平面 $z = k$ で曲面 S を切ると，切り口は
$$x^2 + y^2 = k, \quad z = k \tag{1.4}$$
という式で表される．$k < 0$ ならば切り口は存在せず，$k = 0$ ならば切り口は 1 点 (原点) である．$k > 0$ のとき，切り口は，点 $(0, 0, k)$ を中心とし，半径が $\sqrt{k}$ の円である．

今度は，平面 $y = 0$ で曲面 S を切ってみよう．切り口は

$$z = x^2, \quad y = 0 \tag{1.5}$$

と表される放物線である．同様に，平面 $x = 0$ で切ると

$$z = y^2, \quad x = 0 \tag{1.6}$$

と表される放物線が切り口としてあらわれる．

以上の考察により，曲面 S の模型を次のように作ることができる．

(1) 針金で放物線を 2 つ作り，それを xz 平面上と yz 平面上にセットする (式 (1.5) と式 (1.6) が定める図形)．

(2) 何種類かの正の実数 k に対して，半径が $\sqrt{k}$ の円を針金で作り，これを平面 $z = k$ 上にセットする (式 (1.4) が定める図形)．

(3) 針金で骨組みができたので，そこに膜を張れば，曲面 S ができる．

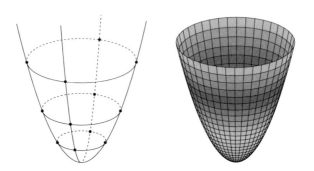

例 1.2 $g(x, y) = x^2 - y^2$ とし，$z = g(x, y)$ の表す曲面を S' とする．

曲面 S' を平面 $x = k$ で切ると，切り口は

$$z = k^2 - y^2, \quad x = k \tag{1.7}$$

である．これは，点 $(k, 0, k^2)$ を頂点とし，上に凸な放物線である．

式 (1.7) が定める放物線の頂点 $(k, 0, k^2)$ はすべて xz 平面上にある．実数 k を動かすとき，頂点 $(k, 0, k^2)$ の軌跡は

$$z = x^2, \quad y = 0 \tag{1.8}$$

である．これは，下に凸な放物線である．

したがって，曲面 S' の模型を次のように作ることができる．

(1) 下に凸な放物線を針金で作り，xz 平面上にセットする (式 (1.8) が定める図形)．

1.3 2 変数の 2 次式のグラフとして表される曲面　5

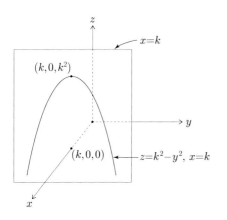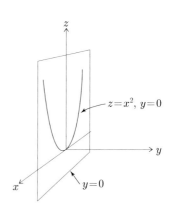

(2) 何種類かの実数 k に対して，上に凸な放物線を針金で作り，(1) の放物線上の点が頂点になるようにして，平面 $x = k$ 上にセットする (式 (1.7) が定める図形).

(3) 針金で骨組みができたので，そこに膜を張れば，曲面 S' ができる．

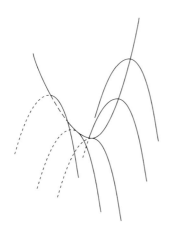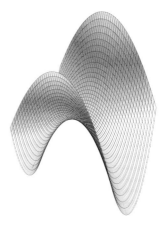

第 2 章

行列とベクトルの演算

　ここから，「線形代数」の解説をはじめる.

　まず，この章では「行列」という概念を導入し，行列やベクトルの演算について説明する.

2.1　ベクトルの加法とスカラー乗法

　ここからは，第 1 章とは異なる記法を用いる.

　n 個の数を縦に並べて括弧でくくったものを n 次元**縦ベクトル**という. 同様に，n 個の数を横に並べて括弧でくくったものを n 次元**横ベクトル**という. これ以降，単に**ベクトル**といったら，縦ベクトルをさすものとする. ベクトルを 1 つの文字で表すときは，$\boldsymbol{a}, \boldsymbol{x}$ など，小文字を太字にしたものを用いる. たとえば，n 次元ベクトル $\boldsymbol{a}$ は

$$\boldsymbol{a} = \begin{pmatrix} a_1 \\ a_2 \\ \vdots \\ a_n \end{pmatrix}$$

などと表される. a_1, a_2 などの数をベクトル $\boldsymbol{a}$ の**成分**とよぶ. 上から i 番目の成分を第 i **成分**とよぶ $(1 \leq i \leq n)$.

　成分がすべて実数であるベクトルを**実ベクトル**という. 成分が複素数のベクトルを考えることもある. そのようなベクトルは**複素ベクトル**とよばれる. n 次元実ベクトル全体の集合を $\mathbb{R}^n$ と表し，n 次元複素ベクトル全体の集合を $\mathbb{C}^n$ と表す. すべての成分が 0 であるベクトルを**零ベクトル**とよび，$\boldsymbol{0}$ と表す.

　n 次元ベクトル同士の加法や減法は，成分ごとに行う.

$$\begin{pmatrix} a_1 \\ a_2 \\ \vdots \\ a_n \end{pmatrix} \pm \begin{pmatrix} b_1 \\ b_2 \\ \vdots \\ b_n \end{pmatrix} = \begin{pmatrix} a_1 \pm b_1 \\ a_2 \pm b_2 \\ \vdots \\ a_n \pm b_n \end{pmatrix} \quad \text{(複号同順)}.$$

数 c は**スカラー**ともよばれる．ベクトルの c 倍は，すべての成分を c 倍することによって得られる．この演算は，**スカラー乗法**とよばれる．

$$c \begin{pmatrix} a_1 \\ a_2 \\ \vdots \\ a_n \end{pmatrix} = \begin{pmatrix} ca_1 \\ ca_2 \\ \vdots \\ ca_n \end{pmatrix}.$$

実ベクトルに対しても複素ベクトルに対しても同様の取り扱いができる場合は，単に「ベクトル」と記すことにする．

n 次元ベクトル $\boldsymbol{x}, \boldsymbol{y}, \boldsymbol{z}$, およびスカラー a, b に対して，次が成り立つ．

(1) $(\boldsymbol{x} + \boldsymbol{y}) + \boldsymbol{z} = \boldsymbol{x} + (\boldsymbol{y} + \boldsymbol{z})$.   (2) $\boldsymbol{y} + \boldsymbol{x} = \boldsymbol{x} + \boldsymbol{y}$.

(3) $\boldsymbol{x} + \boldsymbol{0} = \boldsymbol{x}$.   (4) $a(\boldsymbol{x} + \boldsymbol{y}) = a\boldsymbol{x} + a\boldsymbol{y}$.

(5) $(a + b)\boldsymbol{x} = a\boldsymbol{x} + b\boldsymbol{x}$.   (6) $a(b\boldsymbol{x}) = (ab)\boldsymbol{x}$.

2.2 行列の定義

mn 個の数を縦に m 個，横に n 個ずつ並べて括弧でくくったものを (m, n) 型**行列**という．$m \times n$ 行列，m 行 n 列行列などともいう．行列を 1 つの文字で表すときは，A, B などの大文字を用いることが多い．たとえば，(m, n) 型行列 A は

$$A = \begin{pmatrix} a_{11} & a_{12} & \cdots & a_{1n} \\ a_{21} & a_{22} & \cdots & a_{2n} \\ \vdots & \vdots & \ddots & \vdots \\ a_{m1} & a_{m2} & \cdots & a_{mn} \end{pmatrix}$$

などと表される．a_{11}, a_{21} などを A の**成分**とよぶ．a_{ij} は上から i 番目，左から j 番目の成分であり，(i, j) 成分とよばれる $(1 \le i \le m, 1 \le j \le n)$．成分の横の並びを**行**とよび，縦の並びを**列**とよぶ．上から i 番目の行を第 i 行とよび，左から j 番目の列を第 j 列という $(1 \le i \le m, 1 \le j \le n)$．すべての成分が 0 である行列を

8   第 2 章　行列とベクトルの演算

零行列とよび，O と表す．成分がすべて実数である行列を**実行列**という．成分が複素数の行列は**複素行列**とよばれる．(m,n) 型実行列全体の集合を $M(m,n;\mathbb{R})$ と表し，(m,n) 型複素行列全体の集合を $M(m,n;\mathbb{C})$ と表す．実行列に対しても複素行列に対しても同様の取り扱いができる場合は，単に「行列」と記す．

2.3　行列の加法とスカラー乗法

$$A = \begin{pmatrix} a_{11} & a_{12} & \cdots & a_{1n} \\ a_{21} & a_{22} & \cdots & a_{2n} \\ \vdots & \vdots & \ddots & \vdots \\ a_{m1} & a_{m2} & \cdots & a_{mn} \end{pmatrix}, \quad B = \begin{pmatrix} b_{11} & b_{12} & \cdots & b_{1n} \\ b_{21} & b_{22} & \cdots & b_{2n} \\ \vdots & \vdots & \ddots & \vdots \\ b_{m1} & b_{m2} & \cdots & b_{mn} \end{pmatrix}$$

とし，c をスカラーとするとき，$A \pm B, cA$ を次のように定める (複号同順).

$$A \pm B = \begin{pmatrix} a_{11} \pm b_{11} & a_{12} \pm b_{12} & \cdots & a_{1n} \pm b_{1n} \\ a_{21} \pm b_{21} & a_{22} \pm b_{22} & \cdots & a_{2n} \pm b_{2n} \\ \vdots & \vdots & \ddots & \vdots \\ a_{m1} \pm b_{m1} & a_{m2} \pm b_{m2} & \cdots & a_{mn} \pm b_{mn} \end{pmatrix},$$

$$cA = \begin{pmatrix} ca_{11} & ca_{12} & \cdots & ca_{1n} \\ ca_{21} & ca_{22} & \cdots & ca_{2n} \\ \vdots & \vdots & \ddots & \vdots \\ ca_{m1} & ca_{m2} & \cdots & ca_{mn} \end{pmatrix}.$$

問 2.1　$A = \begin{pmatrix} 2 & 1 & 3 \\ 1 & 0 & 2 \\ -1 & 0 & 1 \end{pmatrix}, B = \begin{pmatrix} -1 & 2 & 0 \\ 2 & 1 & -2 \\ 1 & 2 & 3 \end{pmatrix}$ に対して，$A + B, 3A$ を求めよ．

(m,n) 型行列 A, B, C, およびスカラー α, β に対して，次が成り立つ．

(1)　$(A + B) + C = A + (B + C)$.　　(2)　$B + A = A + B$.

(3)　$A + O = A$.　　(4)　$\alpha(A + B) = \alpha A + \alpha B$.

(5)　$(\alpha + \beta)A = \alpha A + \beta A$.　　(6)　$\alpha(\beta A) = (\alpha\beta)A$.

2.4 行列のベクトルへの作用

$$A = \begin{pmatrix} a_{11} & a_{12} & \cdots & a_{1n} \\ a_{21} & a_{22} & \cdots & a_{2n} \\ \vdots & \vdots & \ddots & \vdots \\ a_{m1} & a_{m2} & \cdots & a_{mn} \end{pmatrix}, \quad \boldsymbol{x} = \begin{pmatrix} x_1 \\ x_2 \\ \vdots \\ x_n \end{pmatrix}$$ とする. (m,n) 型行列 A を

n 次元ベクトル $\boldsymbol{x}$ に作用させて (かけて) 得られる m 次元ベクトル $A\boldsymbol{x}$ を

$$A\boldsymbol{x} = \begin{pmatrix} a_{11}x_1 + a_{12}x_2 + \cdots + a_{1n}x_n \\ a_{21}x_1 + a_{22}x_2 + \cdots + a_{2n}x_n \\ \vdots \\ a_{m1}x_1 + a_{m2}x_2 + \cdots + a_{mn}x_n \end{pmatrix}$$

と定める. $A\boldsymbol{x}$ の第 i 成分を求めるには, A の第 i 行の成分を左から順に選び, $\boldsymbol{x}$ の成分を上から順に選んで, 対応する成分同士をかけ合わせ, それらの合計を求めればよい. この場合, A の列の本数と $\boldsymbol{x}$ の成分の個数が一致している必要がある.

例題 2.2 $A = \begin{pmatrix} 2 & 1 \\ 4 & 3 \end{pmatrix}, B = \begin{pmatrix} 1 & 1 & 3 \\ 5 & 0 & 2 \end{pmatrix}, \boldsymbol{c} = \begin{pmatrix} 3 \\ 2 \\ 5 \end{pmatrix}$ とする.

(1) $B\boldsymbol{c}$ を求めよ.   (2) $A(B\boldsymbol{c})$ を求めよ.

[解答] (1) $B\boldsymbol{c} = \begin{pmatrix} 1 \cdot 3 + 1 \cdot 2 + 3 \cdot 5 \\ 5 \cdot 3 + 0 \cdot 2 + 2 \cdot 5 \end{pmatrix} = \begin{pmatrix} 20 \\ 25 \end{pmatrix}$.

(2) $A(B\boldsymbol{c}) = \begin{pmatrix} 2 & 1 \\ 4 & 3 \end{pmatrix} \begin{pmatrix} 20 \\ 25 \end{pmatrix} = \begin{pmatrix} 2 \cdot 20 + 1 \cdot 25 \\ 4 \cdot 20 + 3 \cdot 25 \end{pmatrix} = \begin{pmatrix} 65 \\ 155 \end{pmatrix}$.   □

問 2.3 A, B は例題 2.2 の行列とし, $\boldsymbol{x} = \begin{pmatrix} x_1 \\ x_2 \\ x_3 \end{pmatrix}$ とする.

10　第 2 章　行列とベクトルの演算

(1)　$B\boldsymbol{x}$ を求めよ．　　(2)　$A(B\boldsymbol{x})$ を求めよ．

(3)　任意の 3 次元ベクトル $\boldsymbol{x}$ に対して $A(B\boldsymbol{x}) = C\boldsymbol{x}$ が成り立つように行列 C を定めよ．

2.5　行列の積

$A = \begin{pmatrix} a_{11} & a_{12} \\ a_{21} & a_{22} \end{pmatrix}$, $B = \begin{pmatrix} b_{11} & b_{12} \\ b_{21} & b_{22} \end{pmatrix}$, $\boldsymbol{x} = \begin{pmatrix} x_1 \\ x_2 \end{pmatrix}$ とすると

$$A(B\boldsymbol{x}) = \begin{pmatrix} a_{11} & a_{12} \\ a_{21} & a_{22} \end{pmatrix} \begin{pmatrix} b_{11}x_1 + b_{12}x_2 \\ b_{21}x_1 + b_{22}x_2 \end{pmatrix}$$

$$= \begin{pmatrix} (a_{11}b_{11} + a_{12}b_{21})x_1 + (a_{11}b_{12} + a_{12}b_{22})x_2 \\ (a_{21}b_{11} + a_{22}b_{21})x_1 + (a_{21}b_{12} + a_{22}b_{22})x_2 \end{pmatrix}$$

である．そこで，行列 C を

$$C = \begin{pmatrix} a_{11}b_{11} + a_{12}b_{21} & a_{11}b_{12} + a_{12}b_{22} \\ a_{21}b_{11} + a_{22}b_{21} & a_{21}b_{12} + a_{22}b_{22} \end{pmatrix}$$

とおけば

$$A(B\boldsymbol{x}) = C\boldsymbol{x}$$

が成り立つ．$\boldsymbol{x}$ に B をかけて $B\boldsymbol{x}$ を作り，引き続き A をかけて得られるベクトルは，$\boldsymbol{x}$ に一気に行列 C をかけたものと等しい．そこで，このような行列 C を A と B の積とよび，AB と表す．したがって，次が成り立つ．

$$A(B\boldsymbol{x}) = (AB)\boldsymbol{x}.$$

一般に，(l, m) 型行列 A と (m, n) 型行列 B に対して，積 AB が定まる．AB は (l, n) 型行列であって，その $(i.j)$ 成分は

$$a_{i1}b_{1j} + a_{i2}b_{2j} + \cdots + a_{im}b_{mj} = \sum_{k=1}^{m} a_{ik}b_{kj}$$

である．ここで，a_{ik} は A の (i, k) 成分，b_{kj} は B の (k, j) 成分を表す（$1 \leq i \leq l$, $1 \leq k \leq m$, $1 \leq j \leq n$）．AB の (i, j) 成分を求めるには，行列 A の第 i 行の成分を左から順番に選び，B の第 j 列の成分を上から順番に選んで，対応する成分同士をかけ合わせ，それらの合計を求めればよい．

$$
\begin{pmatrix} \xrightarrow{\hspace{1.5cm}} \\ \text{第 } i \text{ 行} \end{pmatrix}
\begin{pmatrix} \Big\downarrow \quad \substack{\text{第}\\ j \\ \text{列}} \end{pmatrix}
=
\begin{pmatrix} \overset{\displaystyle (i,j)\,\text{成分}}{\bigcirc} \end{pmatrix}
$$

例 2.4　$A = \begin{pmatrix} 1 & 3 & 2 \\ 2 & 4 & 1 \end{pmatrix}$, $B = \begin{pmatrix} 4 & 1 \\ 2 & 5 \\ 3 & 0 \end{pmatrix}$ とするとき，AB の $(1,1)$ 成分は

$$a_{11}b_{11} + a_{12}b_{21} + a_{13}b_{31} = 1\cdot 4 + 3\cdot 2 + 2\cdot 3 = 16$$

である．ここで，A, B の (i,j) 成分をそれぞれ a_{ij}, b_{ij} と表している．また，AB の $(1,2)$ 成分は

$$a_{11}b_{12} + a_{12}b_{22} + a_{13}b_{32} = 1\cdot 1 + 3\cdot 5 + 2\cdot 0 = 16$$

である．同様に，$(2,1)$ 成分と $(2,2)$ 成分を計算することにより

$$AB = \begin{pmatrix} 16 & 16 \\ 19 & 22 \end{pmatrix}$$

であることがわかる (問 2.5 参照)．

問 2.5　A, B は例 2.4 の行列とする．AB の $(2,1)$ 成分と $(2,2)$ 成分を求めよ．

例題 2.6　例題 2.2 の行列 A, B に対して積 AB を求め，それが問 2.3 で求めた行列 C と一致することを確かめよ．

[解答]　次のような計算により，確かめられる．

$$
AB = \begin{pmatrix} 2 & 1 \\ 4 & 3 \end{pmatrix} \begin{pmatrix} 1 & 1 & 3 \\ 5 & 0 & 2 \end{pmatrix}
$$

$$
= \begin{pmatrix} 2\cdot 1 + 1\cdot 5 & 2\cdot 1 + 1\cdot 0 & 2\cdot 3 + 1\cdot 2 \\ 4\cdot 1 + 3\cdot 5 & 4\cdot 1 + 3\cdot 0 & 4\cdot 3 + 3\cdot 2 \end{pmatrix} = \begin{pmatrix} 7 & 2 & 8 \\ 19 & 4 & 18 \end{pmatrix} = C. \qquad \square
$$

問 2.7　$A = \begin{pmatrix} 3 & -5 \\ 2 & 1 \end{pmatrix}$, $B = \begin{pmatrix} 1 & 4 \\ 2 & -2 \end{pmatrix}$ とする．AB, BA を求めよ．

行列の演算に関して，次のことが成り立つ．ただし，小文字のアルファベットは

12　第 2 章　行列とベクトルの演算

スカラーを表す．また，行列の型は，演算が定義されるように選んでおく．

(1)　$A(B \pm C) = AB \pm AC$　（複号同順）．　(2)　$A(cB) = c(AB)$．

(3)　$(A \pm B)C = AC \pm BC$　（複号同順）．　(4)　$(cA)B = c(AB)$．

(5)　$AO = O$．　　(6)　$OA = O$．　　(7)　$(AB)C = A(BC)$．

問 2.8　$A = \begin{pmatrix} 1 & 2 \\ 3 & 4 \end{pmatrix}, B = \begin{pmatrix} 2 & 1 \\ 1 & 3 \end{pmatrix}, C = \begin{pmatrix} 1 & 1 \\ 2 & 1 \end{pmatrix}$ に対して

$$(AB)C = A(BC)$$

が成り立つことを確かめよ．

　行列 A, B に対して積 AB が定義されたとしても，積 BA が定義されるとは限らない．定義されたとしても，両者が一致するとは限らない (問 2.7 参照)．

2.6　正方行列と正則行列

　n は自然数とする．(n, n) 型行列を n **次正方行列**とよぶ．2 つの n 次正方行列の積は n 次正方行列である．

　特に，$(1, 1)$ 成分，$(2, 2)$ 成分，$\cdots$，(n, n) 成分がすべて 1 であり，その他の成分がすべて 0 である n 次正方行列を n **次単位行列**とよび，E_n と表す．

$$E_n = \begin{pmatrix} 1 & 0 & \cdots & 0 \\ 0 & 1 & \cdots & 0 \\ \vdots & \vdots & \ddots & \vdots \\ 0 & 0 & \cdots & 1 \end{pmatrix}.$$

　このとき，(m, n) 型行列 A に対して

$$AE_n = A, \quad E_m A = A \tag{2.1}$$

が成り立つ．単位行列は数の世界の「1」にあたる．

　問 2.9　$m = n = 2$ のときに，式 (2.1) が成り立つことを確かめよ．

　定義 2.10　A は n 次正方行列とする．

$$AX = XA = E_n$$

を満たす n 次正方行列 X が存在するとき，X を A の**逆行列**とよび，A^{-1} と表す．逆行列を持つ正方行列を**正則行列**とよぶ．n 次実正則行列全体の集合を $GL(n; \mathbb{R})$ と表し，n 次複素正則行列全体の集合を $GL(n, \mathbb{C})$ と表す．

2.6 正方行列と正則行列 13

逆行列は，数の世界の「逆数」にあたる．n 次正方行列 A の逆行列は，存在すればただ 1 つであることが知られている．A が正則ならば，A^{-1} も正則であり，$(A^{-1})^{-1} = A$ が成り立つ．単位行列 E_n は正則行列であり，$E_n^{-1} = E_n$ である．

命題 2.11 n 次正方行列 A, B が正則ならば，AB も正則であり，次が成り立つ．

$$(AB)^{-1} = B^{-1}A^{-1}.$$

証明． $(AB)(B^{-1}A^{-1}) = A(BB^{-1})A^{-1} = AE_nA^{-1} = AA^{-1} = E_n$ が成り立つ．同様に，$(B^{-1}A^{-1})(AB) = E_n$ であるので，$B^{-1}A^{-1}$ は AB の逆行列である．□

次の命題の証明は省略する．

命題 2.12 A は n 次正方行列とする．

(1) $XA = E_n$ を満たす n 次正方行列 X が存在するならば，A は正則行列であり，$X = A^{-1}$ である．

(2) $AY = E_n$ を満たす n 次正方行列 Y が存在するならば，A は正則行列であり，$Y = A^{-1}$ である．

例 2.13 $a_{11}a_{22} - a_{21}a_{12} \neq 0$ ならば，$A = \begin{pmatrix} a_{11} & a_{12} \\ a_{21} & a_{22} \end{pmatrix}$ は正則行列であり

$$A^{-1} = \frac{1}{a_{11}a_{22} - a_{21}a_{12}} \begin{pmatrix} a_{22} & -a_{12} \\ -a_{21} & a_{11} \end{pmatrix} \tag{2.2}$$

であることが計算によって確かめられる (詳細な検討は読者にゆだねる)．

例題 2.14 $A = \begin{pmatrix} 1 & 0 \\ 0 & 0 \end{pmatrix}$ は正則行列でないことを示せ．

[解答] $X = \begin{pmatrix} x_{11} & x_{12} \\ x_{21} & x_{22} \end{pmatrix}$ に対して，$AX = \begin{pmatrix} x_{11} & x_{12} \\ 0 & 0 \end{pmatrix}$ である．特に AX の $(2,2)$ 成分は 0 であるので，どのような 2 次正方行列 X に対しても，AX はけっして E_2 と一致しない．よって，A は逆行列を持たない．□

14　第 2 章　行列とベクトルの演算

2.7　対角行列

n 次正方行列の $(1,1)$ 成分, $(2,2)$ 成分, $\cdots$, (n,n) 成分を**対角成分**とよぶ. 対角成分以外の成分がすべて 0 である正方行列を**対角行列**とよぶ. たとえば

$$\begin{pmatrix} 3 & 0 \\ 0 & -2 \end{pmatrix}, \quad \begin{pmatrix} 1 & 0 & 0 \\ 0 & 0 & 0 \\ 0 & 0 & -1 \end{pmatrix}$$

は対角行列である. 対角行列同士の積は対角行列である. 実際, たとえば

$$A = \begin{pmatrix} \alpha_1 & 0 \\ 0 & \alpha_2 \end{pmatrix} \begin{pmatrix} \beta_1 & 0 \\ 0 & \beta_2 \end{pmatrix} = \begin{pmatrix} \alpha_1\beta_1 & 0 \\ 0 & \alpha_2\beta_2 \end{pmatrix}$$

が成り立つ.

2.8　行列の区分け (ブロック分け)

行列に仕切りを入れて区切ることを考えよう. たとえば

$$A = \left(\begin{array}{cc|cc} a_{11} & a_{12} & a_{13} & a_{14} \\ a_{21} & a_{22} & a_{23} & a_{24} \\ \hline a_{31} & a_{32} & a_{33} & a_{34} \\ a_{41} & a_{42} & a_{43} & a_{44} \end{array} \right), \quad B = \left(\begin{array}{cc|cc} b_{11} & b_{12} & b_{13} & b_{14} \\ b_{21} & b_{22} & b_{23} & b_{24} \\ \hline b_{31} & b_{32} & b_{33} & b_{34} \\ b_{41} & b_{42} & b_{43} & b_{44} \end{array} \right)$$

とすると, 区切られた区画はそれ自身, 行列とみなすことができる. いま, A の左上, 右上, 左下, 右下の部分をそれぞれ A_{11}, A_{12}, A_{21}, A_{22} とおき

$$A = \begin{pmatrix} A_{11} & A_{12} \\ A_{21} & A_{22} \end{pmatrix}$$

と表すことができる. 同様に, $B = \begin{pmatrix} B_{11} & B_{12} \\ B_{21} & B_{22} \end{pmatrix}$ と表すことができる. このようなことを**行列の区分け (ブロック分け)** という. 証明は省略するが, このとき

$$AB = \begin{pmatrix} A_{11}B_{11} + A_{12}B_{21} & A_{11}B_{12} + A_{12}B_{22} \\ A_{21}B_{11} + A_{22}B_{21} & A_{21}B_{12} + A_{22}B_{22} \end{pmatrix}$$

が成り立つ. つまり, (積の順序に注意は必要であるが) A, B をあたかも小さな行列が並んだ $(2,2)$ 型行列のように扱って積が計算できる.

2.9 転置行列・複素共役行列　15

　仕切りは何本あってもよいが，上のような計算が成立するためには，A の列の仕切りの位置と B の行の仕切りの位置が対応していることが必要である.

問 2.15　$A_{11} = \begin{pmatrix} 1 & 2 \\ 2 & 3 \end{pmatrix}$, $A_{12} = \begin{pmatrix} 3 \\ 1 \end{pmatrix}$, $A_{21} = \begin{pmatrix} 3 & 5 \end{pmatrix}$, $A_{22} = (4)$ とし

$$A = \begin{pmatrix} A_{11} & A_{12} \\ A_{21} & A_{22} \end{pmatrix} = \left(\begin{array}{cc|c} 1 & 2 & 3 \\ 2 & 3 & 1 \\ \hline 3 & 5 & 4 \end{array} \right)$$

とする. $B_{11} = \begin{pmatrix} 2 & 1 \\ 4 & 3 \end{pmatrix}$, $B_{21} = \begin{pmatrix} 3 & 5 \end{pmatrix}$, $B = \begin{pmatrix} B_{11} \\ B_{21} \end{pmatrix} = \left(\begin{array}{cc} 2 & 1 \\ 4 & 3 \\ \hline 3 & 5 \end{array} \right)$ とする. このとき

$$AB = \begin{pmatrix} A_{11}B_{11} + A_{12}B_{21} \\ A_{21}B_{11} + A_{22}B_{21} \end{pmatrix}$$

が成り立つことを確かめよ.

　区分けの仕方はさまざまである. たとえば，(m, n) 型行列 A を 1 列ずつ区切ることもできる. この場合，A の第 j 列を $\boldsymbol{a}_j$ とすれば $(1 \leq j \leq n)$

$$A = (\boldsymbol{a}_1\, \boldsymbol{a}_2\, \ldots\, \boldsymbol{a}_n)$$

と表される.

例 2.16　A は (l, m) 型行列とし，B は (m, n) 型行列とする. B の第 j 列を $\boldsymbol{b}_j$ とすれば，AB の第 j 列は $A\boldsymbol{b}_j$ である $(1 \leq j \leq n)$. 実際，A は区分けをせず，B は各列ごとに区分けをすれば

$$AB = A(\boldsymbol{b}_1\, \boldsymbol{b}_2\, \ldots\, \boldsymbol{b}_n) = (A\boldsymbol{b}_1\, A\boldsymbol{b}_2\, \ldots\, A\boldsymbol{b}_n)$$

が成り立つことが見てとれる.

2.9　転置行列・複素共役行列

　(m, n) 型行列 A の縦と横を入れかえた (n, m) 型行列を A の**転置行列**といい，${}^tA$ と表す. たとえば，$A = \begin{pmatrix} 1 & 2 \\ 4 & 5 \end{pmatrix}$ の転置行列は ${}^tA = \begin{pmatrix} 1 & 4 \\ 2 & 5 \end{pmatrix}$ である.

16   第 2 章　行列とベクトルの演算

命題 2.17 (l, m) 型行列 A, (m, n) 型行列 B に対して

$$^t(AB) = {}^tB\,{}^tA \tag{2.3}$$

が成り立つ.

問 2.18 $l = m = n = 2$ のときに, 式 (2.3) が成り立つことを確かめよ.

次に, 複素行列に対して **(複素) 共役行列**というものを考える.

複素数 $z = x + \sqrt{-1}\,y$ $(x, y \in \mathbb{R})$ に対して, $x - \sqrt{-1}\,y$ を z の **(複素) 共役**とよび, $\bar{z}$ と表す. 複素行列 A のすべての成分をその複素共役で取りかえた行列を A の **(複素) 共役行列**とよび, $\bar{A}$ と表す. たとえば, $A = \begin{pmatrix} \sqrt{-1} & 2 + 3\sqrt{-1} \\ 3 & 4 - 5\sqrt{-1} \end{pmatrix}$ とすると, $\bar{A} = \begin{pmatrix} -\sqrt{-1} & 2 - 3\sqrt{-1} \\ 3 & 4 + 5\sqrt{-1} \end{pmatrix}$ である.

第 3 章

連立 1 次方程式と行列の基本変形

この章では，行列を用いて連立 1 次方程式を考察する.

3.1　連立 1 次方程式と係数行列・拡大係数行列

n 個の未知数 $x_1, x_2, \ldots, x_n$ に関する連立 1 次方程式

$$\begin{cases} a_{11}x_1 + a_{12}x_2 + \cdots + a_{1n}x_n = c_1 \\ a_{21}x_1 + a_{22}x_2 + \cdots + a_{2n}x_n = c_2 \\ \qquad \vdots \\ a_{m1}x_1 + a_{m2}x_2 + \cdots + a_{mn}x_n = c_m \end{cases} \tag{3.1}$$

を考える. ここで，a_{ij}, c_i は定数とする $(1 \le i \le m,\ 1 \le j \le n)$.

$$A = \begin{pmatrix} a_{11} & a_{12} & \cdots & a_{1n} \\ a_{21} & a_{22} & \cdots & a_{2n} \\ \vdots & \vdots & \ddots & \vdots \\ a_{m1} & a_{m2} & \cdots & a_{mn} \end{pmatrix}, \quad \tilde{A} = \begin{pmatrix} a_{11} & a_{12} & \cdots & a_{1n} & c_1 \\ a_{21} & a_{22} & \cdots & a_{2n} & c_2 \\ \vdots & \vdots & \ddots & \vdots & \vdots \\ a_{m1} & a_{m2} & \cdots & a_{mn} & c_m \end{pmatrix}$$

とおき，A を連立 1 次方程式 (3.1) の**係数行列**，$\tilde{A}$ を**拡大係数行列**とよぶ. 未知数や定数項もベクトルの形にまとめて

$$\boldsymbol{x} = \begin{pmatrix} x_1 \\ x_2 \\ \vdots \\ x_n \end{pmatrix}, \quad \boldsymbol{c} = \begin{pmatrix} c_1 \\ c_2 \\ \vdots \\ c_m \end{pmatrix}$$

とおくと，連立 1 次方程式 (3.1) は

$$A\boldsymbol{x} = \boldsymbol{c} \tag{3.2}$$

と書き直すことができる.

18　第 3 章　連立 1 次方程式と行列の基本変形

3.2　行列の行基本変形と連立 1 次方程式

次のような連立 1 次方程式を消去法によって解く手順を考えてみよう.

$$
\begin{cases}
x_1 + 2x_2 - 2x_3 = -1 & \cdots \quad (1) \\
2x_1 + 4x_2 \ - x_3 = \ 7 & \cdots \quad (2) \\
-x_1 - 2x_2 \ + x_3 = -2 & \cdots \quad (3)
\end{cases} \tag{3.3}
$$

式 (2) から式 (1) の 2 倍を辺々引いて得られる式を (2′) とし, 式 (3) に式 (1) を辺々加えて得られる式を (3′) とする. このとき, 方程式 (3.3) は次の方程式 (3.4) に同値変形される.

$$
\begin{cases}
x_1 + 2x_2 - 2x_3 = -1 & \cdots \quad (1) \\
3x_3 = \ 9 & \cdots \quad (2′) \\
- x_3 = -3 & \cdots \quad (3′)
\end{cases} \tag{3.4}
$$

方程式 (3.3) と方程式 (3.4) の拡大係数行列をそれぞれ $\tilde{A}$, $\tilde{A}_1$ としよう. $\tilde{A}_1$ は $\tilde{A}$ の第 2 行から第 1 行の 2 倍を引き, 第 3 行に第 1 行を加えたものである.

$$
\tilde{A} = \begin{pmatrix} 1 & 2 & -2 & -1 \\ 2 & 4 & -1 & 7 \\ -1 & -2 & 1 & -2 \end{pmatrix} \longrightarrow \begin{pmatrix} 1 & 2 & -2 & -1 \\ 0 & 0 & 3 & 9 \\ 0 & 0 & -1 & -3 \end{pmatrix} = \tilde{A}_1.
$$

一般に, 行列に対して次の 3 種類の変形を考え, これを**行基本変形**とよぶ.

(1)　第 i 行と第 j 行を入れかえる ($i \neq j$). この変形を本書では「$R_i \leftrightarrow R_j$」と略記する.

(2)　第 i 行を c 倍する ($c \neq 0$).「$R_i \times c$」と略記する.

(3)　第 j 行の c 倍を第 i 行に加える ($i \neq j$).「$R_i + cR_j$」と略記する.

R_i は「第 i 行」を表す.「R」は「row (行)」の頭文字である.

拡大係数行列に対する行基本変形は, 次のような式変形と対応する.

(1)　「$R_i \leftrightarrow R_j$」: 第 i 式と第 j 式を入れかえる.

(2)　「$R_i \times c$」: 第 i 式の両辺を c 倍する.

(3)　「$R_i + cR_j$」: 第 i 式に第 j 式の c 倍を辺々加える.

これらの式変形は可逆である. すなわち, 適当な式変形をさらにほどこせば, もとの式に戻る. したがって, これらの式変形は同値変形であり, これを利用して連立 1 次方程式を解くことができる.

たとえば，連立 1 次方程式 (3.3) の拡大係数行列 $\tilde{A}$ に対して，上述の変形に続けて，次のような基本変形をほどこし，最後に得られる行列を $\tilde{B}$ とおく．

$$\tilde{A} = \begin{pmatrix} 1 & 2 & -2 & -1 \\ 2 & 4 & -1 & 7 \\ -1 & -2 & 1 & -2 \end{pmatrix} \xrightarrow[R_3+R_1]{R_2-2R_1} \begin{pmatrix} 1 & 2 & -2 & -1 \\ 0 & 0 & 3 & 9 \\ 0 & 0 & -1 & -3 \end{pmatrix}$$

$$\xrightarrow{R_2 \times \frac{1}{3}} \begin{pmatrix} 1 & 2 & -2 & -1 \\ 0 & 0 & 1 & 3 \\ 0 & 0 & -1 & -3 \end{pmatrix} \xrightarrow[R_3+R_2]{R_1+2R_2} \begin{pmatrix} 1 & 2 & 0 & 5 \\ 0 & 0 & 1 & 3 \\ 0 & 0 & 0 & 0 \end{pmatrix} = \tilde{B}. \qquad (3.5)$$

$\tilde{B}$ に対応する連立 1 次方程式は

$$\begin{cases} x_1 + 2x_2 = 5 \\ x_3 = 3 \\ 0 = 0 \end{cases}$$

である．方程式がここまで簡単になれば，その解は容易に求められる．実際，この場合，x_2 は任意の値 α をとることができ

$$x_1 = 5 - 2\alpha, \quad x_2 = \alpha, \quad x_3 = 3$$

という解が得られる．このような解を**一般解**とよび，α を**任意定数**とよぶ．

ここで，「階段行列」という概念を定義しよう．

定義 3.1 次の 3 つの条件をすべて満たす行列を**階段行列**という．

(1) 各行は，左端から 0 がいくつか連続して並び，そのすぐ右の成分が 1 となる．ただし，0 がまったく並ばず，左端の成分が 1 となることもある．また，行のすべての成分が 0 となることもある．

(2) 行が下にいくにつれて，左端から連続して並ぶ 0 の個数が増えていく．

(3) 左端から連続して並んだ 0 のすぐ右の成分 1 に着目すると，その成分 1 の上下の成分はすべて 0 である．

たとえば，式 (3.5) の行列 $\tilde{B}$ は階段行列である．実際，第 1 行は左端が 1 であり，その下の成分はすべて 0 である．第 2 行は左から 0 が 2 つ並び，その右が 1 である．その成分 1 の上下は 0 である．第 3 行はすべての成分が 0 である．

$$\begin{pmatrix} ① & 2 & 0 & 5 \\ 0 & 0 & ① & 3 \\ 0 & 0 & 0 & 0 \end{pmatrix}.$$

20   第 3 章　連立 1 次方程式と行列の基本変形

問 3.2　次の行列 A, B, C, D のうち，階段行列はどれか．すべて選べ．

$$A = \begin{pmatrix} 1 & 0 & 0 & 5 \\ 0 & 1 & 0 & 3 \\ 0 & 0 & 1 & 2 \end{pmatrix}, \quad B = \begin{pmatrix} 1 & 0 & 0 \\ 0 & 0 & 1 \\ 0 & 1 & 0 \end{pmatrix},$$

$$C = \begin{pmatrix} 0 & 1 & 3 & 0 & 0 & 2 \\ 0 & 0 & 0 & 1 & 0 & 3 \\ 0 & 0 & 0 & 0 & 1 & 4 \\ 0 & 0 & 0 & 0 & 0 & 0 \end{pmatrix}, \quad D = \begin{pmatrix} 1 & 0 \\ 0 & 1 \\ 1 & 2 \\ 1 & 3 \end{pmatrix}.$$

次の定理の証明は省略するが，行基本変形をくり返して階段行列を得る方法を次節で述べる．定理 3.3 に関連して，「階数」という重要な概念を導入する．

定理 3.3　A は (m, n) 型行列とする．

(1) A に行基本変形をくり返しほどこすことによって，階段行列に変形することができる．

(2) (1) で得られた階段行列において，0 でない成分を含む行の本数は，行基本変形の選び方によらず一定である．

定義 3.4　行列 A に行基本変形をくり返しほどこして得られる階段行列において，0 でない成分を含む行の本数を A の**階数** (rank) といい，rank(A) と表す．

たとえば，式 (3.5) の行列 $\tilde{A}$ に行基本変形をほどこして得られた階段行列 $\tilde{B}$ には，0 でない成分を含む行が 2 つあるので，rank($\tilde{A}$) = 2 である．

3.3　掃き出し法

行基本変形によって階段行列を得るメカニズムを調べよう．前節の式 (3.5) の最初の変形において，得られた行列の $(1, 1)$ 成分は 1 であり，その下の成分はすべて 0 となっている．たとえば，$\tilde{A}$ の $(2, 1)$ 成分は 2 であるので，変形「$R_2 - 2R_1$」をほどこした結果，新しい行列の $(2, 1)$ 成分は

$$2 - 2 \cdot 1 = 0$$

となる．同様に，$\tilde{A}$ の $(3, 1)$ 成分が -1 であるので，「$R_3 + R_1$」をほどこしている．

一般に，(i, j) 成分が c $(c \neq 0)$ のとき，第 i 行を $\dfrac{1}{c}$ 倍して (i, j) 成分を 1 とすることができる．さらに，その上下，たとえば (k, j) 成分 $(k \neq i)$ が a ならば，行基

本変形「$R_k - aR_i$」をほどこせば，(k, j) 成分は 0 になる．このようにして，「(i, j) 成分は 1，その上下の成分はすべて 0」という状態を作ることができる．このことを「(i, j) 成分を中心として第 j 列を**掃き出す**」といい，このような方法を**掃き出し法**という．

$$
\begin{pmatrix} & \vdots & \\ & \vdots & \\ & c(\neq 0) & \\ & \vdots & \\ & \vdots & \end{pmatrix}
\longrightarrow
\begin{pmatrix} & \vdots & \\ & \vdots & \\ & 1 & \\ & \vdots & \\ & \vdots & \end{pmatrix}
\longrightarrow
\begin{pmatrix} & 0 & \\ & 0 & \\ & 1 & \\ & 0 & \\ & 0 & \end{pmatrix}
$$

掃き出し法によって階段行列を作る過程を，前節の式 (3.5) に沿って観察しよう．

(1) 最初の変形によって，$(1, 1)$ 成分を中心として第 1 列を掃き出した．

$$
\begin{pmatrix} ① & * & * & * \\ 0 & * & * & * \\ 0 & * & * & * \end{pmatrix}
$$

(2) その結果，$(2, 2)$ 成分と $(3, 2)$ 成分がともに 0 であったので，第 2 列はそのままにし，その右の第 3 列に着目した．

$$
\begin{pmatrix} ① & * & * & * \\ 0 & 0 & * & * \\ 0 & 0 & * & * \end{pmatrix}
$$

(3) $(2, 3)$ 成分が 0 でないので，次のような形の行列を得るために，$(2, 3)$ 成分を中心として第 3 列を掃き出した．

$$
\begin{pmatrix} ① & * & 0 & * \\ 0 & 0 & ① & * \\ 0 & 0 & 0 & * \end{pmatrix}
$$

(4) その結果，$(3, 4)$ 成分も 0 となった．これが求める階段行列である．

$$
\begin{pmatrix} ① & * & 0 & * \\ 0 & 0 & ① & * \\ 0 & 0 & 0 & 0 \end{pmatrix}
$$

22　第 3 章　連立 1 次方程式と行列の基本変形

ここで述べた考え方は一般に通用する.

例 3.5　$\begin{pmatrix} 1 & 0 & -1 & 2 \\ 2 & 1 & 0 & 7 \\ 3 & 1 & -1 & 9 \end{pmatrix}$ に行基本変形をほどこして, 階段行列を作ろう.

(1)　$(1,1)$ 成分が 0 でないので, $(1,1)$ 成分を中心として第 1 列を掃き出す.

$$\begin{pmatrix} 1 & 0 & -1 & 2 \\ 2 & 1 & 0 & 7 \\ 3 & 1 & -1 & 9 \end{pmatrix} \xrightarrow[R_3-3R_1]{R_2-2R_1} \begin{pmatrix} 1 & 0 & -1 & 2 \\ 0 & 1 & 2 & 3 \\ 0 & 1 & 2 & 3 \end{pmatrix}.$$

(2)　$(2,2)$ 成分が 0 でないので, $(2,2)$ 成分を中心として第 2 列を掃き出す.

$$\begin{pmatrix} 1 & 0 & -1 & 2 \\ 0 & 1 & 2 & 3 \\ 0 & 1 & 2 & 3 \end{pmatrix} \xrightarrow{R_3-R_2} \begin{pmatrix} 1 & 0 & -1 & 2 \\ 0 & 1 & 2 & 3 \\ 0 & 0 & 0 & 0 \end{pmatrix}.$$

(3)　第 3 行の成分がこの場合はすべて 0 となり, 階段行列が得られた.

例 3.6　次の変形について考えてみよう.

$$\begin{pmatrix} 2 & 6 & 1 & 0 \\ 1 & 3 & 1 & 0 \\ 2 & 6 & 2 & 1 \end{pmatrix} \xrightarrow{R_1 \leftrightarrow R_2} \begin{pmatrix} 1 & 3 & 1 & 0 \\ 2 & 6 & 1 & 0 \\ 2 & 6 & 2 & 1 \end{pmatrix} \xrightarrow[R_3-2R_1]{R_2-2R_1} \begin{pmatrix} 1 & 3 & 1 & 0 \\ 0 & 0 & -1 & 0 \\ 0 & 0 & 0 & 1 \end{pmatrix}$$

$$\xrightarrow{R_2 \times (-1)} \begin{pmatrix} 1 & 3 & 1 & 0 \\ 0 & 0 & 1 & 0 \\ 0 & 0 & 0 & 1 \end{pmatrix} \xrightarrow{R_1-R_2} \begin{pmatrix} 1 & 3 & 0 & 0 \\ 0 & 0 & 1 & 0 \\ 0 & 0 & 0 & 1 \end{pmatrix}.$$

この変形は次のような考え方に基づいている.

(1)　まず, 「$R_1 \leftrightarrow R_2$」をほどこして, $(1,1)$ 成分を 1 にした (「$R_1 \times \frac{1}{2}$」をほどこすこともできるが, ここでは分数の計算を避けた).

(2)　次に, $(1,1)$ 成分を中心として第 1 列を掃き出した.

(3)　その結果, $(2,2)$ 成分と $(3,2)$ 成分がともに 0 になったので, 第 2 列はそのままにし, 右隣の第 3 列に着目し, $(2,3)$ 成分を 1 にしてから, $(2,3)$ 成分を中心に第 3 列を掃き出した.

階段行列への変形を利用して, 連立 1 次方程式を解いてみよう.

3.4 行基本変形を用いた逆行列の計算　23

例題 3.7　次の連立 1 次方程式の解を求めよ．

$$(1) \begin{cases} x_1 \quad\quad - x_3 = 2 \\ 2x_1 + x_2 \quad\quad = 7 \\ 3x_1 + x_2 - x_3 = 9 \end{cases} \quad (2) \begin{cases} 2x_1 + 6x_2 + x_3 = 0 \\ x_1 + 3x_2 + x_3 = 0 \\ 2x_1 + 6x_2 + 2x_3 = 1 \end{cases}$$

[解答]　(1)　この方程式の拡大係数行列は例 3.5 のものである．例 3.5 において最終的に得られた階段行列に対応する連立 1 次方程式は

$$\begin{cases} x_1 \quad\quad -x_3 = 2 \\ x_2 + 2x_3 = 3 \\ 0 = 0 \end{cases}$$

である．このとき，任意定数 α を用いて

$$x_3 = \alpha$$

とおけば，一般解は次のように表される．

$$x_1 = 2 + \alpha, \quad x_2 = 3 - 2\alpha, \quad x_3 = \alpha.$$

(2)　この方程式の拡大係数行列の変形は例 3.6 において調べてある．最終的に得られた階段行列に対応する連立 1 次方程式は

$$\begin{cases} x_1 + 3x_2 \quad\quad = 0 \\ x_3 = 0 \\ 0 = 1 \end{cases}$$

である．「$0 = 1$」という不合理な式があらわれたが，これは，「もし，与えられた連立 1 次方程式を満たす x_1, x_2, x_3 が存在するならば，このような不合理が生ずる」ということを意味する．したがって，この方程式には解がない．　　□

問 3.8　掃き出し法を利用して，次の連立 1 次方程式の解を求めよ．

$$(1) \begin{cases} x_1 - 2x_2 \quad\quad = 2 \\ 2x_1 - 4x_2 + x_3 = 7 \\ -x_1 + 2x_2 + 2x_3 = 4 \end{cases} \quad (2) \begin{cases} x_1 + x_2 + x_3 = 9 \\ 2x_1 + 3x_2 + x_3 = 22 \\ x_1 + 3x_2 \quad\quad = 16 \end{cases}$$

3.4　行基本変形を用いた逆行列の計算

行基本変形を用いて，n 次正則行列の逆行列を次のように求めることができる．

24　第 3 章　連立 1 次方程式と行列の基本変形

(1)　A の右隣に単位行列を並べて，$(n, 2n)$ 型行列 $(A|E_n)$ を作る.

(2)　$(A|E_n)$ 全体に行基本変形をくり返しほどこして，左側の部分を E_n に変形する. このとき，右側にあらわれた行列が A^{-1} である.

$$(A|E_n) \to \cdots \to (E_n|A^{-1}).$$

例題 3.9　$A = \begin{pmatrix} 1 & 2 & 3 \\ 2 & 5 & 7 \\ 1 & 3 & 5 \end{pmatrix}$ の逆行列を求めよ.

[**解答**]　$(A|E_3)$ に次のように行基本変形をほどこす.

$$\left(\begin{array}{ccc|ccc} 1 & 2 & 3 & 1 & 0 & 0 \\ 2 & 5 & 7 & 0 & 1 & 0 \\ 1 & 3 & 5 & 0 & 0 & 1 \end{array}\right) \xrightarrow[R_3 - R_1]{R_2 - 2R_1} \left(\begin{array}{ccc|ccc} 1 & 2 & 3 & 1 & 0 & 0 \\ 0 & 1 & 1 & -2 & 1 & 0 \\ 0 & 1 & 2 & -1 & 0 & 1 \end{array}\right)$$

$$\xrightarrow[R_3 - R_2]{R_1 - 2R_2} \left(\begin{array}{ccc|ccc} 1 & 0 & 1 & 5 & -2 & 0 \\ 0 & 1 & 1 & -2 & 1 & 0 \\ 0 & 0 & 1 & 1 & -1 & 1 \end{array}\right) \xrightarrow[R_2 - R_3]{R_1 - R_3} \left(\begin{array}{ccc|ccc} 1 & 0 & 0 & 4 & -1 & -1 \\ 0 & 1 & 0 & -3 & 2 & -1 \\ 0 & 0 & 1 & 1 & -1 & 1 \end{array}\right).$$

このことより，$A^{-1} = \begin{pmatrix} 4 & -1 & -1 \\ -3 & 2 & -1 \\ 1 & -1 & 1 \end{pmatrix}$ であることがわかる.　□

　　この方法によって逆行列が求められる理由を考えよう. 例題 3.9 の行列 A に対

して，$X = \begin{pmatrix} x_{11} & x_{12} & x_{13} \\ x_{21} & x_{22} & x_{23} \\ x_{31} & x_{32} & x_{33} \end{pmatrix}$ が $AX = E_3$ を満たすとすると，x_{11}, x_{21}, x_{31} は

$$\begin{cases} x_{11} + 2x_{21} + 3x_{31} = 1 \\ 2x_{11} + 5x_{21} + 7x_{31} = 0 \\ x_{11} + 3x_{21} + 5x_{31} = 0 \end{cases} \tag{3.6}$$

を満たす. 例題 3.9 の解答内の変形において，第 1 列，第 2 列，第 3 列，第 4 列を取り出したものは，連立 1 次方程式 (3.6) の解を求める計算にほかならない.

$$\left(\begin{array}{ccc|c} 1 & 2 & 3 & 1 \\ 2 & 5 & 7 & 0 \\ 1 & 3 & 5 & 0 \end{array}\right) \to \cdots \to \left(\begin{array}{ccc|c} 1 & 0 & 0 & 4 \\ 0 & 1 & 0 & -3 \\ 0 & 0 & 1 & 1 \end{array}\right).$$

3.5 行列の基本変形についての補足　25

よって，$x_{11} = 4, x_{21} = -3, x_{31} = 1$ である．同様に，x_{12}, x_{22}, x_{32} は

$$\begin{cases} x_{12} + 2x_{22} + 3x_{32} = 0 \\ 2x_{12} + 5x_{22} + 7x_{32} = 1 \\ x_{12} + 3x_{22} + 5x_{32} = 0 \end{cases}$$

を満たす．例題 3.9 の解答内の変形において，第 1 列，第 2 列，第 3 列，第 5 列を取り出したものが，この連立 1 次方程式の解を求める計算である．x_{13}, x_{23}, x_{33} についても同様であるので，例題 3.9 の解答内の変形の最後にあらわれた行列の右半分は $X = A^{-1}$ である．こうして，逆行列 A^{-1} を計算することができた．

問 3.10 $A = \begin{pmatrix} 1 & 2 & 4 & 6 \\ 0 & 1 & 2 & 2 \\ 2 & 4 & 9 & 13 \\ 1 & 3 & 7 & 10 \end{pmatrix}$ の逆行列を求めよ．

3.5　行列の基本変形についての補足

行列の**列基本変形**も定義しよう．次の 3 種類の変形を行列の列基本変形とよぶ．

(1)　第 i 列と第 j 列を入れかえる $(i \neq j)$：「$C_i \leftrightarrow C_j$」と略記する．

(2)　第 i 列を c 倍する $(c \neq 0)$：「$C_i \times c$」と略記する．

(3)　第 j 列の c 倍を第 i 列に加える $(i \neq j)$：「$C_i + cC_j$」と略記する．

C_i は「第 i 列」を表す．「C」は「column (列)」の頭文字である．

行基本変形と列基本変形を総称して，**基本変形**という．

(i, j) 成分が 0 でないとき，列基本変形によって，「(i, j) 成分を中心として第 i 行を掃き出す」ことができる．行基本変形と列基本変形を交えると，より簡単な形の行列が得られる．

定理 3.11 A は (m, n) 型行列とする．

(1)　A に行基本変形と列基本変形をくり返しほどこすことによって，次の形の行列 B に変形することができる．

$$B = \left(\begin{array}{c|c} E_r & O \\ \hline O & O \end{array} \right).$$

B は第 r 行と第 $(r + 1)$ 行の間，および第 r 列と第 $(r + 1)$ 列の間に仕切りを入れて区分けしている．E_r は r 次の単位行列である．

(2)　r は基本変形の選び方によらず一定であり，$r = \mathrm{rank}(A)$ である．

26　第 3 章　連立 1 次方程式と行列の基本変形

証明の概略. (1) 行列 A に行基本変形をほどこして階段行列を作り，さらに必要に応じて列の交換をほどこすことによって，次の形の行列が得られる．

$$\begin{pmatrix} 1 & 0 & \cdots & 0 & * & \cdots & * \\ 0 & 1 & \cdots & 0 & * & \cdots & * \\ \vdots & \vdots & \ddots & \vdots & \vdots & \ddots & \vdots \\ 0 & 0 & \cdots & 1 & * & \cdots & * \\ \hline 0 & 0 & \cdots & 0 & 0 & \cdots & 0 \\ \vdots & \vdots & \ddots & \vdots & \vdots & \ddots & \vdots \\ 0 & 0 & \cdots & 0 & 0 & \cdots & 0 \end{pmatrix}$$

さらに，列基本変形によって，$(1,1)$ 成分を中心として第 1 行を掃き出す．第 2 行以降についても同様の操作をくり返せば，求める形の行列 B が得られる．

(2) の証明は省略する． $\qquad\square$

例題 3.12 階段行列 $\begin{pmatrix} 1 & 2 & 0 & 4 \\ 0 & 0 & 1 & 3 \\ 0 & 0 & 0 & 0 \end{pmatrix}$ に列基本変形をくり返しほどこして，定理 3.11 の B の形の行列を作れ．

[解答]
$$\begin{pmatrix} 1 & 2 & 0 & 4 \\ 0 & 0 & 1 & 3 \\ 0 & 0 & 0 & 0 \end{pmatrix} \xrightarrow{C_2 \leftrightarrow C_3} \left(\begin{array}{cc|cc} 1 & 0 & 2 & 4 \\ 0 & 1 & 0 & 3 \\ \hline 0 & 0 & 0 & 0 \end{array}\right)$$

$$\xrightarrow[C_4-4C_1]{C_3-2C_1} \left(\begin{array}{cc|cc} 1 & 0 & 0 & 0 \\ 0 & 1 & 0 & 3 \\ \hline 0 & 0 & 0 & 0 \end{array}\right) \xrightarrow{C_4-3C_2} \left(\begin{array}{cc|cc} 1 & 0 & 0 & 0 \\ 0 & 1 & 0 & 0 \\ \hline 0 & 0 & 0 & 0 \end{array}\right).$$
$\qquad\square$

問 3.13 階段行列 $\begin{pmatrix} 1 & 2 & 0 & 3 & 0 \\ 0 & 0 & 1 & 2 & 0 \\ 0 & 0 & 0 & 0 & 1 \\ 0 & 0 & 0 & 0 & 0 \end{pmatrix}$ に列基本変形をくり返しほどこして，定理 3.11 の B の形の行列を作れ．

第 4 章

$\mathbb{R}^n$ の線形部分空間

$\mathbb{R}^n$ の線形部分空間という概念を定義し，行列の階数との関係を調べる．

4.1　斉次連立 1 次方程式

定数項がすべて 0 である連立 1 次方程式を**斉次連立 1 次方程式**という．一般に，n 個の未知数を持ち，m 本の式からなる斉次連立 1 次方程式は

$$Ax = 0 \tag{4.1}$$

と表される．ここで，A は (m, n) 型行列であり，$x = \begin{pmatrix} x_1 \\ x_2 \\ \vdots \\ x_n \end{pmatrix}$ である．

斉次連立 1 次方程式 (4.1) は必ず

$$x = 0$$

という解を持つ．これを**自明な解**とよぶ．そうでない解を**非自明な解**とよぶ．斉次連立 1 次方程式の拡大係数行列は，定数項に対応する最後の列がすべて 0 であるので，係数行列のみに着目すれば解が求まる．

例 4.1　斉次連立 1 次方程式

$$\begin{cases} x_1 - 2x_2 - x_3 + 2x_4 = 0 \\ 2x_1 - 4x_2 - x_3 + x_4 = 0 \\ 3x_1 - 6x_2 - x_3 = 0 \end{cases} \tag{4.2}$$

の係数行列を次のように変形する．

$$\begin{pmatrix} 1 & -2 & -1 & 2 \\ 2 & -4 & -1 & 1 \\ 3 & -6 & -1 & 0 \end{pmatrix} \xrightarrow[R_3 - 3R_1]{R_2 - 2R_1} \begin{pmatrix} 1 & -2 & -1 & 2 \\ 0 & 0 & 1 & -3 \\ 0 & 0 & 2 & -6 \end{pmatrix}$$

$$\xrightarrow[R_3-2R_2]{R_1+R_2} \begin{pmatrix} 1 & -2 & 0 & -1 \\ 0 & 0 & 1 & -3 \\ 0 & 0 & 0 & 0 \end{pmatrix}.$$

最後の行列に対応する斉次連立 1 次方程式は

$$\begin{cases} x_1 - 2x_2 & -x_4 = 0 \\ & x_3 - 3x_4 = 0 \end{cases}$$

である. $x_2 = \alpha$, $x_4 = \beta$ (α, β は任意定数) とおけば,方程式 (4.2) の一般解は

$$x_1 = 2\alpha + \beta, \quad x_2 = \alpha, \quad x_3 = 3\beta, \quad x_4 = \beta \tag{4.3}$$

で与えられる.ベクトルを用いれば,一般解は次のように表される.

$$\begin{pmatrix} x_1 \\ x_2 \\ x_3 \\ x_4 \end{pmatrix} = \begin{pmatrix} 2\alpha + \beta \\ \alpha \\ 3\beta \\ \beta \end{pmatrix} = \alpha \begin{pmatrix} 2 \\ 1 \\ 0 \\ 0 \end{pmatrix} + \beta \begin{pmatrix} 1 \\ 0 \\ 3 \\ 1 \end{pmatrix} \quad (\alpha, \beta \text{ は任意定数}). \tag{4.4}$$

例 4.2 ただ 1 本の式から方程式

$$x_1 - 2x_2 - 4x_3 = 0 \tag{4.5}$$

も斉次連立 1 次方程式の一種である.一般解は

$$x_1 = 2\alpha + 4\beta, \quad x_2 = \alpha, \quad x_3 = \beta \quad (\alpha, \beta \text{ は任意定数})$$

と表すことができる.ベクトルを用いれば,一般解 $\boldsymbol{x}$ は

$$\boldsymbol{x} = \alpha\boldsymbol{a} + \beta\boldsymbol{b} \quad (\alpha, \beta \text{ は任意定数}) \tag{4.6}$$

と表される.ここで,$\boldsymbol{x} = \begin{pmatrix} x_1 \\ x_2 \\ x_3 \end{pmatrix}$, $\boldsymbol{a} = \begin{pmatrix} 2 \\ 1 \\ 0 \end{pmatrix}$, $\boldsymbol{b} = \begin{pmatrix} 4 \\ 0 \\ 1 \end{pmatrix}$ である.

4.2 斉次連立 1 次方程式の解空間

空間内の点 P に対し,原点 O を始点とし,点 P を終点とするベクトル $\overrightarrow{\mathrm{OP}}$ を考えることができる.逆に,空間ベクトルが与えられたとき,そのベクトルの始点を原点 O にとったときの終点を考えれば,1 つの空間ベクトルに対して,空間内の点が 1 つ定まる.このようにして,ベクトルと空間内の点を 1 対 1 に対応させ,ベク

トルを「点」とみなすことがある．ベクトル $\boldsymbol{a} = \begin{pmatrix} a_1 \\ a_2 \\ a_3 \end{pmatrix}$ には点 (a_1, a_2, a_3) が対応するが，しばしば，縦ベクトル $\boldsymbol{a}$ そのものを「点」とみなすのである．

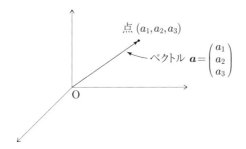

例 4.2 の連立 1 次方程式 (4.5) の実数解をベクトルの形に表し，それを空間内の点とみなすと，方程式 (4.5) の実数解全体の集合は

$$x_1 - 2x_2 - 4x_3 = 0$$

によって定まる平面である (1.2 節参照)．この平面は原点を通る．

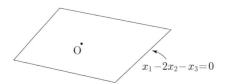

同様に，n 次元ベクトルも「点」とみなすことができ，n 次元ベクトル全体の集合 $\mathbb{R}^n$ を「n 次元空間」とみなすことができる．

定義 4.3 $\mathbb{R}^n$ の部分集合 W が次の 3 つの条件 (1), (2), (3) を満たすとき，W は $\mathbb{R}^n$ の線形部分空間であるという．

(1) $\boldsymbol{0} \in W$ である．
(2) $\boldsymbol{a}, \boldsymbol{b} \in W$ ならば，$\boldsymbol{a} + \boldsymbol{b} \in W$ である．
(3) $\boldsymbol{a} \in W$ ならば，任意の実数 c に対して $c\boldsymbol{a} \in W$ である．

たとえば，$\mathbb{R}^3$ 内の原点を通る平面は $\mathbb{R}^3$ の線形部分空間である．
$\mathbb{R}^3$ 内の原点を通る直線も $\mathbb{R}^3$ の線形部分空間である．
直観的にいえば，$\mathbb{R}^n$ の線形部分空間は，「原点を通るまっすぐな図形」である．

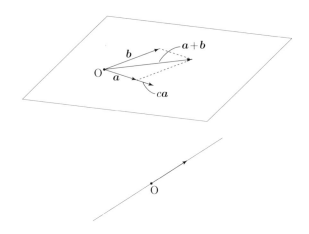

一方，次の命題は，$\mathbb{R}^n$ の線形部分空間の代数学的な側面を述べている．

命題 4.4 (m, n) 型実行列 A に対して，斉次連立 1 次方程式 (4.1) を考えるとき，その実数解全体の集合

$$V = \{\boldsymbol{x} \in \mathbb{R}^n \mid A\boldsymbol{x} = \boldsymbol{0}\}$$

は $\mathbb{R}^n$ の線形部分空間である．

問 4.5 命題 4.4 を証明せよ．

命題 4.4 の V を方程式 (4.1) の**解空間**とよぶ．

4.3 $\mathbb{R}^n$ の線形部分空間の次元

例 4.2 の連立 1 次方程式 (4.5) の解空間は，原点を通る平面である．一般解を表す式 (4.6) によれば，この解空間は 2 つのベクトル $\boldsymbol{a}, \boldsymbol{b}$ から作られるので，それは「2 次元」であると考えられるが，もう少し精密に考えてみよう．

定義 4.6 $\boldsymbol{a}_1, \boldsymbol{a}_2, \ldots, \boldsymbol{a}_k \in \mathbb{R}^n$ とする．

$$c_1\boldsymbol{a}_1 + c_2\boldsymbol{a}_2 + \cdots + c_k\boldsymbol{a}_k \quad (c_1, c_2, \ldots, c_k \in \mathbb{R})$$

という形のベクトルを $\boldsymbol{a}_1, \boldsymbol{a}_2, \ldots, \boldsymbol{a}_k$ の**線形結合 (1 次結合)** という．

定義 4.7 W は $\mathbb{R}^n$ の線形部分空間とし，$\boldsymbol{a}_1, \boldsymbol{a}_2, \ldots, \boldsymbol{a}_k \in W$ とする．W のすべての元が $\boldsymbol{a}_1, \boldsymbol{a}_2, \ldots, \boldsymbol{a}_k$ の線形結合の形に表されるとき，W は $\boldsymbol{a}_1, \boldsymbol{a}_2, \ldots, \boldsymbol{a}_k$ で**生成される (張られる)** という．

4.3 $\mathbb{R}^n$ の線形部分空間の次元　31

例 4.8　例 4.2 の方程式 (4.5) の解空間を W とすると，W は 2 つのベクトル $\boldsymbol{a}$，$\boldsymbol{b}$ で生成される (式 (4.6) 参照).

$\mathbb{R}^n$ の線形部分空間 W が何個のベクトルによって生成されるか，ということによって，W の次元が定まると考えたくなるが，話はそう単純ではない.

例 4.9　例 4.2 の方程式 (4.5) の解空間 W において

$$\boldsymbol{c} = \boldsymbol{a} + 2\boldsymbol{b}$$

とおくと，$\boldsymbol{a}$, $\boldsymbol{b}$, $\boldsymbol{c} \in W$ であり，当然，任意の $\boldsymbol{x} \in W$ は 3 つのベクトル $\boldsymbol{a}$, $\boldsymbol{b}$, $\boldsymbol{c}$ の線形結合の形に表すことができるが，「W は 3 次元である」とは考えられない.

定義 4.10　$\boldsymbol{a}_1$, $\boldsymbol{a}_2$, ..., $\boldsymbol{a}_k \in \mathbb{R}^n$ とする. 次の 2 条件 (1), (2) を満たす実数 c_1, c_2, ..., c_k が存在するとき，これらのベクトルは**線形従属** (1 次従属) であるという.

(1) c_1, c_2, ..., c_k のうち，少なくとも 1 つは 0 でない.

(2) $c_1\boldsymbol{a}_1 + c_2\boldsymbol{a}_2 + \cdots + c_k\boldsymbol{a}_k = \boldsymbol{0}$ である.

例題 4.11　$\boldsymbol{a}_1$, $\boldsymbol{a}_2$, ..., $\boldsymbol{a}_k \in \mathbb{R}^n$ とする. 次の 2 条件は同値であることを示せ.

(1) これらのベクトルは線形従属である.

(2) これらのベクトルのうち，ある 1 つのベクトルが他のベクトルの線形結合の形に表される.

[解答]　(1) $\Longrightarrow$ (2). $c_1\boldsymbol{a}_1 + c_2\boldsymbol{a}_2 + \cdots + c_k\boldsymbol{a}_k = \boldsymbol{0}$ であるとし，ある自然数 i ($1 \le i \le k$) に対して $c_i \ne 0$ とすると

$$\boldsymbol{a}_i = -\frac{c_1}{c_i}\boldsymbol{a}_1 - \cdots - \frac{c_{i-1}}{c_i}\boldsymbol{a}_{i-1} - \frac{c_{i+1}}{c_i}\boldsymbol{a}_{i+1} - \cdots - \frac{c_k}{c_i}\boldsymbol{a}_k$$

が成り立つので，(2) がしたがう.

(2) $\Longrightarrow$ (1). ある自然数 j ($1 \le j \le k$) に対して

$$\boldsymbol{a}_j = d_1\boldsymbol{a}_1 + \cdots + d_{j-1}\boldsymbol{a}_{j-1} + d_{j+1}\boldsymbol{a}_{j+1} + \cdots + d_k\boldsymbol{a}_k$$

(d_1, ..., d_{j-1}, d_{j+1}, ..., $d_k \in \mathbb{R}$) が成り立つならば

$$d_1\boldsymbol{a}_1 + \cdots + d_{j-1}\boldsymbol{a}_{j-1} - \boldsymbol{a}_j + d_{j+1}\boldsymbol{a}_{j+1} + \cdots + d_k\boldsymbol{a}_k = \boldsymbol{0}$$

が成り立つので，(1) がしたがう. $\qquad\square$

例 4.12　例 4.9 の 3 つのベクトル $\boldsymbol{a}$, $\boldsymbol{b}$, $\boldsymbol{c}$ は $\boldsymbol{a} + 2\boldsymbol{b} - \boldsymbol{c} = \boldsymbol{0}$ を満たすので，線形従属である.

32　第 4 章　$\mathbb{R}^n$ の線形部分空間

定義 4.13　$\boldsymbol{a}_1, \boldsymbol{a}_2, \ldots, \boldsymbol{a}_k \in \mathbb{R}^n$ とする.

$$c_1\boldsymbol{a}_1 + c_2\boldsymbol{a}_2 + \cdots + c_k\boldsymbol{a}_k = \boldsymbol{0}$$

を満たす実数 $c_1, c_2, \ldots, c_k$ が

$$c_1 = c_2 = \cdots = c_k = 0$$

に限られるであるとき，これらのベクトルは**線形独立** (1 次独立) であるという.

$\boldsymbol{a}_1, \boldsymbol{a}_2, \ldots, \boldsymbol{a}_k$ が線形独立であることは，これらが線形従属でないこと，つまり，どのベクトルも他のベクトルの線形結合の形に表せないことと同値である.

例題 4.14　次のベクトルの組合せは線形独立か，それとも線形従属か.

$$\boldsymbol{a}_1 = \begin{pmatrix} 1 \\ 0 \\ 2 \end{pmatrix}, \quad \boldsymbol{a}_2 = \begin{pmatrix} 2 \\ 1 \\ 3 \end{pmatrix}, \quad \boldsymbol{a}_3 = \begin{pmatrix} 0 \\ 1 \\ -1 \end{pmatrix}.$$

［解答］　$2\boldsymbol{a}_1 - \boldsymbol{a}_2 + \boldsymbol{a}_3 = \boldsymbol{0}$ であるので，これらは線形従属である.　　　　□

問 4.15　$\boldsymbol{c}_1 = \begin{pmatrix} 1 \\ 0 \end{pmatrix}, \boldsymbol{c}_2 = \begin{pmatrix} 0 \\ 1 \end{pmatrix}, \boldsymbol{c}_3 = \begin{pmatrix} 1 \\ 1 \end{pmatrix}$ とする.

(1) $\boldsymbol{c}_1, \boldsymbol{c}_2$ は線形独立か，それとも線形従属か.

(2) $\boldsymbol{c}_1, \boldsymbol{c}_2, \boldsymbol{c}_3$ は線形独立か，それとも線形従属か.

問 4.16　例 4.2 の 2 つのベクトル $\boldsymbol{a}, \boldsymbol{b}$ は線形独立であることを示せ.

定義 4.17　$\mathbb{R}^n$ の線形部分空間 W に属するベクトル $\boldsymbol{a}_1, \boldsymbol{a}_2, \ldots, \boldsymbol{a}_k$ が次の 2 つの条件を満たすとき，これらのベクトルは W の**基底**であるという.

(1) $\boldsymbol{a}_1, \boldsymbol{a}_2, \ldots, \boldsymbol{a}_k$ は線形独立である.

(2) W は $\boldsymbol{a}_1, \boldsymbol{a}_2, \ldots, \boldsymbol{a}_k$ で生成される.

$\boldsymbol{a}_1, \boldsymbol{a}_2, \ldots, \boldsymbol{a}_k$ が W の基底であるとき，これらのベクトルによって W が生成され，しかも，どの 1 つのベクトルも残りのベクトルの線形結合にはならない. つまり，W を生成するベクトルとして，「無駄」がない.

例 4.18　$\mathbb{R}^n$ 自身は $\mathbb{R}^n$ の線形部分空間である. n 個のベクトル

$$
\boldsymbol{e}_1 = \begin{pmatrix} 1 \\ 0 \\ \vdots \\ \vdots \\ 0 \end{pmatrix}, \ \boldsymbol{e}_2 = \begin{pmatrix} 0 \\ 1 \\ 0 \\ \vdots \\ 0 \end{pmatrix}, \ \ldots, \ \boldsymbol{e}_n = \begin{pmatrix} 0 \\ 0 \\ \vdots \\ 0 \\ 1 \end{pmatrix} \in \mathbb{R}^n
$$

は $\mathbb{R}^n$ の基底である. この基底を**自然基底** (**標準基底**) とよぶ. 自然基底を構成するベクトル $\boldsymbol{e}_i$ $(1 \leq i \leq n)$ を**基本単位ベクトル**とよぶ.

問 4.19 例 4.18 の $\boldsymbol{e}_1, \boldsymbol{e}_2, \ldots, \boldsymbol{e}_n$ が $\mathbb{R}^n$ の基底であることを確かめよ.

一般に，$\mathbb{R}^n$ の線形部分空間の基底の選び方は 1 通りではないが，基底を構成するベクトルの個数については，次の定理が成り立つ (証明は省略する).

定理 4.20 W は $\mathbb{R}^n$ の線形部分空間とし，$W \neq \{\boldsymbol{0}\}$ とする.

(1) W には基底が存在する.

(2) 基底を構成するベクトルの個数は，基底の選び方によらない.

定義 4.21 $\mathbb{R}^n$ の線形部分空間 W の基底を構成するベクトルの個数を W の**次元** (dimension) とよび，$\dim W$ と表す. $W = \{\boldsymbol{0}\}$ のときは，$\dim W = 0$ と定める.

例 4.22 $\dim \mathbb{R}^n = n$ である (例 4.18 参照).

例 4.23 例 4.2 の方程式 (4.5) の解空間は 2 つのベクトル $\boldsymbol{a}, \boldsymbol{b}$ を基底として持つ (例 4.8，問 4.16 参照). よって，その次元は 2 である.

例 4.24 例 4.1 の方程式 (4.2) の解空間を W とする.

$$
\boldsymbol{a}_1 = \begin{pmatrix} 2 \\ 1 \\ 0 \\ 0 \end{pmatrix}, \quad \boldsymbol{a}_2 = \begin{pmatrix} 1 \\ 0 \\ 3 \\ 1 \end{pmatrix}
$$

とするとき，これらは W の基底である. 実際，W は $\boldsymbol{a}_1, \boldsymbol{a}_2$ で生成される (式 (4.4) 参照). また，実数 α, β が $\alpha \boldsymbol{a}_1 + \beta \boldsymbol{a}_2 = \boldsymbol{0}$ を満たすとすると

$$
\alpha \boldsymbol{a}_1 + \beta \boldsymbol{a}_2 = \begin{pmatrix} 2\alpha + \beta \\ \alpha \\ 3\beta \\ \beta \end{pmatrix} = \begin{pmatrix} 0 \\ 0 \\ 0 \\ 0 \end{pmatrix} \tag{4.7}
$$

34 第 4 章 $\mathbb{R}^n$ の線形部分空間

が成り立つので,特に $\alpha = \beta = 0$ である.よって,$\boldsymbol{a}_1, \boldsymbol{a}_2$ は線形独立である.したがって,$\dim W = 2$ である.

例 4.24 において,ベクトル $\alpha\boldsymbol{a}_1 + \beta\boldsymbol{a}_2$ は方程式 (4.2) の一般解にほかならないことに注意しよう (式 (4.4),式 (4.7) 参照).一般解を与える際に,<u>$x_2 = \alpha, x_4 = \beta$</u> <u>とおいている</u>ので

$$\alpha\boldsymbol{a}_1 + \beta\boldsymbol{a}_2 = \boldsymbol{0} \implies \begin{pmatrix} x_1 \\ x_2 \\ x_3 \\ x_4 \end{pmatrix} = \begin{pmatrix} 2\alpha + \beta \\ \alpha \\ 3\beta \\ \beta \end{pmatrix} = \begin{pmatrix} 0 \\ 0 \\ 0 \\ 0 \end{pmatrix} \implies \alpha = \beta = 0$$

が成り立つことは必然の成り行きである.したがって,例 4.1 の方法で一般解を構成した場合,解空間の次元は任意定数の個数と一致する.

このように考えれば,一般に,次のことが成り立つことがわかる.

【考察】 斉次連立 1 次方程式の係数行列に行基本変形をほどこして階段行列を作り,それをもとにして,例 4.1 で述べたような方法によって一般解を構成した場合,解空間の次元は一般解に含まれる任意定数の個数と等しい.

注意 4.25 上の考察において,「例 4.1 で述べたような方法によって一般解を構成した場合」という条件は重要である.そうでない場合,一般解に含まれる任意定数の個数と解空間の次元は必ずしも一致しない.

上の考察から,次の定理が導かれる.

定理 4.26 A は (m, n) 型実行列とし,$\mathrm{rank}(A) = r$ とする.$\boldsymbol{x} = \begin{pmatrix} x_1 \\ x_2 \\ \vdots \\ x_n \end{pmatrix}$ とする.斉次連立 1 次方程式

$$A\boldsymbol{x} = \boldsymbol{0}$$

の解空間を V とすると,$\dim V = n - r$ である.

定理 4.26 が成り立つことの直観的な説明. A に行基本変形をくり返しほどこして,階段行列 B が得られたとすると,B を係数行列とする斉次連立 1 次方程式は

4.4 正方行列の正則性と階数　35

実質的に r 本の式からなる．$(n-r)$ 個の未知数に任意の値を与えたとき，その値に応じて，残りの r 個の未知数の値が定まる．一般解は $(n-r)$ 個の任意定数を含むので，解空間は $(n-r)$ 次元である．　　　　　　　　　　　　　　　□

例 4.27　斉次連立 1 次方程式 $A\boldsymbol{x} = \boldsymbol{0}$ の係数行列 A に行基本変形をくり返しほどこして，階段行列

$$B = \begin{pmatrix} 1 & 0 & -2 & 1 & 4 \\ 0 & 1 & -1 & 3 & 5 \\ 0 & 0 & 0 & 0 & 0 \end{pmatrix}$$

が得られたとする．このとき，A の階数は 2 であり，もとの連立 1 次方程式は，実質的に 2 本の式からなる連立 1 次方程式

$$\begin{cases} x_1 & -2x_3 & +x_4 & +4x_5 = 0 \\ & x_2 & -x_3 & +3x_4 & +5x_5 = 0 \end{cases}$$

に同値変形されたことになる．これは

$$\begin{cases} x_1 = 2x_3 & -x_4 & -4x_5 \\ x_2 = & x_3 & -3x_4 & -5x_5 \end{cases}$$

と書き直される．この式の形を見れば，3 個の未知数 x_3, x_4, x_5 に任意の値を与えたとき，それに応じて x_1, x_2 の値が定まることがわかる．したがって，この方程式の一般解は 3 個の任意定数を含む．よって，解空間の次元は 3 である．

問 4.28　$A = \begin{pmatrix} 1 & 1 & -1 & 0 & 2 \\ 1 & 1 & 0 & 2 & 3 \\ 3 & 3 & -1 & 4 & 8 \end{pmatrix}$ とし，$V = \{\boldsymbol{x} \in \mathbb{R}^5 \mid A\boldsymbol{x} = \boldsymbol{0}\}$ とする．

(1) $\mathrm{rank}(A)$ を求めよ．

(2) 連立 1 次方程式 $A\boldsymbol{x} = \boldsymbol{0}$ の一般解を求め，V の基底を求めることにより，$\dim V$ を求めよ．

4.4　正方行列の正則性と階数

A を n 次正方行列とすると，$\mathrm{rank}(A) \leq n$ である．

定理 4.29　n 次正方行列 A に対して，次の 2 つの条件は同値である．

(1) A は正則行列である．

(2) $\mathrm{rank}(A) = n$ である．

36　第 4 章　$\mathbb{R}^n$ の線形部分空間

証明の概略. (1) $\Longrightarrow$ (2)　A は正則行列であるとする．このとき，$A\boldsymbol{x} = \boldsymbol{0}$ を満たす n 次元ベクトル $\boldsymbol{x}$ は $\boldsymbol{0}$ のみである．実際，$A\boldsymbol{x} = \boldsymbol{0}$ の両辺に左から A^{-1} をかければ $\boldsymbol{x} = \boldsymbol{0}$ が得られる．いま，$\mathrm{rank}(A) = r$ とおく．もし $r < n$ ならば，連立 1 次方程式 $A\boldsymbol{x} = \boldsymbol{0}$ は $(n - r)$ 個の任意定数を含む一般解を持つ．特に，$\boldsymbol{x} = \boldsymbol{0}$ 以外の解を持つことになり，矛盾する．よって，$\mathrm{rank}(A) = r = n$ である．

(2) $\Longrightarrow$ (1)　$\mathrm{rank}(A) = n$ のとき，A に行基本変形をくり返しほどこして得られる階段行列は単位行列 E_n にほかならない (詳細な検討は読者にゆだねる)．$(n, 2n)$ 型行列 $(A|E_n)$ に行基本変形を繰り返しほどこして，左側の部分を E_n に変形すれば，右側に A^{-1} があらわれる．よって，A は正則行列である． $\square$

第 5 章

行列と線形写像

ベクトルへの行列の作用を幾何学的に考え，「線形写像」という概念を導入する．

5.1 回転行列と鏡映行列

$x_1 x_2$ 平面において，原点を始点とするベクトル

$$\boldsymbol{x} = \begin{pmatrix} x_1 \\ x_2 \end{pmatrix} \ (\neq \boldsymbol{0})$$

を考える．$r = \sqrt{x_1^2 + x_2^2}$ とし，ベクトル $\boldsymbol{x}$ は x_1 軸の正の向きから反時計回りに角度 θ 回転させた向きを向いているものとすれば

$$x_1 = r\cos\theta, \quad x_2 = r\sin\theta$$

が成り立つ．$\boldsymbol{x}$ を反時計回りに角度 α 回転させて得られるベクトルを

$$\boldsymbol{x}' = \begin{pmatrix} x_1' \\ x_2' \end{pmatrix}$$

とする．このとき

$$x_1' = r\cos(\theta + \alpha) = r\cos\theta\cos\alpha - r\sin\theta\sin\alpha = (\cos\alpha)x_1 - (\sin\alpha)x_2,$$

$$x_2' = r\sin(\theta + \alpha) = r\cos\theta\sin\alpha + r\sin\theta\cos\alpha = (\sin\alpha)x_1 + (\cos\alpha)x_2$$

が成り立つ．ここで，$A = \begin{pmatrix} \cos\alpha & -\sin\alpha \\ \sin\alpha & \cos\alpha \end{pmatrix}$ とおくと

$$\boldsymbol{x}' = \begin{pmatrix} x_1' \\ x_2' \end{pmatrix} = \begin{pmatrix} \cos\alpha & -\sin\alpha \\ \sin\alpha & \cos\alpha \end{pmatrix} \begin{pmatrix} x_1 \\ x_2 \end{pmatrix} = A\boldsymbol{x}$$

が成り立つ．行列 A をかけることによって，ベクトルが反時計回りに角度 α 回転するので，この行列 A を**回転行列**とよぶ．

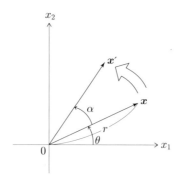

問 5.1 平面ベクトル $\begin{pmatrix} 1 \\ 1 \end{pmatrix}$ を反時計回りに角度 $\dfrac{\pi}{6}$ 回転させて得られるベクトルを求めよ．

次に，x_1 軸を原点を中心として反時計回りに角度 α 回転させて得られる直線を l とし，$\boldsymbol{x}$ を直線 l に関して線対称に折り返して得られるベクトルを

$$\boldsymbol{x}'' = \begin{pmatrix} x_1'' \\ x_2'' \end{pmatrix} = \begin{pmatrix} r\cos\theta'' \\ r\sin\theta'' \end{pmatrix}$$

とするとき，α は θ と θ'' の「平均値」であると考えられるので

$$\alpha = \frac{\theta + \theta''}{2}$$

が成り立つとしてよい．このとき，$\theta'' = 2\alpha - \theta$ であり

$$\begin{aligned}
x_1'' &= r\cos(2\alpha - \theta) = r\cos 2\alpha \cos\theta + r\sin 2\alpha \sin\theta \\
&= (\cos 2\alpha)x_1 + (\sin 2\alpha)x_2, \\
x_2'' &= r\sin(2\alpha - \theta) = r\sin 2\alpha \cos\theta - r\cos 2\alpha \sin\theta \\
&= (\sin 2\alpha)x_1 - (\cos 2\alpha)x_2
\end{aligned}$$

が成り立つ．ここで，$B = \begin{pmatrix} \cos 2\alpha & \sin 2\alpha \\ \sin 2\alpha & -\cos 2\alpha \end{pmatrix}$ とおくと

$$\boldsymbol{x}'' = B\boldsymbol{x}$$

が成り立つ．この行列 B を**鏡映行列**とよぶ．

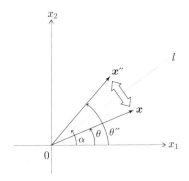

5.2 座標変換と行列

行列を用いて座標の変換を表すこともできる.

x_1x_2 平面上で,原点を始点とし,x_1 軸,x_2 軸に沿ったベクトル

$$\boldsymbol{e}_1 = \begin{pmatrix} 1 \\ 0 \end{pmatrix}, \quad \boldsymbol{e}_2 = \begin{pmatrix} 0 \\ 1 \end{pmatrix}$$

を考える.$A = \begin{pmatrix} a_{11} & a_{12} \\ a_{21} & a_{22} \end{pmatrix}$ は正則行列とし,$\boldsymbol{e}'_1 = A\boldsymbol{e}_1, \boldsymbol{e}'_2 = A\boldsymbol{e}_2$ とおくと

$$\boldsymbol{e}'_1 = \begin{pmatrix} a_{11} \\ a_{21} \end{pmatrix} = a_{11}\boldsymbol{e}_1 + a_{21}\boldsymbol{e}_2, \quad \boldsymbol{e}'_2 = \begin{pmatrix} a_{12} \\ a_{22} \end{pmatrix} = a_{12}\boldsymbol{e}_1 + a_{22}\boldsymbol{e}_2$$

が成り立つ.いま,ベクトル $\boldsymbol{x}$ が

$$\boldsymbol{x} = c_1\boldsymbol{e}_1 + c_2\boldsymbol{e}_2 = c'_1\boldsymbol{e}'_1 + c'_2\boldsymbol{e}'_2 \tag{5.1}$$

$(c_1, c_2, c'_1, c'_2 \in \mathbb{R})$ と表されるとする.このとき

$$c_1\boldsymbol{e}_1 + c_2\boldsymbol{e}_2 = c'_1\boldsymbol{e}'_1 + c'_2\boldsymbol{e}'_2 = c'_1(a_{11}\boldsymbol{e}_1 + a_{21}\boldsymbol{e}_2) + c'_2(a_{12}\boldsymbol{e}_1 + a_{22}\boldsymbol{e}_2)$$
$$= (a_{11}c'_1 + a_{12}c'_2)\boldsymbol{e}_1 + (a_{21}c'_1 + a_{22}c'_2)\boldsymbol{e}_2$$

であるので

$$c_1 = a_{11}c'_1 + a_{12}c'_2, \quad c_2 = a_{21}c'_1 + a_{22}c'_2$$

という関係式が得られる.これは次のように書き直すことができる.

$$\begin{pmatrix} c_1 \\ c_2 \end{pmatrix} = A \begin{pmatrix} c'_1 \\ c'_2 \end{pmatrix}. \tag{5.2}$$

ここで，次の図のように，e_1' に沿って y_1 軸を，e_2' に沿って y_2 軸をとり，それぞれ e_1', e_2' を 1 単位とする目盛を入れる．「$x_1 x_2$ 座標を用いて $\boldsymbol{x}$ を表すと $\begin{pmatrix} c_1 \\ c_2 \end{pmatrix}$ であり，$y_1 y_2$ 座標を用いて表すと $\begin{pmatrix} c_1' \\ c_2' \end{pmatrix}$ である」と解釈することでできるので，式 (5.2) は座標変換を表す関係式であると考えられる．

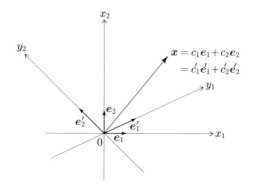

例 5.2 A が回転行列の場合を考えよう．$x_1 x_2$ 平面において，双曲線
$$C : x_1 x_2 = \frac{1}{2}$$
があるとする．座標軸を反時計回りに角度 $\dfrac{\pi}{4}$ 回転し，$y_1 y_2$ 座標を作る．$x_1 x_2$ 座標を用いて (a_1, a_2) と表される点 P が $y_1 y_2$ 座標を用いて (a_1', a_2') と表されるとすると，式 (5.2) に相当する式は
$$\begin{pmatrix} a_1 \\ a_2 \end{pmatrix} = \begin{pmatrix} \frac{1}{\sqrt{2}} & -\frac{1}{\sqrt{2}} \\ \frac{1}{\sqrt{2}} & \frac{1}{\sqrt{2}} \end{pmatrix} \begin{pmatrix} a_1' \\ a_2' \end{pmatrix} = \begin{pmatrix} \frac{1}{\sqrt{2}} a_1' - \frac{1}{\sqrt{2}} a_2' \\ \frac{1}{\sqrt{2}} a_1' + \frac{1}{\sqrt{2}} a_2' \end{pmatrix}$$
となる．点 P が双曲線 C 上にあるとすれば
$$a_1 a_2 = \frac{1}{2}$$
が成り立つので，a_1', a_2' は
$$\left(\frac{1}{\sqrt{2}} a_1' - \frac{1}{\sqrt{2}} a_2' \right) \left(\frac{1}{\sqrt{2}} a_1' + \frac{1}{\sqrt{2}} a_2' \right) = \frac{1}{2},$$
を満たす．整理すれば，${a_1'}^2 - {a_2'}^2 = 1$ が得られる．したがって，$y_1 y_2$ 座標を用いた場合，曲線 C は

$$y_1^2 - y_2^2 = 1$$

という式で表されることがわかる．

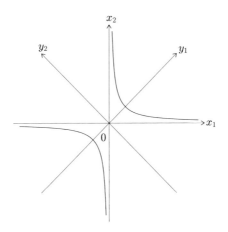

例題 5.3 x_1x_2 平面において

$$3x_1^2 - 2\sqrt{3}x_1x_2 + 5x_2^2 = 6 \tag{5.3}$$

という式で表される曲線 C がある．x_1x_2 座標を反時計回りに角度 $\dfrac{\pi}{6}$ 回転させて y_1y_2 座標を作る．曲線 C を y_1y_2 座標を用いた式で表せ．

［解答］ 座標変換の式は

$$\begin{pmatrix} x_1 \\ x_2 \end{pmatrix} = \begin{pmatrix} \frac{\sqrt{3}}{2} & -\frac{1}{2} \\ \frac{1}{2} & \frac{\sqrt{3}}{2} \end{pmatrix} \begin{pmatrix} y_1 \\ y_2 \end{pmatrix}$$

と表される．これを式 (5.3) の左辺に代入して整理すると

$$3\left(\frac{\sqrt{3}}{2}y_1 - \frac{1}{2}y_2\right)^2 - 2\sqrt{3}\left(\frac{\sqrt{3}}{2}y_1 - \frac{1}{2}y_2\right)\left(\frac{1}{2}y_1 + \frac{\sqrt{3}}{2}y_2\right)$$
$$+ 5\left(\frac{1}{2}y_1 + \frac{\sqrt{3}}{2}y_2\right)^2$$
$$= 2y_1^2 + 6y_2^2$$

が得られる．よって，曲線 C は y_1y_2 座標を用いて

$$y_1^2 + 3y_2^2 = 3$$

と表される． □

42　第 5 章　行列と線形写像

5.3　線形写像

5.1 節で回転行列と鏡映行列を紹介したが，ここでは，「行列をかけることによって図形を変化させる」ということを一般的に考えてみよう.

まず，「写像」という概念について述べる.

X, Y は空集合でない集合とする．X の各元に Y の元が 1 つずつ対応しているとき，その対応を X から Y への**写像**という．写像を 1 つの文字で表すときは，アルファベットやギリシャ文字などを用いる．f が X から Y への写像であることを

$$f : X \to Y$$

と表す．写像 $f : X \to Y$ によって集合 X の元 x が集合 Y の元 y に対応しているとするとき，この元 y を f による x の**像**とよび，$f(x)$ と表す.

$y = f(x)$ であることを

$$f : x \mapsto y \quad (\text{あるいは単に } x \mapsto y)$$

と表す．このとき，「x は写像 f によって y にうつされる」などという.

次に，行列の定める写像について述べる．A は (m, n) 型実行列とする．n 次元実ベクトル $\boldsymbol{x}$ に対して m 次元実ベクトル $A\boldsymbol{y}$ を対応させる写像を本書では

$$T_A : \mathbb{R}^n \to \mathbb{R}^m$$

と表す．これは次のように定まる写像である.

$$T_A(\boldsymbol{x}) = A\boldsymbol{x} \quad (\boldsymbol{x} \in \mathbb{R}^n).$$

ここで，$\mathbb{R}^n, \mathbb{R}^m$ はそれぞれ n 次元実ベクトル全体の集合，m 次元実ベクトル全体の集合である．次のような表記を用いることもある.

$$T_A : \mathbb{R}^n \ni \boldsymbol{x} \mapsto T_A(\boldsymbol{x}) = A\boldsymbol{x} \in \mathbb{R}^m.$$

例 5.4　$A = \begin{pmatrix} \cos\alpha & -\sin\alpha \\ \sin\alpha & \cos\alpha \end{pmatrix}$ とすると，写像 $T_A : \mathbb{R}^2 \to \mathbb{R}^2$ は「平面ベクトルを反時計回りに角度 α 回転させる」という作用を表す.

例 5.5　$C = \begin{pmatrix} 1 & 0 \\ 0 & 0 \end{pmatrix}$ とすると，$T_C : \mathbb{R}^2 \to \mathbb{R}^2$ は

$$T_C : \begin{pmatrix} x_1 \\ x_2 \end{pmatrix} \mapsto \begin{pmatrix} 1 & 0 \\ 0 & 0 \end{pmatrix}\begin{pmatrix} x_1 \\ x_2 \end{pmatrix} = \begin{pmatrix} x_1 \\ 0 \end{pmatrix}$$

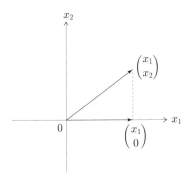

という対応を与える．この写像は x_1 軸への**正射影**とよばれる (上図参照)．

問 5.6 $A = \begin{pmatrix} a_{11} & a_{12} \\ a_{21} & a_{22} \end{pmatrix}, e_1 = \begin{pmatrix} 1 \\ 0 \end{pmatrix}, e_2 = \begin{pmatrix} 0 \\ 1 \end{pmatrix}$ とする．このとき，$T_A(e_1)$, $T_A(e_2)$, $T_A(e_1 + e_2)$ を求めよ．

(m,n) 型実行列 A，n 次元実ベクトル $\boldsymbol{x}, \boldsymbol{y}$，実数 c に対して，次が成り立つ．

$$T_A(\boldsymbol{x} + \boldsymbol{y}) = A(\boldsymbol{x} + \boldsymbol{y}) = A\boldsymbol{x} + A\boldsymbol{y} = T_A(\boldsymbol{x}) + T_A(\boldsymbol{y}),$$

$$T_A(c\boldsymbol{x}) = A(c\boldsymbol{x}) = cA\boldsymbol{x} = cT_A(\boldsymbol{x}).$$

ここで 1 つ定義を述べよう．

定義 5.7 次の 2 条件を満たす写像 $T : \mathbb{R}^n \to \mathbb{R}^m$ を**線形写像**という．
  (1) 任意の n 次元実ベクトル $\boldsymbol{x}, \boldsymbol{y}$ に対して，$T(\boldsymbol{x} + \boldsymbol{y}) = T(\boldsymbol{x}) + T(\boldsymbol{y})$．
  (2) 任意の n 次元実ベクトル $\boldsymbol{x}$，任意の実数 c に対して，$T(c\boldsymbol{x}) = cT(\boldsymbol{x})$．

問 5.8 線形写像 $T : \mathbb{R}^n \to \mathbb{R}^m$ に対して，$T(\boldsymbol{0}) = \boldsymbol{0}$ が成り立つことを示せ．

上述の写像 T_A は線形写像である．これを**行列 A によって定まる線形写像**とよぶ．じつは，次の命題が成り立つ (証明は省略する)．

命題 5.9 任意の線形写像 $T : \mathbb{R}^n \to \mathbb{R}^m$ は，ある (m,n) 型実行列 A によって定まる写像 T_A と一致する．

線形写像 $T : \mathbb{R}^n \to \mathbb{R}^m$ の持つ幾何学的性質を $n = m = 2$ の場合に考えてみよう．$T : \mathbb{R}^2 \to \mathbb{R}^2$ は線形写像とする．4.2 節で述べたように，ベクトルは平面上の点と

みなし，$\mathbb{R}^2$ は平面であると考えられる．いま，基本単位ベクトル e_1, e_2 に対して
$$T(e_1 + e_2) = T(e_1) + T(e_2)$$
が成り立つので，e_1, e_2 の作る正方形は，写像 T によって，$T(e_1), T(e_2)$ の作る平行四辺形にうつされる (下図参照)．ただし，平行四辺形が「つぶれてしまう」こともある．また，座標平面上の格子模様は，写像 T によって，「ひしゃげた格子模様」にうつされる (つぶれてしまうこともある)．

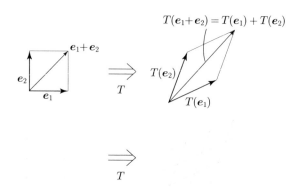

5.4 次元定理

定義 5.10 $V = \mathbb{R}^n$, $V' = \mathbb{R}^m$ とし，$T : V \to V'$ は線形写像とする．

(1) V' の部分集合
$$\{T(\boldsymbol{x}) \,|\, \boldsymbol{x} \in V\}$$
を T の**像** (image) とよび，$\mathrm{Im}(T)$ と表す．

(2) V の部分集合
$$\{\boldsymbol{x} \in V \,|\, T(\boldsymbol{x}) = \boldsymbol{0}\}$$
を T の**核** (kernel) とよび，$\mathrm{Ker}(T)$ と表す．

線形写像 $T : V \to V'$ の像 $\mathrm{Im}(T)$ は $T(\boldsymbol{x})$ $(\boldsymbol{x} \in V)$ と表される V' の元全体の集合であり，核 $\mathrm{Ker}(T)$ は $T(\boldsymbol{x}) = \boldsymbol{0}$ となる V の元 $\boldsymbol{x}$ 全体の集合である．

例 5.11 例 5.5 の線形写像 $T_C : \mathbb{R}^2 \to \mathbb{R}^2$ に対して

$$\mathrm{Ker}(T_C) = \left\{ \begin{pmatrix} 0 \\ x_2 \end{pmatrix} \,\bigg|\, x_2 \in \mathbb{R} \right\}, \quad \mathrm{Im}(T_C) = \left\{ \begin{pmatrix} x_1 \\ 0 \end{pmatrix} \,\bigg|\, x_1 \in \mathbb{R} \right\}$$

が成り立つ (下図参照. 詳細な検討は読者にゆだねる).

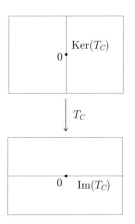

命題 5.12 $V = \mathbb{R}^n$, $V' = \mathbb{R}^m$ とし, $T : V \to V'$ は線形写像とする.

(1) $\mathrm{Im}(T)$ は V' の線形部分空間である.

(2) $\mathrm{Ker}(T)$ は V の線形部分空間である.

問 5.13 命題 5.12 を証明せよ.

さて, (m, n) 型実行列 A によって定まる写像 $T_A : \mathbb{R}^n \to \mathbb{R}^m$ について, $\mathrm{Ker}(T_A)$ や $\mathrm{Im}(T_A)$ の次元を調べよう. まず, 次の命題を示す.

命題 5.14 A は (m, n) 型実行列とし, $\mathrm{rank}(A) = r$ とすると

$$\dim \mathrm{Ker}(T_A) = n - r$$

が成り立つ.

証明. $A\boldsymbol{x} = \boldsymbol{0}$ を斉次連立 1 次方程式と考え, その解空間を W とすると

$$W = \{\boldsymbol{x} \in \mathbb{R}^n \,|\, A\boldsymbol{x} = \boldsymbol{0}\} = \{\boldsymbol{x} \in \mathbb{R}^n \,|\, T_A(\boldsymbol{x}) = \boldsymbol{0}\} = \mathrm{Ker}(T_A)$$

である. よって, 定理 4.26 により, $\dim \mathrm{Ker}(T_A) = \dim W = n - r$ が得られる. □

次に, $\mathrm{Im}(T_A)$ とその次元について, 順を追って考察しよう.

46　第 5 章　行列と線形写像

命題 5.15 A は (m, n) 型実行列とし, $\boldsymbol{a}_j$ は A の第 j 列ベクトルとする ($1 \leq j \leq n$). このとき, $\operatorname{Im}(T_A)$ は $\boldsymbol{a}_1, \boldsymbol{a}_2, \ldots, \boldsymbol{a}_n$ で生成される.

証明. $\boldsymbol{y} \in \operatorname{Im}(T_A)$ を任意に選ぶと, ある $\boldsymbol{x} \in \mathbb{R}^n$ を用いて

$$\boldsymbol{y} = T_A(\boldsymbol{x}) = A\boldsymbol{x}$$

と表される. このとき, $\boldsymbol{y}$ は $\boldsymbol{a}_1, \boldsymbol{a}_2, \ldots, \boldsymbol{a}_n$ の線形結合の形に表される. 実際, $\boldsymbol{x}$ の第 j 成分を x_j とすると ($1 \leq j \leq n$)

$$\boldsymbol{y} = A\boldsymbol{x} = (\boldsymbol{a}_1 \, \boldsymbol{a}_2 \, \ldots \, \boldsymbol{a}_n) \begin{pmatrix} x_1 \\ x_2 \\ \vdots \\ x_n \end{pmatrix} = x_1 \boldsymbol{a}_1 + x_2 \boldsymbol{a}_2 + \cdots + x_n \boldsymbol{a}_n$$

が成り立つ. $\operatorname{Im}(T_A)$ に属する任意のベクトル $\boldsymbol{y}$ が $\boldsymbol{a}_1, \boldsymbol{a}_2, \ldots, \boldsymbol{a}_n$ の線形結合の形に表されるので, $\operatorname{Im}(T_A)$ は $\boldsymbol{a}_1, \boldsymbol{a}_2, \ldots, \boldsymbol{a}_n$ で生成される. $\qquad\square$

系 5.16 A は (m, n) 型実行列とし, $\operatorname{rank}(A) = r$ とする. A に列基本変形をくり返しほどこして, 階段行列を転置した形の行列

$$B = (\boldsymbol{b}_1 \, \boldsymbol{b}_2 \, \cdots \, \boldsymbol{b}_r \, \boldsymbol{0} \, \cdots \, \boldsymbol{0})$$

を得たとする. このとき, $\boldsymbol{b}_1, \boldsymbol{b}_2, \ldots, \boldsymbol{b}_r$ は $\operatorname{Im}(T_A)$ の基底であり

$$\dim \operatorname{Im}(T_A) = r = \operatorname{rank}(A)$$

が成り立つ.

証明の概略. $A = (\boldsymbol{a}_1 \, \boldsymbol{a}_2 \, \cdots \, \boldsymbol{a}_n)$ とする. A から B への変形を逆にたどる列基本変形によって, B は A に変形されるので, $\boldsymbol{a}_1, \boldsymbol{a}_2, \ldots, \boldsymbol{a}_n$ は $\boldsymbol{b}_1, \boldsymbol{b}_2, \ldots, \boldsymbol{b}_r$ の線形結合の形に表される. 命題 5.15 により, $\operatorname{Im}(T_A)$ は $\boldsymbol{a}_1, \boldsymbol{a}_2, \ldots, \boldsymbol{a}_n$ で生成されるので, それは $\boldsymbol{b}_1, \boldsymbol{b}_2, \ldots, \boldsymbol{b}_r$ で生成される. また, B は階段行列を転置した形の行列であるので, $\boldsymbol{b}_1, \boldsymbol{b}_2, \ldots, \boldsymbol{b}_r$ は線形独立である (詳細な検討は読者にゆだねる). よって, $\boldsymbol{b}_1, \boldsymbol{b}_2, \ldots, \boldsymbol{b}_r$ は $\operatorname{Im}(T_A)$ の基底であり, 系の結論が成り立つ. $\qquad\square$

次の 2 つの系も得られる.

系 5.17 (m, n) 型実行列 A の線形独立な列ベクトルの最大個数は $\operatorname{rank}(A)$ と等しい.

5.4 次元定理 47

証明の概略. 命題 5.15 により, $\mathrm{Im}(T_A)$ は A の n 個の列ベクトルで生成される. これらが線形独立ならば

$$\mathrm{rank}(A) = \dim \mathrm{Im}(T_A) = n$$

である. そうでないならば, ある列ベクトル (それを $\boldsymbol{a}_k$ とする) は他の列ベクトルの線形結合の形に表されるので, $\mathrm{Im}(T_A)$ は $\boldsymbol{a}_k$ を除いた $(n-1)$ 個の列ベクトルで生成される. これら $(n-1)$ 個のベクトルが線形独立ならば

$$\mathrm{rank}(A) = \dim \mathrm{Im}(T_A) = n - 1$$

である. そうでないならば, 同様の操作をくり返す. 最終的に線形独立な列ベクトルを選ぶことができ, その個数は $\dim \mathrm{Im}(T_A)\,(= \mathrm{rank}(A))$ と等しい. □

系 5.18 n 次実正方行列 A に対して, 次の 2 つの条件は同値である.

(1) A は正則行列である.

(2) A の n 個の列ベクトルは線形独立である.

証明. 定理 4.29 と系 5.17 よりしたがう (詳細な検討は読者にゆだねる). □

ここで, **次元定理**とよばれる基本的な定理を述べておく.

定理 5.19 (次元定理) $V = \mathbb{R}^n$, $V' = \mathbb{R}^m$ とし, $T : V \to V'$ は線形写像とするとき

$$\dim V = \dim \mathrm{Ker}(T) + \dim \mathrm{Im}(T)$$

が成り立つ.

証明. 命題 5.9 により, T はある (m, n) 型行列 A が定める線形写像 T_A と等しい. $\mathrm{rank}(A) = r$ とすると, 命題 5.14 により $\dim \mathrm{Ker}(T) = n - r$ であり, 系 5.16 により $\dim \mathrm{Im}(T) = r$ である. また, $\dim V = n$ である. よって

$$\dim \mathrm{Ker}(T) + \dim \mathrm{Im}(T) = (n - r) + r = n = \dim V$$

が成り立つ. □

例題 5.20 写像 $T : \mathbb{R}^4 \to \mathbb{R}^3$ を次のように定める.

$$T : \mathbb{R}^4 \ni \begin{pmatrix} x_1 \\ x_2 \\ x_3 \\ x_4 \end{pmatrix} \mapsto \begin{pmatrix} x_1 + 3x_2 + 2x_3 + 5x_4 \\ 3x_1 + 4x_2 + x_3 \\ 2x_1 + 3x_2 + x_3 + x_4 \end{pmatrix} \in \mathbb{R}^3.$$

48   第 5 章　行列と線形写像

(1) T はある $(3,4)$ 型行列 A によって定まる線形写像である．A を求めよ．

(2) $\mathrm{Ker}(T)$ の基底を 1 組求め，$\dim \mathrm{Ker}(T)$ を求めよ．

(3) $\mathrm{Im}(T)$ の基底を 1 組求め，$\dim \mathrm{Im}(T)$ を求めよ．

［解答］　(1) $A = \begin{pmatrix} 1 & 3 & 2 & 5 \\ 3 & 4 & 1 & 0 \\ 2 & 3 & 1 & 1 \end{pmatrix}$.

(2) A に行基本変形をほどこして，階段行列を作る．

$$\begin{pmatrix} 1 & 3 & 2 & 5 \\ 3 & 4 & 1 & 0 \\ 2 & 3 & 1 & 1 \end{pmatrix} \xrightarrow[R_3-2R_1]{R_2-3R_1} \begin{pmatrix} 1 & 3 & 2 & 5 \\ 0 & -5 & -5 & -15 \\ 0 & -3 & -3 & -9 \end{pmatrix}$$

$$\xrightarrow{R_2 \times (-\frac{1}{5})} \begin{pmatrix} 1 & 3 & 2 & 5 \\ 0 & 1 & 1 & 3 \\ 0 & -3 & -3 & -9 \end{pmatrix} \xrightarrow[R_3+3R_2]{R_1-3R_2} \begin{pmatrix} 1 & 0 & -1 & -4 \\ 0 & 1 & 1 & 3 \\ 0 & 0 & 0 & 0 \end{pmatrix}.$$

このとき，A を係数行列とする斉次連立 1 次方程式の一般解は

$$\begin{pmatrix} x_1 \\ x_2 \\ x_3 \\ x_4 \end{pmatrix} = \begin{pmatrix} \alpha + 4\beta \\ -\alpha - 3\beta \\ \alpha \\ \beta \end{pmatrix} = \alpha \begin{pmatrix} 1 \\ -1 \\ 1 \\ 0 \end{pmatrix} + \beta \begin{pmatrix} 4 \\ -3 \\ 0 \\ 1 \end{pmatrix} \quad (\alpha, \beta \text{ は任意定数})$$

と表される．よって，$\mathrm{Ker}(T)$ は $\begin{pmatrix} 1 \\ -1 \\ 1 \\ 0 \end{pmatrix}, \begin{pmatrix} 4 \\ -3 \\ 0 \\ 1 \end{pmatrix}$ で生成される．これらは線

形独立であるので，$\mathrm{Ker}(T)$ の基底である．したがって，$\dim \mathrm{Ker}(T) = 2$ である．

(3) A に列基本変形をほどこして，階段行列を転置した形の行列を作る．

$$\begin{pmatrix} 1 & 3 & 2 & 5 \\ 3 & 4 & 1 & 0 \\ 2 & 3 & 1 & 1 \end{pmatrix} \xrightarrow[]{\substack{C_2-3C_1 \\ C_3-2C_1 \\ C_4-5C_1}} \begin{pmatrix} 1 & 0 & 0 & 0 \\ 3 & -5 & -5 & -15 \\ 2 & -3 & -3 & -9 \end{pmatrix}$$

$$\xrightarrow{C_2 \times (-\frac{1}{5})} \begin{pmatrix} 1 & 0 & 0 & 0 \\ 3 & 1 & -5 & -15 \\ 2 & \frac{3}{5} & -3 & -9 \end{pmatrix} \xrightarrow[\substack{C_1 - 3C_2 \\ C_3 + 5C_2 \\ C_4 + 15C_2}]{} \begin{pmatrix} 1 & 0 & 0 & 0 \\ 0 & 1 & 0 & 0 \\ \frac{1}{5} & \frac{3}{5} & 0 & 0 \end{pmatrix}.$$

このとき，系 5.16 により，$\begin{pmatrix} 1 \\ 0 \\ \frac{1}{5} \end{pmatrix}, \begin{pmatrix} 0 \\ 1 \\ \frac{3}{5} \end{pmatrix}$ は $\mathrm{Im}(T)$ の基底である．したがっ

て，$\dim \mathrm{Im}(T) = 2$ である． □

問 5.21 $A = \begin{pmatrix} 1 & 1 & 1 \\ 2 & 3 & 4 \\ 5 & 7 & 9 \end{pmatrix}$ によって定まる線形写像 $T_A : \mathbb{R}^3 \to \mathbb{R}^3$ について，

$\mathrm{Ker}(T_A)$ と $\mathrm{Im}(T_A)$ の基底をそれぞれ 1 組ずつ求めよ．

第6章

2次と3次の行列式

2次と3次の正方行列に対して，行列式とよばれる量を導入する．

6.1 2次の行列式

$A = \begin{pmatrix} a_{11} & a_{12} \\ a_{21} & a_{22} \end{pmatrix}$ は2次の実正方行列とし，その第i列ベクトルを$\boldsymbol{a}_i$とする $(i=1,2)$. このとき, 基本単位ベクトル $\boldsymbol{e}_1 = \begin{pmatrix} 1 \\ 0 \end{pmatrix}$, $\boldsymbol{e}_2 = \begin{pmatrix} 0 \\ 1 \end{pmatrix}$ に対して

$$A\boldsymbol{e}_1 = \boldsymbol{a}_1 = \begin{pmatrix} a_{11} \\ a_{21} \end{pmatrix}, \quad A\boldsymbol{e}_2 = \boldsymbol{a}_2 = \begin{pmatrix} a_{12} \\ a_{22} \end{pmatrix}$$

が成り立つ. $\boldsymbol{e}_1, \boldsymbol{e}_2$ で作られる正方形 (これら2つのベクトルを2辺とする正方形：下図参照) に A を作用させると，$\boldsymbol{a}_1, \boldsymbol{a}_2$ で作られる平行四辺形 (「つぶれたもの」も含む) ができる (5.3節参照).

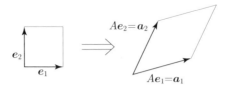

いま，$\boldsymbol{a}_1, \boldsymbol{a}_2$ で作られる平行四辺形の面積を S とし

$$\det(\boldsymbol{a}_1, \boldsymbol{a}_2) = \begin{cases} S & (\boldsymbol{a}_1, \boldsymbol{a}_2 \text{ が次頁の図の (I) のような位置関係のとき}) \\ -S & (\boldsymbol{a}_1, \boldsymbol{a}_2 \text{ が次頁の図の (II) のような位置関係のとき}) \\ 0 & (\boldsymbol{a}_1, \boldsymbol{a}_2 \text{ が同じ向き，または反対向きのとき}) \end{cases}$$

と定める．

$\boldsymbol{e}_1, \boldsymbol{e}_2$ の作る正方形の面積は1であるので，直観的にいえば，$\det(\boldsymbol{a}_1, \boldsymbol{a}_2)$ は，行

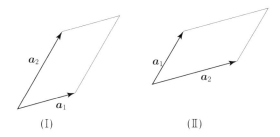

(I)　　　　　　　　　(II)

列 $A = (\boldsymbol{a}_1\ \boldsymbol{a}_2)$ をかけたときの面積の拡大率である．ただし，図形が裏返ったときは，負の符号となる．

次に，$\det(\boldsymbol{a}_1, \boldsymbol{a}_2)$ の性質を調べ，実際に計算してみよう．

$\det(\boldsymbol{a}_1, \boldsymbol{a}_2)$ は 2 つのベクトル $\boldsymbol{a}_1, \boldsymbol{a}_2$ を変数とする関数とみることができる．$\boldsymbol{a}_1, \boldsymbol{a}_1', \boldsymbol{a}_2, \boldsymbol{a}_2', \boldsymbol{a}, \boldsymbol{b}$ を 2 次元実ベクトルとし，c を実数とするとき，次が成り立つ．

(1) $\det(\boldsymbol{a}_1 + \boldsymbol{a}_1', \boldsymbol{a}_2) = \det(\boldsymbol{a}_1, \boldsymbol{a}_2) + \det(\boldsymbol{a}_1', \boldsymbol{a}_2)$.

(2) $\det(c\boldsymbol{a}_1, \boldsymbol{a}_2) = c\det(\boldsymbol{a}_1, \boldsymbol{a}_2)$.

(3) $\det(\boldsymbol{a}_1, \boldsymbol{a}_2 + \boldsymbol{a}_2') = \det(\boldsymbol{a}_1, \boldsymbol{a}_2) + \det(\boldsymbol{a}_1, \boldsymbol{a}_2')$.

(4) $\det(\boldsymbol{a}_1, c\boldsymbol{a}_2) = c\det(\boldsymbol{a}_1, \boldsymbol{a}_2)$.

(5) $\det(\boldsymbol{a}_2, \boldsymbol{a}_1) = -\det(\boldsymbol{a}_1, \boldsymbol{a}_2)$.

(6) $\det(\boldsymbol{a}, \boldsymbol{a}) = 0$.

(7) $\det(\boldsymbol{e}_1, \boldsymbol{e}_2) = 1$.

(5) は，図形が裏返れば $\det(\boldsymbol{a}_1, \boldsymbol{a}_2)$ の符号が反転することを示す．(6) は平行四辺形が「つぶれている」場合である．(5), (6) の性質を総称して，**交代性**とよぶ (正確には，**列に関する交代性**とよぶ)．

(3), (4) は，次頁の図のように，ベクトル $\boldsymbol{a}_1$ に沿って X 軸をとり，それに直交するように Y 軸をとって考えれば

$$\det(\boldsymbol{a}_1, \boldsymbol{a}_2) = (\boldsymbol{a}_1 \text{ の } X \text{ 座標}) \cdot (\boldsymbol{a}_2 \text{ の } Y \text{ 座標}),$$

$$(\boldsymbol{a}_2 + \boldsymbol{a}_2' \text{ の } Y \text{ 座標}) = (\boldsymbol{a}_2 \text{ の } Y \text{ 座標}) + (\boldsymbol{a}_2' \text{ の } Y \text{ 座標}),$$

$$(c\boldsymbol{a}_2 \text{ の } Y \text{ 座標}) = c(\boldsymbol{a}_2 \text{ の } Y \text{ 座標})$$

が成り立つことより導かれる．(1), (2) も同様に示される．

(1) から (4) までの性質を総称して**多重線形性** (正確には，**列に関する多重線形性**) とよぶ．

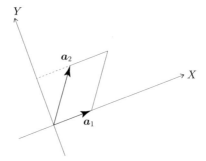

これらの性質を用いて
$$\boldsymbol{a}_1 = \begin{pmatrix} a_{11} \\ a_{21} \end{pmatrix} = a_{11}\boldsymbol{e}_1 + a_{21}\boldsymbol{e}_2, \quad \boldsymbol{a}_2 = \begin{pmatrix} a_{12} \\ a_{22} \end{pmatrix} = a_{12}\boldsymbol{e}_1 + a_{22}\boldsymbol{e}_2$$
に対して $\det(\boldsymbol{a}_1, \boldsymbol{a}_2)$ を計算することができる．

まず，多重線形性により
$$\begin{aligned}\det(\boldsymbol{a}_1, \boldsymbol{a}_2) &= \det(a_{11}\boldsymbol{e}_1 + a_{21}\boldsymbol{e}_2, a_{12}\boldsymbol{e}_1 + a_{22}\boldsymbol{e}_2) \\ &= \det(a_{11}\boldsymbol{e}_1, a_{12}\boldsymbol{e}_1 + a_{22}\boldsymbol{e}_2) \\ &\quad + \det(a_{21}\boldsymbol{e}_2, a_{12}\boldsymbol{e}_1 + a_{22}\boldsymbol{e}_2) \\ &= \det(a_{11}\boldsymbol{e}_1, a_{12}\boldsymbol{e}_1) + \det(a_{11}\boldsymbol{e}_1, a_{22}\boldsymbol{e}_2) \\ &\quad + \det(a_{21}\boldsymbol{e}_2, a_{12}\boldsymbol{e}_1) + \det(a_{21}\boldsymbol{e}_2, a_{22}\boldsymbol{e}_2) \\ &= a_{11}a_{12}\det(\boldsymbol{e}_1, \boldsymbol{e}_1) + a_{11}a_{22}\det(\boldsymbol{e}_1, \boldsymbol{e}_2) \\ &\quad + a_{21}a_{12}\det(\boldsymbol{e}_2, \boldsymbol{e}_1) + a_{21}a_{22}\det(\boldsymbol{e}_2, \boldsymbol{e}_2)\end{aligned}$$
が得られる．さらに，交代性と性質 (7) により
$$\det(\boldsymbol{e}_1, \boldsymbol{e}_1) = \det(\boldsymbol{e}_2, \boldsymbol{e}_2) = 0, \quad \det(\boldsymbol{e}_1, \boldsymbol{e}_2) = 1, \quad \det(\boldsymbol{e}_2, \boldsymbol{e}_1) = -1$$
が成り立つので
$$\det(\boldsymbol{a}_1, \boldsymbol{a}_2) = a_{11}a_{22} - a_{21}a_{12}$$
が得られる．そこで，あらためて次のような定義を述べる．

定義 6.1 行列 $A = \begin{pmatrix} a_{11} & a_{12} \\ a_{21} & a_{22} \end{pmatrix}$ に対して，数 $a_{11}a_{22} - a_{21}a_{12}$ を A の**行列式**

(determinant) とよび，$|A|$, $\det A$, $\det(\boldsymbol{a}_1, \boldsymbol{a}_2)$, $\begin{vmatrix} a_{11} & a_{12} \\ a_{21} & a_{22} \end{vmatrix}$ などと表す.

2 次の正方行列の行列式は，しばしば単に「2 次の行列式」とよばれる.

例題 6.2 次の行列 A, B の行列式 $\det A$, $\det B$ を求めよ.

(1) $A = \begin{pmatrix} 2 & 1 \\ 1 & 3 \end{pmatrix}$.   (2) $B = \begin{pmatrix} 1 & 5 \\ 3 & 2 \end{pmatrix}$.

[解答] (1) $\det A = 2 \cdot 3 - 1 \cdot 1 = 5$.   (2) $\det B = 1 \cdot 2 - 3 \cdot 5 = -13$.   □

問 6.3 次の行列式を求めよ.

(1) $\begin{vmatrix} 2 & 3 \\ 1 & 5 \end{vmatrix}$ (2) $\begin{vmatrix} 3 & 2 \\ 5 & 1 \end{vmatrix}$

2 次の行列式の性質をいくつか述べる.

命題 6.4 A は 2 次の正方行列とする．$\det({}^tA) = \det A$ が成り立つ.

証明. $A = \begin{pmatrix} a_{11} & a_{12} \\ a_{21} & a_{22} \end{pmatrix}$ とすると，${}^tA = \begin{pmatrix} a_{11} & a_{21} \\ a_{12} & a_{22} \end{pmatrix}$ であり

$$\det({}^tA) = a_{11}a_{22} - a_{12}a_{21} = a_{11}a_{22} - a_{21}a_{12} = \det A$$

が成り立つ.   □

命題 6.4 によれば，2 次の行列式に関する性質のうち，列に対して成り立つもの
は，行に対しても成り立つことがわかる．よって，**行に関する多重線形性**や**行に関
する交代性**が成り立つ．たとえば，次のようなことが成り立つ.

$$\begin{vmatrix} a_{11} + a_{11}' & a_{12} + a_{12}' \\ a_{21} & a_{22} \end{vmatrix} = \begin{vmatrix} a_{11} & a_{12} \\ a_{21} & a_{22} \end{vmatrix} + \begin{vmatrix} a_{11}' & a_{12}' \\ a_{21} & a_{22} \end{vmatrix},$$

$$\begin{vmatrix} ca_{11} & ca_{12} \\ a_{21} & a_{22} \end{vmatrix} = c \begin{vmatrix} a_{11} & a_{12} \\ a_{21} & a_{22} \end{vmatrix}, \quad \begin{vmatrix} a_{21} & a_{22} \\ a_{11} & a_{12} \end{vmatrix} = - \begin{vmatrix} a_{11} & a_{12} \\ a_{21} & a_{22} \end{vmatrix}.$$

命題 6.5 2 次の行列式のある列 (行) に別の列 (行) の定数倍を加えても行列式の
値は変わらない.

54　第 6 章　2 次と 3 次の行列式

証明. $A = (\boldsymbol{a}_1\,\boldsymbol{a}_2)$, $A' = (\boldsymbol{a}_1 + c\boldsymbol{a}_2\,\boldsymbol{a}_2)$ (c は定数) とするとき

$$\det A' = \det(\boldsymbol{a}_1 + c\boldsymbol{a}_2, \boldsymbol{a}_2) = \det(\boldsymbol{a}_1, \boldsymbol{a}_2) + \det(c\boldsymbol{a}_2, \boldsymbol{a}_2)$$

$$= \det(\boldsymbol{a}_1, \boldsymbol{a}_2) + c\det(\boldsymbol{a}_2, \boldsymbol{a}_2) = \det(\boldsymbol{a}_1, \boldsymbol{a}_2) = \det A$$

が成り立つ．第 2 列に第 1 列の定数倍を加える場合も同様である．行列式は転置しても値が変わらないので，行に関しても同様のことが成り立つ．　　　　□

命題 6.6　2 次の正方行列 A, B に対して

$$\det(AB) = \det A \det B$$

が成り立つ．

命題 6.6 が成り立つ理由の直観的な説明.　行列 B をかけると図形の面積は $|\det B|$ 倍され，さらに A をかけると面積は $|\det A|$ 倍される．B をかけて A をかけることは，一気に AB をかけることと同じである．したがって

$$|\det(AB)| = |\det A||\det B|$$

が成り立つ．ここで，図形が裏返るかどうかを考慮すれば

$$\det(AB) = \det A \det B$$

が成り立つこともわかる．　　　　□

問 6.7　$A = \begin{pmatrix} a_{11} & a_{12} \\ a_{21} & a_{22} \end{pmatrix}$, $B = \begin{pmatrix} b_{11} & b_{12} \\ b_{21} & b_{22} \end{pmatrix}$ に対して，命題 6.6 の等式が成り立つことを計算によって確かめよ．

6.2　3 次の行列式

次に，3 次の実正方行列の行列式を導入する．

通常の xyz 空間の座標は，右手の親指に x 軸，人差し指に y 軸，中指に z 軸を対応させると，3 つの指をちょうど座標の向きに合わせることができる．このような 3 つの向きの関係を**右手系**といい，この関係が「裏返し」になったものを**左手系**という．

$A = \begin{pmatrix} a_{11} & a_{12} & a_{13} \\ a_{21} & a_{22} & a_{23} \\ a_{31} & a_{32} & a_{33} \end{pmatrix} = (\boldsymbol{a}_1\,\boldsymbol{a}_2\,\boldsymbol{a}_3)$ とする．このとき，3 次元の基本単位ベ

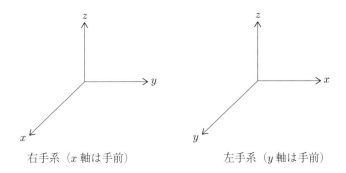

右手系 (x 軸は手前)　　　　　左手系 (y 軸は手前)

クトル e_1, e_2, e_3 に対して
$$Ae_1 = a_1, \quad Ae_2 = a_2, \quad Ae_3 = a_3$$
が成り立つ. a_1, a_2, a_3 の作る平行六面体 (下図参照) の体積を V とし
$$\det(a_1, a_2, a_3) = \begin{cases} V & (a_1, a_2, a_3 \text{ が右手系をなすとき}) \\ -V & (a_1, a_2, a_3 \text{ が左手系をなすとき}) \\ 0 & (a_1, a_2, a_3 \text{ が同一平面上にあるとき}) \end{cases}$$
とおく. $\det(a_1, a_2, a_3)$ は, 行列 $A = (a_1\ a_2\ a_3)$ をかけたときの図形の体積の拡大率に, ベクトルの位置関係の変化に応じて符号をつけたものである.

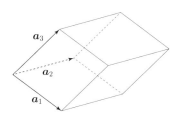

このとき, 次のことが成り立つ. ここで, a_1, a などは 3 次元実ベクトルを表し, c は実数を表す. また, e_1, e_2, e_3 は 3 次元の基本単位ベクトルを表す.

(1) $\det(a_1 + a_1', a_2, a_3) = \det(a_1, a_2, a_3) + \det(a_1', a_2, a_3)$.

(2) $\det(ca_1, a_2, a_3) = c\det(a_1, a_2, a_3)$.

(3) $\det(a_1, a_2 + a_2', a_3) = \det(a_1, a_2, a_3) + \det(a_1, a_2', a_3)$.

(4) $\det(a_1, ca_2, a_3) = c\det(a_1, a_2, a_3)$.

(5) $\det(a_1, a_2, a_3 + a_3') = \det(a_1, a_2, a_3) + \det(a_1, a_2, a_3')$.

(6) $\det(a_1, a_2, ca_3) = c\det(a_1, a_2, a_3)$.

(7) $\det(\boldsymbol{a}_2, \boldsymbol{a}_1, \boldsymbol{a}_3) = -\det(\boldsymbol{a}_1, \boldsymbol{a}_2, \boldsymbol{a}_3)$.
(8) $\det(\boldsymbol{a}_3, \boldsymbol{a}_2, \boldsymbol{a}_1) = -\det(\boldsymbol{a}_1, \boldsymbol{a}_2, \boldsymbol{a}_3)$.
(9) $\det(\boldsymbol{a}_1, \boldsymbol{a}_3, \boldsymbol{a}_2) = -\det(\boldsymbol{a}_1, \boldsymbol{a}_2, \boldsymbol{a}_3)$.
(10) $\det(\boldsymbol{a}, \boldsymbol{a}, \boldsymbol{b}) = \det(\boldsymbol{a}, \boldsymbol{b}, \boldsymbol{a}) = \det(\boldsymbol{b}, \boldsymbol{a}, \boldsymbol{a}) = 0$.
(11) $\det(\boldsymbol{e}_1, \boldsymbol{e}_2, \boldsymbol{e}_3) = 1$.

たとえば，ベクトル $\boldsymbol{a}_2, \boldsymbol{a}_3$ の作る平行四辺形を底面と考え，底面と直交する向きに X 軸をとる．このとき，$\boldsymbol{a}_2, \boldsymbol{a}_3$ が同一ならば，$\det(\boldsymbol{a}_1, \boldsymbol{a}_2, \boldsymbol{a}_3)$ は $\boldsymbol{a}_1$ の X 座標に比例するので，(1), (2) が得られる．(3) から (6) も同様に示される．また，3 つのベクトルのうち，2 つの順序を入れかえると，右手系と左手系が入れかわることから，(7), (8), (9) が得られる．

性質 (1) から (6) までを総称して，(列に関する) **多重線形性**とよび，性質 (7) から (10) までを総称して，(列に関する) **交代性**とよぶ．

これらの性質を組み合わせれば，6.1 節と同様の計算によって，次の等式が得られる (詳細は省略するが，興味のある読者は検証していただきたい)．

$$\det(\boldsymbol{a}_1, \boldsymbol{a}_2, \boldsymbol{a}_3) = a_{11}a_{22}a_{33} + a_{21}a_{32}a_{13} + a_{31}a_{12}a_{23}$$
$$- a_{11}a_{32}a_{23} - a_{21}a_{12}a_{33} - a_{31}a_{22}a_{13}. \tag{6.1}$$

定義 6.8 上述の記号のもと，式 (6.1) の右辺の値を A の**行列式**とよび，

$$\det A, \ |A|, \ \begin{vmatrix} a_{11} & a_{12} & a_{13} \\ a_{21} & a_{22} & a_{23} \\ a_{31} & a_{32} & a_{33} \end{vmatrix}, \ \det(\boldsymbol{a}_1, \boldsymbol{a}_2, \boldsymbol{a}_3)$$

などと表す．

3 次の正方行列の行列式は，しばしば単に「3 次の行列式」とよばれる．

2 次や 3 次の行列式については，次のような覚え方がある．これは，**サラスの規則** (たすきがけ) とよばれる．

- 2 次の行列式

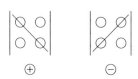

- 3次の行列式

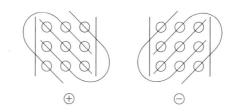

線で結ばれた成分同士をかけあわせ，それらについて，「⊕」の部分は加え，「⊖」の部分は引くことによって，行列式が得られる．

4次以上の行列式 (後述) については，このようなことは成り立たない．

例題 6.9 行列式 $\begin{vmatrix} 2 & 1 & 3 \\ 3 & 1 & 2 \\ 1 & 2 & 5 \end{vmatrix}$ を求めよ．

[解答] $2\cdot 1\cdot 5 + 3\cdot 2\cdot 3 + 1\cdot 1\cdot 2 - 2\cdot 2\cdot 2 - 3\cdot 1\cdot 5 - 1\cdot 1\cdot 3 = 4$. □

問 6.10 行列式 $\begin{vmatrix} 2 & 3 & 1 \\ 1 & 1 & 2 \\ 3 & 2 & 5 \end{vmatrix}$ を求めよ．

3次の行列式の性質をいくつか述べる．

命題 6.11 3次正方行列 A に対して，$\det({}^t\!A) = \det A$ が成り立つ．

命題 6.11 の証明は省略するが，この命題により，3次の行列式に関する性質のうち，列に関して成り立つことは行に対しても成り立つ．特に，**行に関する多重線形性**や**行に関する交代性**が成り立つ．

命題 6.12 3次行列式のある列 (行) に別の列 (行) の定数倍を加えても，値は変わらない．

証明． 命題 6.5 と同様に証明できる (詳細は省略する)． □

命題 6.13 (1) $\begin{vmatrix} a_{11} & 0 & 0 \\ a_{21} & a_{22} & a_{23} \\ a_{31} & a_{32} & a_{33} \end{vmatrix} = a_{11} \begin{vmatrix} a_{22} & a_{23} \\ a_{32} & a_{33} \end{vmatrix}$ が成り立つ．

(2) $\begin{vmatrix} a_{11} & a_{12} & a_{13} \\ 0 & a_{22} & a_{23} \\ 0 & a_{32} & a_{33} \end{vmatrix} = a_{11} \begin{vmatrix} a_{22} & a_{23} \\ a_{32} & a_{33} \end{vmatrix}$ が成り立つ.

証明の概略. (1) 原点を始点とする 3 つのベクトル

$$\boldsymbol{a}_1 = \begin{pmatrix} a_{11} \\ a_{21} \\ a_{31} \end{pmatrix}, \quad \boldsymbol{a}_2 = \begin{pmatrix} 0 \\ a_{22} \\ a_{32} \end{pmatrix}, \quad \boldsymbol{a}_3 = \begin{pmatrix} 0 \\ a_{23} \\ a_{33} \end{pmatrix}$$

を考える. $\boldsymbol{a}_1, \boldsymbol{a}_2, \boldsymbol{a}_3$ の作る平行六面体を P とし, P の体積を V とする.

$x_1 x_2 x_3$ 空間において, $\boldsymbol{a}_2, \boldsymbol{a}_3$ は平面 $x_1 = 0$ ($x_2 x_3$ 平面) 上にある. $\boldsymbol{a}_2, \boldsymbol{a}_3$ の作る平行四辺形を Q とし, Q の面積を S とする. このとき, S は 2 次正方行列 $\begin{pmatrix} a_{22} & a_{23} \\ a_{32} & a_{33} \end{pmatrix}$ の行列式の絶対値と一致する. いま, 平行四辺形 Q を平行六面体 P の底面と考えると, 高さは $|a_{11}|$ と等しいので

$$V = |a_{11}| S$$

が成り立つ (下図参照).

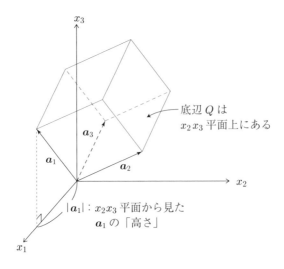

$\boldsymbol{a}_1, \boldsymbol{a}_2, \boldsymbol{a}_3$ の位置関係を考慮に入れれば, 求める等式が得られる.

(2) 命題 6.11 により, 行列式は転置しても値が変わらないので, (1) の結果より

したがう. □

問 6.14 サラスの規則を用いて計算することにより，命題 6.12 (1), (2) の等式が
成り立つことを確かめよ.

命題 6.15 3 次の正方行列 A, B に対して

$$\det(AB) = \det A \det B$$

が成り立つ.

命題 6.15 が成り立つことは，$\det A$, $\det B$ がそれぞれ A, B をかけたときの図形
の体積の拡大率に符号をつけたものであることを用いて説明できる．また，やや煩
雑な計算によって，直接証明することもできる.

第 7 章

行列式 (一般の場合)

一般の正方行列に対して行列式を考え，その理論的側面を述べる．

7.1　4 次以上の行列式の性質とその計算

厳密な定義は述べないが，4 次以上の正方行列 A に対しても，次のような性質を持つ行列式 $\det A$ が定まる．行列式を表す記号は，2 次や 3 次の場合と同様である．

(D1) 行列式の値は転置しても変わらない．

(D2) 列に関する多重線形性が成り立つ．

(D2′) 行に関する多重線形性が成り立つ．

(D3) 列に関する交代性が成り立つ．

(D3′) 行に関する交代性が成り立つ．

(D4) $\det E_n = 1$ である．

(D5) n 次正方行列 A が

$$A = \left(\begin{array}{c|c} a_{11} & {}^t\mathbf{0} \\ \hline \mathbf{b} & A' \end{array} \right) \quad \text{または} \quad \left(\begin{array}{c|c} a_{11} & {}^t\mathbf{c} \\ \hline \mathbf{0} & A' \end{array} \right)$$

という形であるとき

$$\det A = a_{11} \det A'$$

が成り立つ．ここで，A には第 1 行と第 2 行の間，第 1 列と第 2 列の間に仕切り線を入れて区分けしている．

(D6) n 次正方行列 A, B に対して

$$\det(AB) = \det A \det B$$

が成り立つ．

まず，基本変形を利用して行列式を計算する方法を述べる．

7.1　4 次以上の行列式の性質とその計算　61

命題 7.1　n 次の行列式について，次のことが成り立つ.

(1) 2 つの列 (行) を交換すると，行列式の値は (-1) 倍される.

(2) ある列 (行) を c 倍すると，行列式の値は c 倍される (c は定数).

(3) ある列 (行) に別の列 (行) の定数倍を加えても，行列式の値は変わらない.

証明.　(1) 行列式の交代性 (性質 (D3), (D3′)) よりしたがう.

(2) 行列式の多重線形性 (性質 (D2), (D2′)) よりしたがう.

(3) 行列式の多重線形性 (性質 (D2), (D2′)) と交代性 (性質 (D3), (D3′)) を用いて，命題 6.5，命題 6.12 と同様に証明される.　　　　□

行列式に基本変形をくり返しほどこして

$$\begin{vmatrix} a_{11} & {}^t\mathbf{0} \\ \mathbf{b} & A' \end{vmatrix} \quad \text{または} \quad \begin{vmatrix} a_{11} & {}^t\mathbf{c} \\ \mathbf{0} & A' \end{vmatrix}$$

という形にすると，n 次の行列式の計算を $(n-1)$ 次の行列式の計算に帰着させることができる. こうして，4 次以上の行列式の値も計算することができる.

例題 7.2　$A = \begin{pmatrix} 0 & 2 & 1 & 3 \\ 2 & 0 & 1 & 1 \\ 4 & 1 & 3 & 6 \\ 2 & 3 & 4 & 5 \end{pmatrix}$ に対して，$\det A$ を求めよ.

[解答]　次のような変形によって，3 次の行列式の計算に帰着させる.

$$\det A = \begin{vmatrix} 0 & 2 & 1 & 3 \\ 2 & 0 & 1 & 1 \\ 4 & 1 & 3 & 6 \\ 2 & 3 & 4 & 5 \end{vmatrix} \overset{R_1 \leftrightarrow R_2}{=} - \begin{vmatrix} 2 & 0 & 1 & 1 \\ 0 & 2 & 1 & 3 \\ 4 & 1 & 3 & 6 \\ 2 & 3 & 4 & 5 \end{vmatrix}$$

$$\overset{\substack{R_3 - 2R_1 \\ R_4 - R_1}}{=} - \begin{vmatrix} 2 & 0 & 1 & 1 \\ 0 & 2 & 1 & 3 \\ 0 & 1 & 1 & 4 \\ 0 & 3 & 3 & 4 \end{vmatrix} = -2 \begin{vmatrix} 2 & 1 & 3 \\ 1 & 1 & 4 \\ 3 & 3 & 4 \end{vmatrix}$$

$$= -2 \cdot (-8) = 16.$$　　　　□

注意 7.3　例題 7.2 の計算は，行列の階数を求める計算と似ているが，たとえば 2 つの行を交換したときに行列式の値が (-1) 倍になることなどに注意が必要である.

62　第 7 章　行列式 (一般の場合)

問 7.4　次の行列式の値を求めよ.

(1) $\begin{vmatrix} 1 & 0 & 2 & 1 \\ 2 & 1 & 0 & 0 \\ 0 & 2 & 1 & 0 \\ 3 & 1 & 2 & 5 \end{vmatrix}$　(2) $\begin{vmatrix} 2 & 1 & 2 & 1 \\ 0 & 1 & 2 & 2 \\ 4 & 1 & 1 & 1 \\ 0 & 5 & 3 & 8 \end{vmatrix}$

7.2　余因子と行列式の展開

定義 7.5　A は n 次正方行列とする. A から第 i 行と第 j 列を取り除いてできる $(n-1)$ 次正方行列を $A_{(i,j)}$ とするとき

$$(-1)^{i+j} \det A_{(i,j)}$$

を A の (i,j) **余因子**とよび, Δ_{ij} と表す $(1 \le i \le n, 1 \le j \le n)$.

$A = \begin{pmatrix} a_{11} & a_{12} & a_{13} \\ a_{21} & a_{22} & a_{23} \\ a_{31} & a_{32} & a_{33} \end{pmatrix}$ を例にとって, 余因子の性質を調べよう. 定義 7.5 に

より, 余因子 $\Delta_{12}, \Delta_{22}, \Delta_{32}$ は次のように表される.

$$\Delta_{12} = -\begin{vmatrix} a_{21} & a_{23} \\ a_{31} & a_{33} \end{vmatrix}, \quad \Delta_{22} = \begin{vmatrix} a_{11} & a_{13} \\ a_{31} & a_{33} \end{vmatrix}, \quad \Delta_{32} = -\begin{vmatrix} a_{11} & a_{13} \\ a_{21} & a_{23} \end{vmatrix}.$$

いま, A の第 2 列ベクトルを

$$\begin{pmatrix} a_{12} \\ a_{22} \\ a_{32} \end{pmatrix} = \begin{pmatrix} a_{12} \\ 0 \\ 0 \end{pmatrix} + \begin{pmatrix} 0 \\ a_{22} \\ 0 \end{pmatrix} + \begin{pmatrix} 0 \\ 0 \\ a_{32} \end{pmatrix}.$$

と分解し, D_1, D_2, D_3 を次のように定める.

$$D_1 = \begin{vmatrix} a_{11} & a_{12} & a_{13} \\ a_{21} & 0 & a_{23} \\ a_{31} & 0 & a_{33} \end{vmatrix}, D_2 = \begin{vmatrix} a_{11} & 0 & a_{13} \\ a_{21} & a_{22} & a_{23} \\ a_{31} & 0 & a_{33} \end{vmatrix}, D_3 = \begin{vmatrix} a_{11} & 0 & a_{13} \\ a_{21} & 0 & a_{23} \\ a_{31} & a_{32} & a_{33} \end{vmatrix}.$$

このとき, 行列式の多重線形性によって, $\det A = D_1 + D_2 + D_3$ が成り立つ. ここで, D_1 の第 1 列と第 2 列を交換して, 行列式の性質を用いると

$$D_1 = - \begin{vmatrix} a_{12} & a_{11} & a_{13} \\ 0 & a_{21} & a_{23} \\ 0 & a_{31} & a_{33} \end{vmatrix} = -a_{12} \begin{vmatrix} a_{21} & a_{23} \\ a_{31} & a_{33} \end{vmatrix} = a_{12}\Delta_{12}$$

が得られる. D_2 の第 1 行と第 2 行を交換し, 次に第 1 列と第 2 列を交換すると

$$D_2 = \begin{vmatrix} a_{22} & a_{21} & a_{23} \\ 0 & a_{11} & a_{13} \\ 0 & a_{31} & a_{33} \end{vmatrix} = a_{22} \begin{vmatrix} a_{11} & a_{13} \\ a_{31} & a_{33} \end{vmatrix} = a_{22}\Delta_{22}$$

が得られる. D_3 の第 2 行と第 3 行を交換し, 次に第 1 行と第 2 行を交換し, さらに第 1 列と第 2 列を交換すると

$$D_3 = - \begin{vmatrix} a_{32} & a_{31} & a_{33} \\ 0 & a_{11} & a_{13} \\ 0 & a_{21} & a_{23} \end{vmatrix} = -a_{32} \begin{vmatrix} a_{11} & a_{13} \\ a_{21} & a_{23} \end{vmatrix} = a_{32}\Delta_{32}$$

が得られる. よって, 次の等式が得られる.

$$\det A = a_{12}\Delta_{12} + a_{22}\Delta_{22} + a_{32}\Delta_{32}.$$

一般に, 次の定理が成り立つ.

定理 7.6 A は n 次正方行列とし, A の (i, j) 成分を a_{ij} とする. このとき, 1 以上 n 以下の自然数 k, l に対して, 次のことが成り立つ.

(1) $\det A = a_{k1}\Delta_{k1} + a_{k2}\Delta_{k2} + \cdots + a_{kn}\Delta_{kn}$.

(2) $\det A = a_{1l}\Delta_{1l} + a_{2l}\Delta_{2l} + \cdots + a_{nl}\Delta_{nl}$.

定理 7.6 (1) の等式は行列式 $\det A$ の**第 k 行に関する展開**とよばれ, (2) の等式は**第 l 列に関する展開**とよばれる. たとえば, 第 k 行に関する展開を用いて行列式を計算するには, 第 k 行にある成分 a_{kj} $(1 \leq j \leq n)$ と, その成分を含む行と列を取り除いた小行列式から得られる余因子 Δ_{kj} との積を求め, それらの総和

$$\sum_{j=1}^{n} a_{kj}\Delta_{kj} = a_{k1}\Delta_{k1} + a_{k2}\Delta_{k2} + \cdots + a_{kn}\Delta_{kn}$$

を計算すればよい.

問 7.7 $A = \begin{pmatrix} 2 & 3 & 5 \\ 1 & 4 & 2 \\ 2 & 1 & 3 \end{pmatrix}$ とする. $\det A, \Delta_{12}, \Delta_{22}, \Delta_{32}$ を計算し, $\det A$ の

64　第 7 章　行列式 (一般の場合)

第 2 列に関する展開の式が成立していることを確かめよ.

例題 7.8　第 1 行に関する展開を用いて, 例題 7.2 の行列式 $\det A$ を求めよ.

[解答]　$\Delta_{11} = \begin{vmatrix} 0 & 1 & 1 \\ 1 & 3 & 6 \\ 3 & 4 & 5 \end{vmatrix} = 8, \quad \Delta_{12} = -\begin{vmatrix} 2 & 1 & 1 \\ 4 & 3 & 6 \\ 2 & 4 & 5 \end{vmatrix} = 16,$

$\Delta_{13} = \begin{vmatrix} 2 & 0 & 1 \\ 4 & 1 & 6 \\ 2 & 3 & 5 \end{vmatrix} = -16, \quad \Delta_{14} = -\begin{vmatrix} 2 & 0 & 1 \\ 4 & 1 & 3 \\ 2 & 3 & 4 \end{vmatrix} = 0$ であるので

$$\det A = 0 \cdot 8 + 2 \cdot 16 + 1 \cdot (-16) + 3 \cdot 0 = 16$$

が得られる.　　　　　　　　　　　　　　　　　　　　　　　　　　□

7.3　余因子行列

定義 7.9　A は n 次正方行列とする. このとき, A の余因子を次のように並べた n 次正方行列

$$\begin{pmatrix} \Delta_{11} & \Delta_{21} & \cdots & \Delta_{n1} \\ \Delta_{12} & \Delta_{22} & \cdots & \Delta_{n2} \\ \vdots & \vdots & \ddots & \vdots \\ \Delta_{1n} & \Delta_{2n} & \cdots & \Delta_{nn} \end{pmatrix}$$

を A の**余因子行列**とよび, $\tilde{A}$ と表す (成分の並べ方に注意せよ).

余因子行列に関して, 次の定理が重要である.

定理 7.10　n 次正方行列 A に対して

$$A\tilde{A} = \tilde{A}A = (\det A)E_n \tag{7.1}$$

が成り立つ.

証明の概略.　たとえば, $n = 3$ とし, A の (i, j) 成分を a_{ij} とする ($1 \le i \le 3$, $1 \le j \le 3$). このとき

$$A\tilde{A} = \begin{pmatrix} a_{11} & a_{12} & a_{13} \\ a_{21} & a_{22} & a_{23} \\ a_{31} & a_{32} & a_{33} \end{pmatrix} \begin{pmatrix} \Delta_{11} & \Delta_{21} & \Delta_{31} \\ \Delta_{12} & \Delta_{22} & \Delta_{32} \\ \Delta_{13} & \Delta_{23} & \Delta_{33} \end{pmatrix}$$

である．$A\tilde{A}$ の $(1,1)$ 成分は

$$a_{11}\Delta_{11} + a_{12}\Delta_{12} + a_{13}\Delta_{13} = \det A$$

である．実際，この式は $\det A$ の第 1 行に関する展開を与えているので，その値は $\det A$ と等しい．一方，$A\tilde{A}$ の $(2,1)$ 成分は

$$a_{21}\Delta_{11} + a_{22}\Delta_{12} + a_{23}\Delta_{13}$$

であるが，この式は，A の第 1 行を第 2 行でおきかえた行列

$$A' = \begin{pmatrix} a_{21} & a_{22} & a_{23} \\ a_{21} & a_{22} & a_{23} \\ a_{31} & a_{32} & a_{33} \end{pmatrix}$$

の行列式 $\det A'$ の第 1 行に関する展開にほかならない．実際

$$\det A' = a_{21}\begin{vmatrix} a_{22} & a_{23} \\ a_{32} & a_{33} \end{vmatrix} - a_{22}\begin{vmatrix} a_{21} & a_{23} \\ a_{31} & a_{33} \end{vmatrix} + a_{23}\begin{vmatrix} a_{21} & a_{22} \\ a_{31} & a_{32} \end{vmatrix}$$

$$= a_{21}\Delta_{11} + a_{22}\Delta_{12} + a_{23}\Delta_{13}$$

である．A' は第 1 行と第 2 行が同一であるので，$\det A' = 0$ である．よって，$A\tilde{A}$ の $(2,1)$ 成分は 0 である．同様の考察を続ければ

$$A\tilde{A} = \begin{pmatrix} \det A & 0 & 0 \\ 0 & \det A & 0 \\ 0 & 0 & \det A \end{pmatrix} = (\det A)E_3$$

であることがわかる．$\tilde{A}A$ についても同様である． $\square$

定理 7.10 から次の重要な定理が導かれる．

定理 7.11 A は n 次正方行列とする．

(1) $\det A \neq 0$ のとき，A は正則であり，A^{-1} は余因子行列 $\tilde{A}$ を用いて次のように表される．

$$A^{-1} = \frac{1}{\det A}\tilde{A}.$$

(2) A が正則であることは，$\det A \neq 0$ であることと同値である．

証明. (1) $\det A \neq 0$ のとき，定理 7.10 の式 (7.1) の両辺に $\dfrac{1}{\det A}$ をかけて得られる式は，$\dfrac{1}{\det A}\tilde{A}$ が A の逆行列であることを示している．

66　第 7 章　行列式 (一般の場合)

(2) $\det A \neq 0$ ならば，(1) により，A は正則である．逆に，A が正則行列であるとすると，逆行列 A^{-1} が存在する．このとき，等式 $E_n = AA^{-1}$ の両辺の行列式を考えれば

$$1 = \det E_n = \det A \det(A^{-1})$$

が得られる．したがって，$\det A \neq 0$ である． $\square$

問 7.12　問 7.7 の行列 A の余因子行列を求め，定理 7.10 の式 (7.1) がこの場合に成り立つことを確かめよ．

7.4　クラメールの公式

$A = \begin{pmatrix} a_{11} & a_{12} & a_{13} \\ a_{21} & a_{22} & a_{23} \\ a_{31} & a_{32} & a_{33} \end{pmatrix}$, $\boldsymbol{x} = \begin{pmatrix} x_1 \\ x_2 \\ x_3 \end{pmatrix}$, $\boldsymbol{b} = \begin{pmatrix} b_1 \\ b_2 \\ b_3 \end{pmatrix}$ とする．A は正則行列

であると仮定する．x_1, x_2, x_3 を未知数とする連立 1 次方程式

$$A\boldsymbol{x} = \boldsymbol{b} \tag{7.2}$$

を考えよう．この方程式の解は $\boldsymbol{x} = A^{-1}\boldsymbol{b}$ であるが，定理 7.11 により

$$A^{-1} = \frac{1}{\det A}\tilde{A}$$

であるので，方程式 (7.2) の解は次のように表される．ここで，$\tilde{A}$ は A の余因子行列であり，Δ_{ij} は A の (i,j) 余因子である $(1 \leq i \leq 3, 1 \leq j \leq 3)$.

$$\boldsymbol{x} = \frac{1}{\det A}\tilde{A}\boldsymbol{b} = \frac{1}{\det A}\begin{pmatrix} \Delta_{11} & \Delta_{21} & \Delta_{31} \\ \Delta_{12} & \Delta_{22} & \Delta_{32} \\ \Delta_{13} & \Delta_{23} & \Delta_{33} \end{pmatrix}\begin{pmatrix} b_1 \\ b_2 \\ b_3 \end{pmatrix}.$$

ベクトル $\tilde{A}\boldsymbol{b}$ の第 i 成分を c_i とすると，たとえば c_1 については

$$c_1 = \Delta_{11}b_1 + \Delta_{21}b_2 + \Delta_{31}b_3 = \begin{vmatrix} b_1 & a_{12} & a_{13} \\ b_2 & a_{22} & a_{23} \\ b_3 & a_{32} & a_{33} \end{vmatrix}$$

が成り立つ．実際，この式は，最右辺の行列式の第 1 列に関する展開を与えている．したがって，c_1 は A の第 1 列を $\boldsymbol{b}$ でおきかえた行列の行列式に等しい．同様の考察により，c_2 は A の第 2 列を $\boldsymbol{b}$ でおきかえた行列の行列式と等しく，c_3 は A の第 3 列を $\boldsymbol{b}$ でおきかえた行列の行列式と等しいことがわかる．

7.4 クラメールの公式 67

一般に，次の定理が成り立つ．これを**クラメールの公式**とよぶ．

定理 7.13 (クラメールの公式) n 次正則行列 A を係数行列とする連立 1 次方程式

$$A\boldsymbol{x} = \boldsymbol{b}$$

の解は

$$x_j = \frac{\det A_j}{\det A} \quad (1 \leq j \leq n)$$

で与えられる．ここで，x_j は $\boldsymbol{x}$ の第 j 成分を表し，A_j は A の第 j 列を $\boldsymbol{b}$ でおきかえた行列を表す．

例題 7.14 クラメールの公式を用いて，次の連立 1 次方程式を解け．

$$\begin{cases} 3x_1 + x_2 + 4x_3 = 0 \\ x_1 + 2x_2 - 2x_3 = 5 \\ 2x_1 - 3x_2 + x_3 = 7 \end{cases}$$

［解答］ 係数行列を A とし，A の第 j 列を定数項でおきかえた行列を A_j とする $(1 \leq j \leq 3)$．このとき

$$\det A = \begin{vmatrix} 3 & 1 & 4 \\ 1 & 2 & -2 \\ 2 & -3 & 1 \end{vmatrix} = -45, \quad \det A_1 = \begin{vmatrix} 0 & 1 & 4 \\ 5 & 2 & -2 \\ 7 & -3 & 1 \end{vmatrix} = -135,$$

$$\det A_2 = \begin{vmatrix} 3 & 0 & 4 \\ 1 & 5 & -2 \\ 2 & 7 & 1 \end{vmatrix} = 45, \quad \det A_3 = \begin{vmatrix} 3 & 1 & 0 \\ 1 & 2 & 5 \\ 2 & -3 & 7 \end{vmatrix} = 90$$

であるので，クラメールの公式より，解は

$$x_1 = \frac{\det A_1}{\det A} = 3, \quad x_2 = \frac{\det A_2}{\det A} = -1, \quad x_3 = \frac{\det A_3}{\det A} = -2$$

である． □

問 7.15 $a_{11}, a_{12}, a_{21}, a_{22}, c_1, c_2$ は実数とし，$a_{11}a_{22} - a_{21}a_{12} \neq 0$ とする．このとき，クラメールの公式を用いて，連立 1 次方程式

$$\begin{cases} a_{11}x_1 + a_{12}x_2 = c_1 \\ a_{21}x_1 + a_{22}x_2 = c_2 \end{cases}$$

の解を与え，それが実際に解であることを計算によって確かめよ．

7.5 行列の階数と小行列式

A は (m,n) 型行列とし，k は $\min\{m,n\}$ 以下の自然数とする．A の行と列をそれぞれ k 本ずつ選び，それらが交わったところの成分を並べて作った k 次正方行列を k 次の**小行列**といい，その行列式を**小行列式**という．

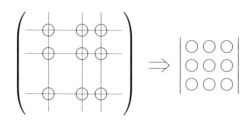

例 7.16 $A = \begin{pmatrix} 2 & 1 & 1 \\ 2 & 2 & 1 \\ 4 & 3 & 2 \end{pmatrix}$ とする．A の第 1 行，第 2 行，第 1 列，第 2 列を選んでできる小行列は $\begin{pmatrix} 2 & 1 \\ 2 & 2 \end{pmatrix}$ であり，小行列式は 2 である．第 1 行，第 2 行，第 1 列，第 3 列を選んだ小行列は $\begin{pmatrix} 2 & 1 \\ 2 & 1 \end{pmatrix}$ であり，小行列式は 0 である．

次の定理は，小行列式と行列の階数との関係を示している (証明は省略)．

定理 7.17 A は (m,n) 型行列とする．$0 \leq r \leq \min\{m,n\}$ を満たす整数 r が次の 2 つの条件を満たすとする．

(a) A の $(r+1)$ 次以上の小行列式の値はすべて 0 である．

(b) A の r 次の小行列式であって，その値が 0 でないものが存在する．

ただし，$r=0$ のときは，条件 (a) のみを仮定する．このとき

$$r = \operatorname{rank}(A)$$

が成り立つ．すなわち，A の 0 でない小行列式の最大次数は $\operatorname{rank}(A)$ と等しい．

例 7.18 例 7.16 の行列 A の階数は 2 である (確認は読者にゆだねる)．A の 3 次の小行列は A 自身のみであり，その行列式は $\det A = 0$ である (計算は省略する)．2 次の小行列式については，例 7.16 で考察したように，たとえば

$$\begin{vmatrix} 2 & 1 \\ 2 & 2 \end{vmatrix} = 2 \neq 0$$

が成り立つ．3 次の小行列式は 0 であり，2 次の小行列式の中に 0 でないものがあるので，「0 でない小行列式の最大次数」は 2 である．

問 7.19 c は実数とし，$A = \begin{pmatrix} 1 & 2 & 3 \\ 3 & c & 1 \end{pmatrix}$ とする．c の値にかかわらず，A の階数が 2 であることを，定理 7.17 を用いて説明せよ．

第 8 章

ベクトルの内積と行列

複素ベクトルを含めたベクトルの内積や長さに関連する話題を取り扱う.

8.1 実ベクトルと複素ベクトルの内積

定義 8.1 (1) 2 つの n 次元実ベクトル

$$
\boldsymbol{x} = \begin{pmatrix} x_1 \\ x_2 \\ \vdots \\ x_n \end{pmatrix}, \quad
\boldsymbol{y} = \begin{pmatrix} y_1 \\ y_2 \\ \vdots \\ y_n \end{pmatrix}
$$

の内積 $(\boldsymbol{x}, \boldsymbol{y})$ を

$$
(\boldsymbol{x}, \boldsymbol{y}) = x_1 y_1 + x_2 y_2 + \cdots + x_n y_n
$$

と定める.

(2) 2 つの n 次元複素ベクトル

$$
\boldsymbol{z} = \begin{pmatrix} z_1 \\ z_2 \\ \vdots \\ z_n \end{pmatrix}, \quad
\boldsymbol{w} = \begin{pmatrix} w_1 \\ w_2 \\ \vdots \\ w_n \end{pmatrix}
$$

の内積 $(\boldsymbol{z}, \boldsymbol{w})$ を

$$
(\boldsymbol{z}, \boldsymbol{w}) = z_1 \overline{w_1} + z_2 \overline{w_2} + \cdots + z_n \overline{w_n}
$$

と定める. ここで, 複素数 $\overline{w_i}$ は w_i の複素共役を表す $(1 \leq i \leq n)$.

例 8.2 $i = \sqrt{-1}$ とし, $\boldsymbol{z} = \begin{pmatrix} 1+i \\ 3-2i \end{pmatrix}, \boldsymbol{w} = \begin{pmatrix} 1+2i \\ 4+5i \end{pmatrix}$ とすると

$$(\boldsymbol{z}, \boldsymbol{w}) = (1+i)\overline{(1+2i)} + (3-2i)\overline{(4+5i)}$$

$$= (1+i)(1-2i) + (3-2i)(4-5i) = 5 - 24i$$

である．また

$$(\boldsymbol{z}, \boldsymbol{z}) = (1+i)\overline{(1+i)} + (3-2i)\overline{(3-2i)}$$

$$= (1+i)(1-i) + (3-2i)(3+2i) = 15$$

である．

問 8.3 例 8.2 のベクトル $\boldsymbol{w}$ に対し，$(\boldsymbol{w}, \boldsymbol{w})$ を求めよ．

注意 8.4 z が実数ならば，$\bar{z} = z$ であるので，実ベクトル同士の内積は，それらを複素ベクトルとみて内積をとったものと等しい．

$\boldsymbol{z}, \boldsymbol{z}', \boldsymbol{w}, \boldsymbol{w}'$ を n 次元複素ベクトルとし，c を複素数とするとき，次のことが成り立つ．ただし，$\boldsymbol{z}, \boldsymbol{z}', \boldsymbol{w}, \boldsymbol{w}'$ が実ベクトルであって，c が実数のときは，次の式において，複素共役は不要である．

(P1) $(\boldsymbol{z} + \boldsymbol{z}', \boldsymbol{w}) = (\boldsymbol{z}, \boldsymbol{w}) + (\boldsymbol{z}', \boldsymbol{w})$.　　(P2) $(c\boldsymbol{z}, \boldsymbol{w}) = c(\boldsymbol{z}, \boldsymbol{w})$.

(P3) $(\boldsymbol{z}, \boldsymbol{w} + \boldsymbol{w}') = (\boldsymbol{z}, \boldsymbol{w}) + (\boldsymbol{z}, \boldsymbol{w}')$.　　(P4) $(\boldsymbol{z}, c\boldsymbol{w}) = \bar{c}(\boldsymbol{z}, \boldsymbol{w})$.

(P5) $(\boldsymbol{w}, \boldsymbol{z}) = \overline{(\boldsymbol{z}, \boldsymbol{w})}$.

(P6) $(\boldsymbol{z}, \boldsymbol{z})$ は 0 以上の実数である．さらに

$$(\boldsymbol{z}, \boldsymbol{z}) = 0 \iff \boldsymbol{z} = \boldsymbol{0}$$

　　が成り立つ．

問 8.5 (1) z, w は複素数とする．

　　(a) $\bar{\bar{z}} = z$, $\bar{z} + \bar{w} = \overline{z + w}$, $\bar{z}\,\bar{w} = \overline{zw}$ を示せ．

　　(b) $z\bar{z}$ は 0 以上の実数であることを示せ．また，「$z\bar{z} = 0 \iff z = 0$」が成り立つことを示せ．

(2) 上の性質 (P4), (P5), (P6) が成り立つことを示せ．

ベクトル $\boldsymbol{x}, \boldsymbol{y}$ が $(\boldsymbol{x}, \boldsymbol{y}) = 0$ を満たすとき，$\boldsymbol{x}$ と $\boldsymbol{y}$ は**直交する**という．n 次元零ベクトル $\boldsymbol{0}$ はすべての n 次元ベクトルと直交する．また，すべての n 次元ベクトルと直交する n 次元ベクトルは $\boldsymbol{0}$ に限られる．

定義 8.6 n 次元 (実または複素) ベクトル $\boldsymbol{z}$ の**ノルム** (**長さ**) $\|\boldsymbol{z}\|$ を

$$\|\boldsymbol{z}\| = \sqrt{(\boldsymbol{z}, \boldsymbol{z})}$$

と定める．

72　第 8 章　ベクトルの内積と行列

問 8.7　例 8.2 のベクトル z, w のノルム $\|z\|, \|w\|$ を求めよ.

8.2　シュワルツの不等式と三角不等式

複素数 $z = x + \sqrt{-1}y$ $(x, y \in \mathbb{R})$ に対して, z の**絶対値** $|z|$ を

$$|z| = \sqrt{z\overline{z}} = \sqrt{x^2 + y^2}$$

と定める. z が実数ならば

$$x = z, \quad y = 0, \quad |z| = \sqrt{x^2} = |x|$$

であるので, $|z|$ は実数 x の絶対値 $|x|$ と一致する.

ベクトルの内積とノルムについて, 次の命題が成り立つ. (1) の不等式は**シュワルツの不等式**とよばれ, (2) の不等式は**三角不等式**とよばれる.

命題 8.8　x, y は n 次元 (実または複素) ベクトルとする.

(1) (シュワルツの不等式) $|(x, y)| \leq \|x\| \, \|y\|$ が成り立つ.

(2) (三角不等式) $\|x + y\| \leq \|x\| + \|y\|$ が成り立つ.

証明.　x, y が複素ベクトルのときの証明は省略し, ここでは x, y が実ベクトルのときのみ証明する.

(1) $x = 0$ ならば, $(x, y) = 0, \|x\| = 0$ であるので, 求める不等式が成立する (この場合は等号成立). そこで, $x \neq 0$ とする. このとき, 任意の実数 t に対して

$$0 \leq \|tx + y\|^2 = (tx + y, tx + y) = \|x\|^2 t^2 + 2(x, y)t + \|y\|^2$$

が成り立つ. 右辺を t に関する 2 次式とみて, その判別式を D とおけば

$$\frac{D}{4} = (x, y)^2 - \|x\|^2 \|y\|^2 \leq 0$$

であるので, $(x, y)^2 \leq \|x\|^2 \|y\|^2$ となる. 平方根をとれば, 求める不等式を得る.

(2) シュワルツの不等式を用いれば

$$\|x + y\|^2 = (x + y, x + y) = \|x\|^2 + 2(x, y) + \|y\|^2$$

$$\leq \|x\|^2 + 2\|x\| \, \|y\| + \|y\|^2 = (\|x\| + \|y\|)^2$$

が得られる. 平方根をとれば, 求める不等式を得る.　□

問 8.9　$i = \sqrt{-1}$ とし, $x = \begin{pmatrix} 1+i \\ 2-3i \end{pmatrix}, y = \begin{pmatrix} 2+i \\ 3+4i \end{pmatrix}$ とする.

(1) $|(x, y)| \leq \|x\| \, \|y\|$ が成り立つことを計算によって確かめよ.

(2) $\|x + y\| \leq \|x\| + \|y\|$ が成り立つことを計算によって確かめよ.

8.3 正規直交基底

4.3 節において $\mathbb{R}^n$ の線形部分空間の基底を定義したが (定義 4.17)，内積を考慮に入れる場合は，次に定める**正規直交基底**がしばしば用いられる．

定義 8.10 W は $\mathbb{R}^n$ の線形部分空間とする．W の基底 $\boldsymbol{a}_1, \boldsymbol{a}_2, \ldots, \boldsymbol{a}_k$ が

$$(\boldsymbol{a}_i, \boldsymbol{a}_j) = \begin{cases} 1 & (i = j \text{ のとき}) \\ 0 & (i \neq j \text{ のとき}) \end{cases} \qquad (1 \leq i \leq k,\ 1 \leq j \leq k)$$

を満たすとき，$\boldsymbol{a}_1, \boldsymbol{a}_2, \ldots, \boldsymbol{a}_k$ は W の**正規直交基底**であるという．

注意 8.11 「$\mathbb{C}^n$ の線形部分空間」も同様に定義することができ，その基底や正規直交基底を定義することができるが，本書では述べない．

命題 8.12 $\mathbb{R}^n$ の k 次元線形部分空間 W の正規直交基底 $\boldsymbol{a}_1, \boldsymbol{a}_2, \ldots, \boldsymbol{a}_k$ が与えられているとき，W に属するベクトル $\boldsymbol{x}$ を

$$\boldsymbol{x} = x_1 \boldsymbol{a}_1 + x_2 \boldsymbol{a}_2 + \cdots + x_k \boldsymbol{a}_k \qquad (x_1, x_2, \ldots, x_k \in \mathbb{R})$$

と表すと

$$\|\boldsymbol{x}\| = \sqrt{x_1^2 + x_2^2 + \cdots + x_k^2}$$

が成り立つ．

証明. $k = 3$ のときに証明する．内積の性質を用いて $\|\boldsymbol{x}\|^2$ を計算すると

$$\|\boldsymbol{x}\|^2 = (\boldsymbol{x}, \boldsymbol{x}) = (x_1 \boldsymbol{a}_1 + x_2 \boldsymbol{a}_2 + x_3 \boldsymbol{a}_3, x_1 \boldsymbol{a}_1 + x_2 \boldsymbol{a}_2 + x_3 \boldsymbol{a}_3)$$
$$= x_1^2 \|\boldsymbol{a}_1\|^2 + x_2^2 \|\boldsymbol{a}_2\|^2 + x_3^2 \|\boldsymbol{a}_3\|^2$$
$$+ 2 x_1 x_2 (\boldsymbol{a}_1, \boldsymbol{a}_2) + 2 x_1 x_3 (\boldsymbol{a}_1, \boldsymbol{a}_3) + 2 x_2 x_3 (\boldsymbol{a}_2, \boldsymbol{a}_3)$$

となるが，$\boldsymbol{a}_1, \boldsymbol{a}_2, \boldsymbol{a}_3$ が W の正規直交基底であるので

$$\|\boldsymbol{a}_1\| = \|\boldsymbol{a}_2\| = \|\boldsymbol{a}_3\| = 1, \quad (\boldsymbol{a}_1, \boldsymbol{a}_2) = (\boldsymbol{a}_1, \boldsymbol{a}_3) = (\boldsymbol{a}_2, \boldsymbol{a}_3) = 0$$

である．これを上の式に代入すれば

$$\|\boldsymbol{x}\|^2 = x_1^2 + x_2^2 + x_3^2$$

が得られ，平方根をとれば，求める等式が得られる． $\qquad\qquad\square$

正規直交基底を考えることは，直交座標をとって考えることに相当する．長さや角度に関する議論には便利である．

74　第 8 章　ベクトルの内積と行列

8.4　グラム–シュミットの直交化法

$\mathbb{R}^n$ の k 次元線形部分空間 W の基底 $\boldsymbol{a}_1, \boldsymbol{a}_2, \ldots, \boldsymbol{a}_k$ が与えられたとき，これを
もとにして，次のような方法によって W の正規直交基底を作ることができる．こ
の方法をグラム–シュミットの直交化法とよぶ．

(GS1) $\boldsymbol{b}_1 = \boldsymbol{a}_1$ とおき，実際の計算上の理由などから，必要に応じて，正の定数
c_1 を用いて $\boldsymbol{b}_1' = c_1 \boldsymbol{b}_1$ とおく．次に

$$\boldsymbol{b}_2 = \boldsymbol{a}_2 - \frac{(\boldsymbol{a}_2, \boldsymbol{b}_1')}{\|\boldsymbol{b}_1'\|^2} \boldsymbol{b}_1' \tag{8.1}$$

とおくと，$\boldsymbol{b}_2 \in W$, $\boldsymbol{b}_2 \neq \boldsymbol{0}$ である (問 8.13 参照)．さらに

$$\begin{aligned}
(\boldsymbol{b}_2, \boldsymbol{b}_1') &= \left(\boldsymbol{a}_2 - \frac{(\boldsymbol{a}_2, \boldsymbol{b}_1')}{\|\boldsymbol{b}_1'\|^2} \boldsymbol{b}_1', \boldsymbol{b}_1' \right) \\
&= (\boldsymbol{a}_2, \boldsymbol{b}_1') - \frac{(\boldsymbol{a}_2, \boldsymbol{b}_1')}{\|\boldsymbol{b}_1'\|^2} \|\boldsymbol{b}_1'\|^2 = 0
\end{aligned}$$

が成り立つ．

(GS2) 必要に応じて，正の定数 c_2 を用いて $\boldsymbol{b}_2' = c_2 \boldsymbol{b}_2$ とおく．また

$$\boldsymbol{b}_3 = \boldsymbol{a}_3 - \frac{(\boldsymbol{a}_3, \boldsymbol{b}_1')}{\|\boldsymbol{b}_1'\|^2} \boldsymbol{b}_1' - \frac{(\boldsymbol{a}_3, \boldsymbol{b}_2')}{\|\boldsymbol{b}_2'\|^2} \boldsymbol{b}_2'$$

とおくと，$\boldsymbol{b}_3 \in W$, $\boldsymbol{b}_3 \neq \boldsymbol{0}$ である (証明は省略する)．さらに，$\boldsymbol{b}_1'$ と $\boldsymbol{b}_2'$ が直
交することを用いれば

$$\begin{aligned}
(\boldsymbol{b}_3, \boldsymbol{b}_1') &= \left(\boldsymbol{a}_3 - \frac{(\boldsymbol{a}_3, \boldsymbol{b}_1')}{\|\boldsymbol{b}_1'\|^2} \boldsymbol{b}_1' - \frac{(\boldsymbol{a}_3, \boldsymbol{b}_2')}{\|\boldsymbol{b}_2'\|^2} \boldsymbol{b}_2', \boldsymbol{b}_1' \right) \\
&= (\boldsymbol{a}_3, \boldsymbol{b}_1') - \frac{(\boldsymbol{a}_3, \boldsymbol{b}_1')}{\|\boldsymbol{b}_1'\|^2} \|\boldsymbol{b}_1'\|^2 - \frac{(\boldsymbol{a}_3, \boldsymbol{b}_2')}{\|\boldsymbol{b}_2'\|^2} (\boldsymbol{b}_2', \boldsymbol{b}_1') \\
&= (\boldsymbol{a}_3, \boldsymbol{b}_1') - (\boldsymbol{a}_3, \boldsymbol{b}_1') = 0
\end{aligned}$$

が得られる．同様にして，$(\boldsymbol{b}_3, \boldsymbol{b}_2') = 0$ も成り立つことがわかる．

(GS3) 同様の操作を続けると，次の性質を満たす $\boldsymbol{b}_1', \boldsymbol{b}_2', \ldots, \boldsymbol{b}_k' \in W$ が得ら
れる．

(1) $\boldsymbol{b}_i \neq \boldsymbol{0}$ $(1 \leq i \leq k)$.　　(2) $\boldsymbol{b}_1', \boldsymbol{b}_2', \ldots, \boldsymbol{b}_k'$ は互いに直交する．

(GS4) 各 i $(1 \leq i \leq k)$ に対して

$$\boldsymbol{c}_i = \frac{1}{\|\boldsymbol{b}_i'\|} \boldsymbol{b}_i'$$

とおけば，$\boldsymbol{c}_1, \boldsymbol{c}_2, \ldots, \boldsymbol{c}_k$ は W の正規直交基底である．

問 8.13 $\boldsymbol{b}_2$ は上述の (GS1) のものとする．

(1) $\bm{b}_2 \in W$ を示せ．[ヒント] W は $\mathbb{R}^n$ の線形部分空間である．
(2) $\bm{b}_2 \neq \bm{0}$ を示せ．[ヒント] $\bm{a}_1, \bm{a}_2$ は線形独立である．

上述の (GS1) における式 (8.1) の意味を幾何学的に考えよう．簡単のため，$\bm{a}_2$，$\bm{b}'_1$ は平面ベクトルとする．2 つのベクトル $\bm{a}_2, \bm{b}'_1$ のなす角を θ とし，簡単のため，$0 < \theta < \dfrac{\pi}{2}$ とする．図のように 3 点 O, P, Q をとり

$$\bm{b}'_1 = \overrightarrow{\mathrm{OP}}, \quad \bm{a}_2 = \overrightarrow{\mathrm{OQ}}$$

とする．また，点 Q から直線 OP に下した垂線の足を H とする．

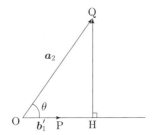

このとき，線分 OH の長さは $\|\bm{a}_2\|\cos\theta$ であるので

$$\overrightarrow{\mathrm{OH}} = \frac{\|\overrightarrow{\mathrm{OH}}\|}{\|\bm{b}'_1\|}\bm{b}'_1 = \frac{\|\bm{a}_2\|\cos\theta}{\|\bm{b}'_1\|}\bm{b}'_1 = \frac{\|\bm{a}_2\|\,\|\bm{b}'_1\|\cos\theta}{\|\bm{b}'_1\|^2}\bm{b}'_1 = \frac{(\bm{a}_2, \bm{b}'_1)}{\|\bm{b}'_1\|^2}\bm{b}'_1$$

である．したがって

$$\overrightarrow{\mathrm{HQ}} = \overrightarrow{\mathrm{OQ}} - \overrightarrow{\mathrm{OH}} = \bm{a}_2 - \frac{(\bm{a}_2, \bm{b}'_1)}{\|\bm{b}'_1\|^2}\bm{b}'_1$$

は式 (8.1) の右辺と一致する．点 H の選び方より，$\overrightarrow{\mathrm{HQ}}$ は $\bm{b}'_1$ と直交する．

例題 8.14 $W = \left\{ \begin{pmatrix} x_1 \\ x_2 \\ x_3 \\ x_4 \end{pmatrix} \in \mathbb{R}^4 \ \middle|\ x_1 + x_2 + x_3 + x_4 = 0 \right\}$ とする．W は $\mathbb{R}^4$ の線形部分空間である．また

76　第 8 章　ベクトルの内積と行列

$$\boldsymbol{a}_1 = \begin{pmatrix} -1 \\ 1 \\ 0 \\ 0 \end{pmatrix} \quad \boldsymbol{a}_2 = \begin{pmatrix} -1 \\ 0 \\ 1 \\ 0 \end{pmatrix} \quad \boldsymbol{a}_3 = \begin{pmatrix} -1 \\ 0 \\ 0 \\ 1 \end{pmatrix}$$

は W の基底である (以上のことは証明なしに認める). このとき, $\boldsymbol{a}_1, \boldsymbol{a}_2, \boldsymbol{a}_3$ にグラム–シュミットの直交化法を適用して, W の正規直交基底を作れ.

[解答]　$\boldsymbol{b}_1' = \boldsymbol{b}_1 = \boldsymbol{a}_1$, $\boldsymbol{b}_2 = \boldsymbol{a}_2 - \dfrac{(\boldsymbol{a}_2, \boldsymbol{b}_1')}{\|\boldsymbol{b}_1'\|^2} \boldsymbol{b}_1'$ とおくと

$$\boldsymbol{b}_2 = \begin{pmatrix} -1 \\ 0 \\ 1 \\ 0 \end{pmatrix} - \frac{1}{2} \begin{pmatrix} -1 \\ 1 \\ 0 \\ 0 \end{pmatrix} = \frac{1}{2} \begin{pmatrix} -1 \\ -1 \\ 2 \\ 0 \end{pmatrix}$$

である. ($\boldsymbol{b}_2$ の成分の分母を払うために) $\boldsymbol{b}_2' = 2\boldsymbol{b}_2$ とおき

$$\boldsymbol{b}_3 = \boldsymbol{a}_3 - \frac{(\boldsymbol{a}_3, \boldsymbol{b}_1')}{\|\boldsymbol{b}_1'\|^2} \boldsymbol{b}_1' - \frac{(\boldsymbol{a}_3, \boldsymbol{b}_2')}{\|\boldsymbol{b}_2'\|^2} \boldsymbol{b}_2'$$

とおく. 実際に計算すれば, $\boldsymbol{b}_3 = \dfrac{1}{3} \begin{pmatrix} -1 \\ -1 \\ -1 \\ 3 \end{pmatrix}$ となる. そこで, $\boldsymbol{b}_3' = 3\boldsymbol{b}_3$ とおき,

ベクトルの成分の分母を払う. 最後に, $\boldsymbol{c}_i = \dfrac{1}{\|\boldsymbol{b}_i'\|} \boldsymbol{b}_i'$ $(1 \le i \le 3)$ とおけば

$$\boldsymbol{c}_1 = \frac{1}{\sqrt{2}} \begin{pmatrix} -1 \\ 1 \\ 0 \\ 0 \end{pmatrix}, \quad \boldsymbol{c}_2 = \frac{1}{\sqrt{6}} \begin{pmatrix} -1 \\ -1 \\ 2 \\ 0 \end{pmatrix}, \quad \boldsymbol{c}_3 = \frac{1}{2\sqrt{3}} \begin{pmatrix} -1 \\ -1 \\ -1 \\ 3 \end{pmatrix}$$

となる. この 3 つのベクトルが求める W の正規直交基底である.　　　□

注意 8.15　グラム–シュミットの直交化法において, $\boldsymbol{b}_i$ を定数倍して $\boldsymbol{b}_i'$ を作る操作は, 理論的には不要であるが, 上の解答からもわかるように, 実際に計算を行う際は便利なことが多い.

問 8.16　例 4.24 のベクトル $\boldsymbol{a}_1, \boldsymbol{a}_2$ にグラム–シュミットの直交化法を適用して, 例 4.1 の方程式 (4.2) の解空間の正規直交基底を作れ.

8.5 随伴行列と直交行列・ユニタリ行列

回転行列や鏡映行列は，平面図形を回転したり折り返したりする**合同変換**を引き起こす．したがって，A が回転行列または鏡映行列であるとき，2 次元実ベクトル $\boldsymbol{x}, \boldsymbol{y}$ に対して，次が成り立つ．

$$\|A\boldsymbol{x}\| = \|\boldsymbol{x}\|, \quad (A\boldsymbol{x}, A\boldsymbol{y}) = (\boldsymbol{x}, \boldsymbol{y}).$$

このような行列を一般的に考えたい．

命題 8.17 n 次元複素ベクトル $\boldsymbol{x}, \boldsymbol{y}$ に対して

$$^t\boldsymbol{x}\,\overline{\boldsymbol{y}} = (\boldsymbol{x}, \boldsymbol{y})$$

が成り立つ．ここで，上の式の右辺は $\boldsymbol{x}$ と $\boldsymbol{y}$ の内積である．左辺は，$^t\boldsymbol{x}, \boldsymbol{y}$ をそれぞれ $(1, n)$ 型行列，$(n, 1)$ 型行列とみて積をとり，得られた $(1, 1)$ 型行列を単なる数とみなしたものである．また，$\boldsymbol{x}, \boldsymbol{y}$ が実ベクトルならば，左辺の $\boldsymbol{y}$ に対する複素共役は不要である．

証明. $\boldsymbol{x}, \boldsymbol{y}$ の第 i 成分をそれぞれ x_i, y_i とする $(1 \leq i \leq n)$．このとき

$$^t\boldsymbol{x}\,\overline{\boldsymbol{y}} = (x_1\, x_2\, \ldots\, x_n) \begin{pmatrix} \overline{y_1} \\ \overline{y_2} \\ \vdots \\ \overline{y_n} \end{pmatrix} = x_1\overline{y_1} + x_2\overline{y_2} + \cdots + x_n\overline{y_n} = (\boldsymbol{x}, \boldsymbol{y})$$

が成り立つ． $\square$

定義 8.18 A は (m, n) 型複素行列とする．$\overline{{}^t A}$ を A の**随伴行列**とよび，A^* と表す．

A が実行列ならば，随伴行列 A^* は転置行列 $^t A$ にほかならない．

命題 8.19 (m, n) 型行列 A，n 次元ベクトル $\boldsymbol{x}$，m 次元ベクトル $\boldsymbol{y}$ に対して

$$(A\boldsymbol{x}, \boldsymbol{y}) = (\boldsymbol{x}, A^*\boldsymbol{y})$$

が成り立つ．

証明. $(A\boldsymbol{x}, \boldsymbol{y}) = {}^t(A\boldsymbol{x})\overline{\boldsymbol{y}} = {}^t\boldsymbol{x}\,{}^t A\,\overline{\boldsymbol{y}} = {}^t\boldsymbol{x}\overline{({}^t\overline{A}\boldsymbol{y})} = (\boldsymbol{x}, \overline{{}^t A}\boldsymbol{y}) = (\boldsymbol{x}, A^*\boldsymbol{y}).$ $\square$

定理 8.20 n 次 (実または複素) 正方行列 A に対して，次の 3 つの条件は同値である．

78　第 8 章　ベクトルの内積と行列

(1) $A^*A = E_n$ である.

(2) 任意の n 次元 (実または複素) ベクトル $\boldsymbol{x}, \boldsymbol{y}$ に対して

$$(A\boldsymbol{x}, A\boldsymbol{y}) = (\boldsymbol{x}, \boldsymbol{y})$$

が成り立つ.

(3) 任意の n 次元 (実または複素) ベクトル $\boldsymbol{x}$ に対して

$$\|A\boldsymbol{x}\| = \|\boldsymbol{x}\|$$

が成り立つ.

証明. (1) $\Longrightarrow$ (2). 命題 8.19 を用いれば, $A^*A = E_n$ のとき

$$(A\boldsymbol{x}, A\boldsymbol{y}) = \Big(\boldsymbol{x}, A^*(A\boldsymbol{y})\Big) = \Big(\boldsymbol{x}, (A^*A)\boldsymbol{y}\Big) = (\boldsymbol{x}, \boldsymbol{y})$$

が成り立つことがわかる.

(2) $\Longrightarrow$ (1). 任意の $\boldsymbol{x}, \boldsymbol{y}$ に対して

$$0 = (A\boldsymbol{x}, A\boldsymbol{y}) - (\boldsymbol{x}, \boldsymbol{y}) = (\boldsymbol{x}, A^*A\boldsymbol{y}) - (\boldsymbol{x}, \boldsymbol{y}) = \Big(\boldsymbol{x}, (A^*A - E_n)\boldsymbol{y}\Big)$$

が成り立つ. $\boldsymbol{x}$ は任意であるので, $(A^*A - E_n)\boldsymbol{y} = \boldsymbol{0}$ である. さらに, $\boldsymbol{y}$ も任意であるので, $A^*A - E_n = O$, すなわち $A^*A = E_n$ が成り立つ.

(2) $\Longrightarrow$ (3). $\boldsymbol{x} = \boldsymbol{y}$ の場合の (2) の等式の両辺の平方根をとればよい.

(3) $\Longrightarrow$ (2). 簡単のため, A が n 次実正方行列の場合に証明する. n 次元実ベクトル $\boldsymbol{x}, \boldsymbol{y}$ に対して, 次の式が成り立つ.

$$\|\boldsymbol{x} + \boldsymbol{y}\|^2 = \|\boldsymbol{x}\|^2 + 2(\boldsymbol{x}, \boldsymbol{y}) + \|\boldsymbol{y}\|^2,$$

$$\|A(\boldsymbol{x} + \boldsymbol{y})\|^2 = \|A\boldsymbol{x}\|^2 + 2(A\boldsymbol{x}, A\boldsymbol{y}) + \|A\boldsymbol{y}\|^2.$$

条件 (3) を仮定すれば

$$\begin{aligned}
(A\boldsymbol{x}, A\boldsymbol{y}) &= \frac{1}{2}\Big(\|A(\boldsymbol{x} + \boldsymbol{y})\|^2 - \|A\boldsymbol{x}\|^2 - \|A\boldsymbol{y}\|^2\Big) \\
&= \frac{1}{2}\Big(\|\boldsymbol{x} + \boldsymbol{y}\|^2 - \|\boldsymbol{x}\|^2 - \|\boldsymbol{y}\|^2\Big) = (\boldsymbol{x}, \boldsymbol{y})
\end{aligned}$$

が得られ, (2) が示される. $\qquad\square$

定義 8.21 (1) n 次複素正方行列 A が $A^*A = E_n$ を満たすとき, A は**ユニタリ行列**であるという.

(2) n 次実正方行列 A が $A^*A = E_n$, すなわち ${}^tAA = E_n$ を満たすとき, A は**直交行列**であるという.

例 8.22 回転行列や鏡映行列は直交行列である.

A がユニタリ行列ならば A は正則であり，$A^{-1} = A^*$ を満たす．A が直交行列ならば A は正則であり，$A^{-1} = A^*$，すなわち $A^{-1} = {}^tA$ を満たす．

さらに，次の命題が成り立つ．

命題 8.23 n 次複素 (実) 正方行列 A に対して，次の 2 つの条件は同値である．

(1) A はユニタリ (直交) 行列である．

(2) A の列ベクトルはノルムがすべて 1 であり，異なる列ベクトル同士は直交する．

証明の概略. 簡単のため，A は 3 次実正方行列とし，$A = (\boldsymbol{a}_1\,\boldsymbol{a}_2\,\boldsymbol{a}_3)$ とする．このとき，行列の区分けの考え方を用いれば

$$A^*A = {}^tAA = \begin{pmatrix} {}^t\boldsymbol{a}_1 \\ {}^t\boldsymbol{a}_2 \\ {}^t\boldsymbol{a}_3 \end{pmatrix}(\boldsymbol{a}_1\,\boldsymbol{a}_2\,\boldsymbol{a}_3) = \begin{pmatrix} (\boldsymbol{a}_1, \boldsymbol{a}_1) & (\boldsymbol{a}_1, \boldsymbol{a}_2) & (\boldsymbol{a}_1, \boldsymbol{a}_3) \\ (\boldsymbol{a}_2, \boldsymbol{a}_1) & (\boldsymbol{a}_2, \boldsymbol{a}_2) & (\boldsymbol{a}_2, \boldsymbol{a}_3) \\ (\boldsymbol{a}_3, \boldsymbol{a}_1) & (\boldsymbol{a}_3, \boldsymbol{a}_2) & (\boldsymbol{a}_3, \boldsymbol{a}_3) \end{pmatrix}$$

が得られる．ここで，${}^t\boldsymbol{a}_i\boldsymbol{a}_j = (\boldsymbol{a}_i, \boldsymbol{a}_j)$ を用いている ($1 \leq i \leq 3,\, 1 \leq j \leq 3$)．よって，条件 (2) は ${}^tAA$ が単位行列であることと同値である． □

問 8.24 $\begin{pmatrix} \frac{1}{\sqrt{3}} & -\frac{1}{\sqrt{2}} & a \\ \frac{1}{\sqrt{3}} & \frac{1}{\sqrt{2}} & b \\ \frac{1}{\sqrt{3}} & 0 & c \end{pmatrix}$ が直交行列であるような実数 a, b, c の組合せをすべて求めよ．

第 9 章

正則行列による行列の対角化

これから,「行列の対角化」とよばれる操作について学ぶ. この章では特に, 正則行列による行列の対角化や, その応用について述べる.

9.1 行列の対角化のメカニズム

今後, 対角行列 $\begin{pmatrix} \alpha_1 & 0 & \cdots & 0 \\ 0 & \alpha_2 & \cdots & 0 \\ \vdots & \vdots & \ddots & \vdots \\ 0 & 0 & \cdots & \alpha_n \end{pmatrix}$ を $\mathrm{Diag}(\alpha_1, \alpha_2, \ldots, \alpha_n)$ とも表す.

n 次正方行列 A に対して, n 次正則行列 (あるいは, 直交行列・ユニタリ行列)P をうまく選んで $P^{-1}AP$ を対角行列にすることを, 正則行列 (直交行列・ユニタリ行列)P による A の**対角化**とよぶ.

例題 9.1 2 次正方行列 A, 2 次元ベクトル $\boldsymbol{p}_1, \boldsymbol{p}_2$, および数 β_1, β_2 が $A\boldsymbol{p}_j = \beta_j \boldsymbol{p}_j$ $(1 \leq j \leq 2)$ を満たすとき, $P = (\boldsymbol{p}_1\, \boldsymbol{p}_2)$, $B = \mathrm{Diag}(\beta_1, \beta_2)$ とおくと

$$AP = PB$$

が成り立つことを示せ. さらに, P が正則行列ならば

$$B = P^{-1}AP$$

が成り立つことを示せ.

[解答] A は区分けをせず, P は列ごとに区分けして考えれば

$$AP = A(\boldsymbol{p}_1 \,|\, \boldsymbol{p}_2) = (A\boldsymbol{p}_1 \,|\, A\boldsymbol{p}_2) = (\beta_1 \boldsymbol{p}_1 \,|\, \beta_2 \boldsymbol{p}_2)$$

が得られる (例 2.16 参照). 一方, P は列ごとに区分けし, B はすべての行と列を区分けすれば

$$PB = (\boldsymbol{p}_1 \,|\, \boldsymbol{p}_2) \left(\begin{array}{c|c} \beta_1 & 0 \\ \hline 0 & \beta_2 \end{array} \right) = (\beta_1 \boldsymbol{p}_1 \,|\, \beta_2 \boldsymbol{p}_2)$$

が得られる. よって, $AP = PB$ である. P が正則行列ならば, 両辺に P^{-1} を左からかければ, $P^{-1}AP = B$ が得られる. □

問 9.2 $A = \begin{pmatrix} -1 & 2 \\ -6 & 6 \end{pmatrix}$, $\boldsymbol{p}_1 = \begin{pmatrix} 2 \\ 3 \end{pmatrix}$, $\boldsymbol{p}_2 = \begin{pmatrix} 1 \\ 2 \end{pmatrix}$ とする. このとき

$$A\boldsymbol{p}_1 = 2\boldsymbol{p}_2, \quad A\boldsymbol{p}_2 = 3\boldsymbol{p}_3$$

が成り立ち, $P = (\boldsymbol{p}_1\,\boldsymbol{p}_2) = \begin{pmatrix} 2 & 1 \\ 3 & 2 \end{pmatrix}$ とおくと, $P^{-1}AP = \begin{pmatrix} 2 & 0 \\ 0 & 3 \end{pmatrix}$ が成り立つことを計算によって確かめよ.

例題 9.1 と問 9.2 を参考にして, 行列の対角化のメカニズムを考えよう.

(1) A は n 次正方行列, $P = (\boldsymbol{p}_1\,\boldsymbol{p}_2\,\cdots\,\boldsymbol{p}_n)$ は n 次正則行列とし

$$A\boldsymbol{p}_j = \alpha_j\boldsymbol{p}_j \quad (\alpha_j \in \mathbb{C},\ 1 \le j \le n)$$

が成り立つと仮定する. このとき, 次が成り立つ.

$$P^{-1}AP = \mathrm{Diag}(\alpha_1, \alpha_2, \ldots, \alpha_n). \tag{9.1}$$

(2) したがって, A を対角化するには, $A\boldsymbol{p}_j = \alpha_j\boldsymbol{p}_j$ を満たす α_j と $\boldsymbol{p}_j$ を見つければよい ($1 \le j \le n$). ただし, P が正則行列であること, あるいは, 直交行列・ユニタリ行列であることが要求される.

(3) 系 5.18 によれば, P が正則行列であることと, P の列ベクトル $\boldsymbol{p}_1, \boldsymbol{p}_2, \ldots, \boldsymbol{p}_n$ が線形独立であることは同値である.

(4) 命題 8.23 によれば, P が複素 (実) 行列の場合, P がユニタリ (直交) 行列であることと, P の列ベクトル $\boldsymbol{p}_1, \boldsymbol{p}_2, \ldots, \boldsymbol{p}_n$ のノルムがすべて 1 であって, 互いに直交することは同値である.

定義 9.3 A は n 次正方行列とする. 数 α と n 次元ベクトル $\boldsymbol{p}$ が次の条件 (1), (2) を満たすとする.

(1) $\boldsymbol{p} \ne \boldsymbol{0}$. (2) $A\boldsymbol{p} = \alpha\boldsymbol{p}$.

このとき, α は A の**固有値**であるといい, $\boldsymbol{p}$ は固有値 α に対する A の**固有ベクトル**であるという.

注意 9.4 ある固有値に対する固有ベクトルは 1 通りには定まらない. たとえば, 固有ベクトルに 0 でない定数をかけたものも固有ベクトルである.

82　第 9 章　正則行列による行列の対角化

ここまでに述べたことから，次の命題が導かれる．

命題 9.5　(1) A は n 次複素正方行列とする．n 個の線形独立な固有ベクトル $\boldsymbol{p}_1$, $\boldsymbol{p}_2, \ldots, \boldsymbol{p}_n$ が存在すれば，それらを並べて作った行列 $P = (\boldsymbol{p}_1\,\boldsymbol{p}_2\,\ldots\,\boldsymbol{p}_n)$ は正則行列であり，次が成り立つ．

$$P^{-1}AP = \mathrm{Diag}(\alpha_1, \alpha_2, \ldots, \alpha_n) \tag{9.2}$$

ここで，α_j は A の固有値であり，$A\boldsymbol{p}_j = \alpha_j\boldsymbol{p}_j$ が成り立つ $(1 \le j \le n)$．

(1′) (1) において，A が実行列であり，各固有値 α_j が実数であり，各固有ベクトル $\boldsymbol{p}_j$ が実ベクトルならば $(1 \le j \le n)$，P は実正則行列である．

(2) (1) において，$\boldsymbol{p}_1, \boldsymbol{p}_2, \ldots, \boldsymbol{p}_n$ のノルムがすべて 1 であって，互いに直交するならば，P はユニタリ行列である．

(2′) (2) において，A が実行列であり，各固有値 α_j が実数であり，各固有ベクトル $\boldsymbol{p}_j$ が実ベクトルならば $(1 \le j \le n)$，P は直交行列である．

次に，固有値や固有ベクトルを求める方法を考えよう．まず，次の命題を示す．

命題 9.6　n 次正方行列 A に対して，次の 4 つの条件は同値である．

(1) A は正則行列である．

(2) $\mathrm{rank}(A) = n$ である．

(3) $A\boldsymbol{x} = \boldsymbol{0}$ を満たす n 次元ベクトル $\boldsymbol{x}$ は零ベクトルのみである．

(4) $\det A \neq 0$ である．

証明．(1) $\Longleftrightarrow$ (2)．定理 4.29 による．

(1) $\Longrightarrow$ (3)．A が正則ならば，$A\boldsymbol{x} = \boldsymbol{0}$ に左から A^{-1} をかければ $\boldsymbol{x} = \boldsymbol{0}$ が得られる．

(3) $\Longrightarrow$ (2)．対偶を示す．$\mathrm{rank}(A) = r$ とおく．定理 4.26 により，斉次連立 1 次方程式 $A\boldsymbol{x} = \boldsymbol{0}$ の解空間の次元は $n-r$ であるので，$r < n$ ならば，$A\boldsymbol{x} = \boldsymbol{0}$ かつ $\boldsymbol{x} \neq \boldsymbol{0}$ を満たす n 次元ベクトル $\boldsymbol{x}$ が存在する．

(1) $\Longleftrightarrow$ (4)．定理 7.11 による． $\square$

A を n 次複素正方行列とし，α を複素数とするとき，命題 9.6 を $\alpha E_n - A$ に適用すれば，次のことがわかる．

α は A の固有値である

$\Longleftrightarrow$ $A\boldsymbol{x} = \alpha\boldsymbol{x}$, $\boldsymbol{x} \neq \boldsymbol{0}$ を満たす n 次元ベクトル $\boldsymbol{x}$ が存在する

$\iff (\alpha E_n - A)\boldsymbol{x} = \boldsymbol{0},\ \boldsymbol{x} \neq \boldsymbol{0}$ を満たす n 次元ベクトル $\boldsymbol{x}$ が存在する

$\iff \det(\alpha E_n - A) = 0.$

定義 9.7 A は n 次正方行列とする.t を変数とする多項式

$$\Phi_A(t) = \det(tE_n - A)$$

を A の**固有多項式** (**特性多項式**) とよぶ.また,方程式 $\Phi_A(t) = 0$ を**固有方程式** (**特性方程式**) とよぶ.

ここまでの考察を命題の形にまとめておこう.

命題 9.8 正方行列 A の固有値は固有方程式 $\Phi_A(t) = 0$ の根である.

固有値を求めるには,固有方程式を解けばよいことがわかった.では,A の固有値 α が求まったとき,α に対する固有ベクトルは,どのようにして求められるのであろうか? そのためには

$$A\boldsymbol{x} = \alpha\boldsymbol{x}$$

を連立 1 次方程式と考えて解けばよい.この方程式の非自明解が,固有値 α に対する A の固有ベクトルにほかならない.

9.2 正則行列による対角化の実例

前節で述べたことを用いて,実際に行列を対角化してみよう.

例題 9.9 $A = \begin{pmatrix} 4 & -3 & 5 \\ 2 & -1 & 2 \\ 0 & 0 & -1 \end{pmatrix}$ とする.

(1) A の固有多項式を求め,A の固有値をすべて求めよ.

(2) A の各固有値に対する固有ベクトルを 1 つずつ求めよ.

(3) $P^{-1}AP$ が対角行列となるような正則行列 P を 1 つ与えよ.また,そのときの $P^{-1}AP$ を書け.

[**解答**] (1) A の固有多項式を $\Phi_A(t)$ とする.

$$\Phi_A(t) = \det(tE_3 - A) = \begin{vmatrix} t-4 & 3 & -5 \\ -2 & t+1 & -2 \\ 0 & 0 & t+1 \end{vmatrix} = (t+1)(t-1)(t-2)$$

84   第 9 章 正則行列による行列の対角化

であるので，A の固有値は $-1, 1, 2$ である．

(2) $\boldsymbol{x} = \begin{pmatrix} x_1 \\ x_2 \\ x_3 \end{pmatrix}$ とし，連立 1 次方程式 $A\boldsymbol{x} = -\boldsymbol{x}$ を解く．

$$A\boldsymbol{x} = -\boldsymbol{x} \iff (A + E_3)\boldsymbol{x} = \boldsymbol{0} \iff \begin{cases} 5x_1 & -3x_2 & +5x_3 = 0 \\ 2x_1 & & +2x_3 = 0 \end{cases}$$

である．この方程式の一般解は次のように表される．

$$\begin{pmatrix} x_1 \\ x_2 \\ x_3 \end{pmatrix} = c \begin{pmatrix} 1 \\ 0 \\ -1 \end{pmatrix} \qquad (c \text{ は任意定数}).$$

したがって，たとえば，$\boldsymbol{p}_1 = \begin{pmatrix} 1 \\ 0 \\ -1 \end{pmatrix}$ は固有値 -1 に対する A の固有ベクトル

である．同様に，$A\boldsymbol{x} = \boldsymbol{x}$, $A\boldsymbol{x} = 2\boldsymbol{x}$ をそれぞれ解くことにより，たとえば

$$\boldsymbol{p}_2 = \begin{pmatrix} 1 \\ 1 \\ 0 \end{pmatrix}, \qquad \boldsymbol{p}_3 = \begin{pmatrix} 3 \\ 2 \\ 0 \end{pmatrix}$$

がそれぞれ固有値 $1, 2$ に対する A の固有ベクトルであることがわかる．

(3) $\boldsymbol{p}_1, \boldsymbol{p}_2, \boldsymbol{p}_3$ は線形独立である (証明は省略)．よって

$$P = (\boldsymbol{p}_1\,\boldsymbol{p}_2\,\boldsymbol{p}_3) = \begin{pmatrix} 1 & 1 & 3 \\ 0 & 1 & 2 \\ -1 & 0 & 0 \end{pmatrix}$$

は正則行列であり，$P^{-1}AP = \mathrm{Diag}(-1, 1, 2)$ である． □

問 9.10 例題 9.9 の解答で与えた行列 P について，実際に P^{-1} を求め，$P^{-1}AP$ が解答で与えた対角行列であることを計算によって確かめよ．

問 9.11 次の行列を正則行列によって対角化せよ．

$$(1) \quad A_1 = \begin{pmatrix} 0 & 1 \\ -6 & 5 \end{pmatrix} \qquad (2) \quad A_2 = \begin{pmatrix} 6 & -3 & -6 \\ 2 & -1 & -4 \\ 4 & -2 & -5 \end{pmatrix}$$

9.3 正則行列による対角化の可能性について

正則行列による対角化ができないこともある. n 次正方行列 A を正則行列によって対角化するには, n 個の線形独立な固有ベクトルを選ぶ必要があった. そのような n 個のベクトルを選ぶことができない場合, A は対角化不可能である.

例 9.12 $A = \begin{pmatrix} 3 & 1 \\ 0 & 3 \end{pmatrix}$ とする. A の固有多項式は $(t-3)^2$ であるので, 固有値は 3 のみである. また, 方程式 $A\boldsymbol{x} = 3\boldsymbol{x}$ $(\boldsymbol{x} = \begin{pmatrix} x_1 \\ x_2 \end{pmatrix})$ の一般解は

$$\begin{pmatrix} x_1 \\ x_2 \end{pmatrix} = \begin{pmatrix} c \\ 0 \end{pmatrix} \quad (c \text{ は任意定数})$$

と表される. A の固有ベクトルはすべてこの形であるので, 2 つの固有ベクトルはつねに線形従属である. よって, 正則行列による A の対角化は不可能である.

対角化の可能性を論ずるにあたって, まず, 次の命題を証明しよう.

命題 9.13 A は正方行列とし, $\alpha_1, \alpha_2, \ldots, \alpha_k$ は A の相異なる固有値とする. $\boldsymbol{p}_1, \boldsymbol{p}_2, \ldots, \boldsymbol{p}_k$ をそれぞれ $\alpha_1, \alpha_2, \ldots, \alpha_k$ に対する固有ベクトルとする. このとき, $\boldsymbol{p}_1, \boldsymbol{p}_2, \ldots, \boldsymbol{p}_k$ は線形独立である.

証明. 帰納法を用いる. $k = 1$ のときは正しい. $k \geq 2$ とし, $(k-1)$ 個の相異なる固有値に対する固有ベクトルは線形独立であるとする. いま

$$c_1 \boldsymbol{p}_1 + c_2 \boldsymbol{p}_2 + \cdots + c_k \boldsymbol{p}_k = \boldsymbol{0} \tag{9.3}$$

が成り立っていると仮定する. 式 (9.3) の両辺に A をかけると

$$c_1 \alpha_1 \boldsymbol{p}_1 + c_2 \alpha_2 \boldsymbol{p}_2 + \cdots + c_{k-1} \alpha_{k-1} \boldsymbol{p}_{k-1} + c_k \alpha_k \boldsymbol{p}_k = \boldsymbol{0} \tag{9.4}$$

が得られる. ここで, $A\boldsymbol{p}_i = \alpha_i \boldsymbol{p}_i$ $(1 \leq i \leq k)$ を用いている. 一方, 式 (9.4) から式 (9.3) の両辺を α_k 倍した式を辺々引くと

$$c_1(\alpha_1 - \alpha_k)\boldsymbol{p}_1 + c_2(\alpha_2 - \alpha_k)\boldsymbol{p}_2 + \cdots + c_{k-1}(\alpha_{k-1} - \alpha_k)\boldsymbol{p}_{k-1} = \boldsymbol{0}$$

86　第 9 章　正則行列による行列の対角化

が得られる. 帰納法の仮定より, $\boldsymbol{p}_1, \boldsymbol{p}_2, \ldots, \boldsymbol{p}_{k-1}$ は線形独立であるので

$$c_1(\alpha_1 - \alpha_k) = c_2(\alpha_2 - \alpha_k) = \cdots = c_{k-1}(\alpha_{k-1} - \alpha_k) = 0$$

が成り立つ. $\alpha_1, \alpha_2, \ldots, \alpha_k$ は相異なるので

$$c_1 = c_2 = \cdots = c_{k-1} = 0$$

がしたがう. これを式 (9.3) に代入すれば, $c_k = 0$ も得られる.　　　□

系 9.14　A は n 次正方行列とする.

(1) A の固有方程式が相異なる n 個の複素数根 $\alpha_1, \alpha_2, \ldots, \alpha_n$ を持てば, A はある複素正則行列によって対角化される.

(2) A が実行列であって, A の固有方程式が相異なる n 個の実数根 $\alpha_1, \alpha_2, \ldots, \alpha_n$ を持てば, A はある実正則行列によって対角化される.

証明. (1) α_j に対する固有ベクトルを $\boldsymbol{p}_j$ とすれば $(1 \leq j \leq n)$, 命題 9.13 により, $\boldsymbol{p}_1, \boldsymbol{p}_2, \ldots, \boldsymbol{p}_n$ は線形独立である. 系 5.18 により, $P = (\boldsymbol{p}_1\,\boldsymbol{p}_2\,\ldots\,\boldsymbol{p}_n)$ は正則行列であり, $P^{-1}AP = \mathrm{Diag}(\alpha_1, \alpha_2, \ldots, \alpha_n)$ が成り立つ.

(2) A が実行列であり, α_j は実数であるので, 方程式 $A\boldsymbol{x} = \alpha_j\boldsymbol{x}$ は実数解を持つ ($1 \leq j \leq n$). したがって, 固有ベクトルとして実ベクトルを選ぶことができる. それらを並べた行列は実正則行列であり, A はその行列によって対角化される.　　　□

注意 9.15　例題 9.9 の A は 3 個の相異なる固有値を持つので, 命題 9.13 により, 固有ベクトル $\boldsymbol{p}_1, \boldsymbol{p}_2, \boldsymbol{p}_3$ は線形独立である.

　固有方程式が重根を持つときは, 対角化できる場合もできない場合もある. ここでは, 対角化できる場合に, その方法を考えてみよう.

例題 9.16　$A = \begin{pmatrix} -1 & -2 & 2 \\ -2 & -1 & 2 \\ -2 & -2 & 3 \end{pmatrix}$ を正則行列によって対角化せよ.

　[解答]　A の固有多項式は $\Phi_A(t) = (t+1)(t-1)^2$ であるので, 固有値は $-1, 1$ である. 固有値 -1 に対する固有ベクトルとして, $\boldsymbol{p}_1 = \begin{pmatrix} 1 \\ 1 \\ 1 \end{pmatrix}$ が選べる. 次に,

固有値 1 に対する固有ベクトルを求める. $\boldsymbol{x} = \begin{pmatrix} x_1 \\ x_2 \\ x_3 \end{pmatrix}$ とおくと

$$Ax = x \iff (A - E_3)x = 0 \iff x_1 + x_2 - x_3 = 0$$

が成り立つ. これを連立 1 次方程式とみたとき, 一般解は

$$\begin{pmatrix} x_1 \\ x_2 \\ x_3 \end{pmatrix} = \begin{pmatrix} -\alpha + \beta \\ \alpha \\ \beta \end{pmatrix} = \alpha \begin{pmatrix} -1 \\ 1 \\ 0 \end{pmatrix} + \beta \begin{pmatrix} 1 \\ 0 \\ 1 \end{pmatrix} \quad (\alpha, \beta \text{ は任意定数})$$

と表される. そこで, $\boldsymbol{p}_2 = \begin{pmatrix} -1 \\ 1 \\ 0 \end{pmatrix}, \boldsymbol{p}_3 = \begin{pmatrix} 1 \\ 0 \\ 1 \end{pmatrix}$ とおけば, $\boldsymbol{p}_2, \boldsymbol{p}_3$ は固有値 1 に

対する A の固有ベクトルである. $\boldsymbol{p}_1, \boldsymbol{p}_2, \boldsymbol{p}_3$ は線形独立であるので, $P = (\boldsymbol{p}_1 \, \boldsymbol{p}_2 \, \boldsymbol{p}_3)$ は正則行列であり, $P^{-1}AP = \mathrm{Diag}(-1, 1, 1)$ となる. ∎

　例題 9.16 においては, 固有方程式の 2 重根に対して, 線形独立な 2 つの固有ベクトルが存在した. 一般に, 次の定理が成り立つ (証明は省略).

定理 9.17 n 次複素正方行列 A の固有多項式が

$$\varPhi_A(t) = (t - \alpha_1)^{m_1}(t - \alpha_2)^{m_2} \cdots (t - \alpha_k)^{m_k}$$

$(\alpha_1, \alpha_2, \ldots, \alpha_k$ は A の相異なる固有値, $m_1, m_2, \ldots, m_k$ は自然数) と表されるとする.

(1) 次の 2 つの条件 (a), (b) は同値である.

  (a) 複素正則行列によって A を対角化することができる.

  (b) 各固有値 α_i に対して m_i 個の線形独立な固有ベクトルを選ぶことができる $(1 \le i \le k)$.

(2) A が実正方行列のとき, 次の 2 つの条件 (c), (d) は同値である.

  (c) 実正則行列によって A を対角化することができる.

  (d) 固有値はすべて実数であり, 各固有値 α_i に対して m_i 個の線形独立な固有ベクトルを選ぶことができる $(1 \le i \le k)$.

問 9.18 次の行列を正則行列によって対角化できる場合は対角化せよ.

88　第 9 章　正則行列による行列の対角化

$$(1)\quad A_1 = \begin{pmatrix} 2 & 0 & 2 \\ 0 & 1 & 0 \\ -1 & 0 & -1 \end{pmatrix} \qquad (2)\quad A_2 = \begin{pmatrix} 2 & 0 & 2 \\ 1 & 1 & 1 \\ -1 & 0 & -1 \end{pmatrix}$$

9.4　正則行列による対角化の応用

k を自然数とするとき, 対角行列 $B = \mathrm{Diag}(\alpha_1, \alpha_2, \ldots, \alpha_n)$ に対して

$$B^k = \mathrm{Diag}(\alpha_1^k, \alpha_2^k, \ldots, \alpha_n^k)$$

が成り立つ (確認は読者にゆだねる. 2.7 節参照).

いま, n 次正方行列 A に対して, ある正則行列 P が存在し

$$P^{-1}AP = B$$

が成り立つとする. このとき

$$A = PBP^{-1}, \quad A^2 = (PBP^{-1})^2 = PBP^{-1}PBP^{-1} = PB^2P^{-1}$$

が成り立つ. 一般に, 自然数 k に対して

$$A^k = PB^kP^{-1}$$

が成り立つ. このことを利用して, A^k を求めることができる.

例題 9.19　k は自然数とする. 例題 9.9 の行列 A に対して, A^k を求めよ.

[解答]　P は例題 9.9 の解答のものとし, $B = P^{-1}AP = \mathrm{Diag}(-1, 1, 2)$ とする.
$B^k = \mathrm{Diag}\big((-1)^k, 1, 2^k\big)$ であり, P^{-1} は問 9.10 で計算されているので

$$A^k = PB^kP^{-1}$$

$$= \begin{pmatrix} -2 + 3 \cdot 2^k & 3 - 3 \cdot 2^k & (-1)^{k+1} - 2 + 3 \cdot 2^k \\ -2 + 2^{k+1} & 3 - 2^{k+1} & -2 + 2^{k+1} \\ 0 & 0 & (-1)^k \end{pmatrix}$$

得られる.　　　　　　　　　　　　　　　　　　　　　　　　　　　□

問 9.20　k は自然数とする. 問 9.11 の行列 A_1 に対して, A_1^k を求めよ.

数列や微分方程式への応用についても考えよう.

例題 9.21　数列 $a_1, a_2, a_3, \ldots$ が次の漸化式を満たすとする.

$$a_{k+2} = 5a_{k+1} - 6a_k \qquad (k \in \mathbb{N}).$$

9.4 正則行列による対角化の応用　89

(1) $b_k = a_{k+1} \ (k \in \mathbb{N})$ とおく. このとき, 問 9.11 の行列 A_1 を用いて

$$\begin{pmatrix} a_{k+1} \\ b_{k+1} \end{pmatrix} = A_1 \begin{pmatrix} a_k \\ b_k \end{pmatrix} \qquad (k \in \mathbb{N})$$

と表される関係式が成り立つことを示せ.

(2) $P = \begin{pmatrix} 1 & 1 \\ 2 & 3 \end{pmatrix}$ とおくと, $P^{-1} A_1 P = \begin{pmatrix} 2 & 0 \\ 0 & 3 \end{pmatrix}$ が成り立つ (問 9.11 の

解答参照). $c_k, d_k \ (k \in \mathbb{N})$ を

$$\begin{pmatrix} c_k \\ d_k \end{pmatrix} = P^{-1} \begin{pmatrix} a_k \\ b_k \end{pmatrix}$$

と定める. このとき

$$\begin{pmatrix} c_{k+1} \\ d_{k+1} \end{pmatrix} = P^{-1} A_1 P \begin{pmatrix} c_k \\ d_k \end{pmatrix} = \begin{pmatrix} 2 & 0 \\ 0 & 3 \end{pmatrix} \begin{pmatrix} c_k \\ d_k \end{pmatrix} \qquad (k \in \mathbb{N})$$

が成り立つことを示せ.

(3) $a_1 = 0,\ a_2 = 1$ であるとき, $a_k \ (k \in \mathbb{N})$ を求めよ.

[解答]　(1) $a_{k+1} = b_k,\ b_{k+1} = a_{k+2} = 5a_{k+1} - 6a_k = 5b_k - 6a_k$ より

$$\begin{pmatrix} a_{k+1} \\ b_{k+1} \end{pmatrix} = \begin{pmatrix} b_k \\ -6a_k + 5b_k \end{pmatrix} = \begin{pmatrix} 0 & 1 \\ -6 & 5 \end{pmatrix} \begin{pmatrix} a_k \\ b_k \end{pmatrix} = A_1 \begin{pmatrix} a_k \\ b_k \end{pmatrix}.$$

(2) $\begin{pmatrix} c_{k+1} \\ d_{k+1} \end{pmatrix} = P^{-1} \begin{pmatrix} a_{k+1} \\ b_{k+1} \end{pmatrix}, \begin{pmatrix} a_k \\ b_k \end{pmatrix} = P \begin{pmatrix} c_k \\ d_k \end{pmatrix}$ であるので

$$\begin{pmatrix} c_{k+1} \\ d_{k+1} \end{pmatrix} = P^{-1} \begin{pmatrix} a_{k+1} \\ b_{k+1} \end{pmatrix} = P^{-1} A_1 \begin{pmatrix} a_k \\ b_k \end{pmatrix} = P^{-1} A_1 P \begin{pmatrix} c_k \\ d_k \end{pmatrix}.$$

(3) $b_1 = a_2 = 1$ であることに注意すれば

$$\begin{pmatrix} c_1 \\ d_1 \end{pmatrix} = P^{-1} \begin{pmatrix} a_1 \\ b_1 \end{pmatrix} = \begin{pmatrix} 3 & -1 \\ -2 & 1 \end{pmatrix} \begin{pmatrix} 0 \\ 1 \end{pmatrix} = \begin{pmatrix} -1 \\ 1 \end{pmatrix}$$

が得られる. また, 小問 (2) より $c_{k+1} = 2c_k,\ d_{k+1} = 3d_k$ が成り立つので

$$c_k = -2^{k-1},\ d_k = 3^{k-1} \qquad (k \in \mathbb{N})$$

が得られる.

90　第 9 章　正則行列による行列の対角化

$$\begin{pmatrix} a_k \\ b_k \end{pmatrix} = P\begin{pmatrix} c_k \\ d_k \end{pmatrix} = \begin{pmatrix} 1 & 1 \\ 2 & 3 \end{pmatrix}\begin{pmatrix} -2^{k-1} \\ 3^{k-1} \end{pmatrix} = \begin{pmatrix} 3^{k-1} - 2^{k-1} \\ 3^k - 2^k \end{pmatrix}$$

であるので，$a_k = 3^{k-1} - 2^{k-1}$ $(k \in \mathbb{N})$ が得られる．　　　　　□

例題 9.22　2 回微分可能な関数 $f(x)$ が

$$f''(x) = 5f'(x) - 6f(x)$$

を満たすとする $(f'(x), f''(x)$ はそれぞれ $f(x)$ の導関数，2 階導関数)．

(1) $g(x) = f'(x)$ とおく．このとき，問 9.11 の行列 A_1 を用いて

$$\begin{pmatrix} f'(x) \\ g'(x) \end{pmatrix} = A_1\begin{pmatrix} f(x) \\ g(x) \end{pmatrix}$$

と表される関係式が成り立つことを示せ．

(2) P は例題 9.21 (2) と同じ行列とする．$\varphi(x), \psi(x)$ を

$$\begin{pmatrix} \varphi(x) \\ \psi(x) \end{pmatrix} = P^{-1}\begin{pmatrix} f(x) \\ g(x) \end{pmatrix} \tag{9.5}$$

と定める．このとき

$$\begin{pmatrix} \varphi'(x) \\ \psi'(x) \end{pmatrix} = P^{-1}A_1 P\begin{pmatrix} \varphi(x) \\ \psi(x) \end{pmatrix} = \begin{pmatrix} 2 & 0 \\ 0 & 3 \end{pmatrix}\begin{pmatrix} \varphi(x) \\ \psi(x) \end{pmatrix}$$

が成り立つことを示せ．

(3) $f(0) = 0, f'(0) = 1$ であるとき，$f(x)$ を求めよ．

[解答]　(1) $f'(x) = g(x), g'(x) = f''(x) = 5f'(x) - 6f(x) = 5g(x) - 6f(x)$ である．このことより，求める関係式が得られる．

(2) 式 (9.5) の両辺の各成分の導関数をとれば

$$\begin{pmatrix} \varphi'(x) \\ \psi'(x) \end{pmatrix} = P^{-1}\begin{pmatrix} f'(x) \\ g'(x) \end{pmatrix}$$

が得られる．式 (9.5) の両辺に左から P をかけた式も考えあわせれば

$$\begin{pmatrix} \varphi'(x) \\ \psi'(x) \end{pmatrix} = P^{-1}\begin{pmatrix} f'(x) \\ g'(x) \end{pmatrix} = P^{-1}A_1\begin{pmatrix} f(x) \\ g(x) \end{pmatrix} = P^{-1}A_1 P\begin{pmatrix} \varphi(x) \\ \psi(x) \end{pmatrix}.$$

9.4 正則行列による対角化の応用　91

(3) $\begin{pmatrix} \varphi(0) \\ \psi(0) \end{pmatrix} = P^{-1} \begin{pmatrix} f(0) \\ g(0) \end{pmatrix} = \begin{pmatrix} 3 & -1 \\ -2 & 1 \end{pmatrix} \begin{pmatrix} 0 \\ 1 \end{pmatrix} = \begin{pmatrix} -1 \\ 1 \end{pmatrix}$ である。ま

た，小問 (2) より

$$\varphi'(x) = 2\varphi(x), \quad \psi'(x) = 3\psi(x)$$

が成り立つ。このことより

$$\varphi(x) = -e^{2x}, \quad \psi(x) = e^{3x} \tag{9.6}$$

が成り立つ (下記の補足参照)。ここで，e は自然対数の底を表す。よって

$$\begin{pmatrix} f(x) \\ g(x) \end{pmatrix} = P \begin{pmatrix} \varphi(x) \\ \psi(x) \end{pmatrix} = \begin{pmatrix} 1 & 1 \\ 2 & 3 \end{pmatrix} \begin{pmatrix} \varphi(x) \\ \psi(x) \end{pmatrix}$$

より，$f(x) = e^{3x} - e^{2x}$ が得られる。　　　　　　　　　　　　　　□

　【補足】　例題 9.22 の解答において，式 (9.6) が成り立つ理由を述べる。

$$\varphi'(x) = 2\varphi(x)$$

は「変数分離形」とよばれる常微分方程式である。これを解くために

$$\frac{\varphi'(x)}{\varphi(x)} = 2 \tag{9.7}$$

と変形し，両辺の不定積分を考える。式 (9.7) の左辺の不定積分は

$$\int \frac{\varphi'(x)}{\varphi(x)}\, dx = \log|\varphi(x)| + C_1 \quad (C_1 は積分定数)$$

である (例 16.18 参照)。一方，式 (9.7) の右辺の不定積分は $2x + C_2$ (C_2 は積分定数) である。よって，$\varphi(x)$ は

$$\varphi(x) = Ce^{2x} \quad (C は定数)$$

という形である (詳細な検討は読者にゆだねる)。さらに，$\varphi(0) = -1$ より，$C = -1$ であるので，$\varphi(x) = -e^{2x}$ が得られる。同様の考察により，$\psi(x) = e^{3x}$ も得られる。

　問 9.23　数列 $a_1, a_2, a_3, \ldots$ は，$a_1 = a_2 = 1$ を満たし，次の漸化式を満たすとする (このような数列を**フィボナッチ数列**という)。

$$a_{k+2} = a_{k+1} + a_k \qquad (k \in \mathbb{N}).$$

この数列の一般項 a_k を求めよ。

第10章

直交行列・ユニタリ行列による行列の対角化

直交行列やユニタリ行列によって行列を対角化することを考える．その応用として，2 次形式についても述べる．

10.1　直交行列による行列の対角化

この節では，A は n 次実正方行列とし，直交行列 P をうまく選んで $P^{-1}AP$ を対角行列にすることを考える．まず，「対称行列」という概念を導入する．

定義 10.1　実正方行列 A が $^tA = A$ を満たすとき，A は**対称行列**であるという．

たとえば，後述の例題 10.3 の行列 A は対称行列である．直交行列による対角化については，次の定理が重要である．

定理 10.2　実正方行列 A が対称行列ならば，$P^{-1}AP$ が対角行列となる直交行列 P が存在する．

まず，命題 9.5 (2′) を用いて，直交行列によって対称行列を対角化してみよう．

例題 10.3　$A = \begin{pmatrix} 3 & -\sqrt{3} \\ -\sqrt{3} & 5 \end{pmatrix}$ を直交行列によって対角化せよ．

[解答]　A の固有多項式は $\Phi_A(t) = (t-2)(t-6)$ であるので，A の固有値は 2，6 である．$\boldsymbol{x} = \begin{pmatrix} x_1 \\ x_2 \end{pmatrix}$ に対して

$$A\boldsymbol{x} = 2\boldsymbol{x} \iff x_1 = \sqrt{3}x_2,$$
$$A\boldsymbol{x} = 6\boldsymbol{x} \iff \sqrt{3}x_1 = -x_2$$

が成り立つので

$$\boldsymbol{p}_1 = \begin{pmatrix} \sqrt{3} \\ 1 \end{pmatrix}, \quad \boldsymbol{p}_2 = \begin{pmatrix} -1 \\ \sqrt{3} \end{pmatrix}$$

とおけば, $\boldsymbol{p}_1, \boldsymbol{p}_2$ は, それぞれ固有値 $2, 6$ に対する A の固有ベクトルである. ここで, $\boldsymbol{p}_1$ と $\boldsymbol{p}_2$ が直交していることに注意する. いま

$$\boldsymbol{q}_1 = \frac{1}{\|\boldsymbol{p}_1\|} \boldsymbol{p}_1 = \begin{pmatrix} \frac{\sqrt{3}}{2} \\ \frac{1}{2} \end{pmatrix}, \quad \boldsymbol{q}_2 = \frac{1}{\|\boldsymbol{p}_2\|} \boldsymbol{p}_2 = \begin{pmatrix} -\frac{1}{2} \\ \frac{\sqrt{3}}{2} \end{pmatrix}$$

とおけば, $\boldsymbol{q}_1, \boldsymbol{q}_2$ はいずれもノルムが 1 の固有ベクトルであり, 互いに直交する. したがって

$$P = (\boldsymbol{p}_1 \, \boldsymbol{p}_2) = \begin{pmatrix} \frac{\sqrt{3}}{2} & -\frac{1}{2} \\ \frac{1}{2} & \frac{\sqrt{3}}{2} \end{pmatrix}$$

とおけば, P は直交行列であり, $P^{-1}AP = \mathrm{Diag}(2, 6)$ が成り立つ. □

例題 10.3 の対称行列 A が直交行列 P によって対角化できた理由は, 次の 2 つである (命題 9.5 (2′) 参照).

(1) A の固有値がいずれも実数であった.

(2) 2 つの固有値に対する固有ベクトルが直交していた.

定理 10.2 の証明の代わりに, 上述の (1), (2) が成り立つ理由を述べよう.

定義 10.4 $A^* = A$ を満たす複素正方行列 A を**エルミート行列**とよぶ.

ここで, $A^* = \overline{{}^t A}$ (随伴行列) である. A が実行列ならば, $A^* = {}^t A$ であるので, 実エルミート行列は対称行列にほかならない.

命題 10.5 A は n 次エルミート行列とする.

(1) 任意の n 次元複素ベクトル $\boldsymbol{x}, \boldsymbol{y}$ に対して

$$(A\boldsymbol{x}, \boldsymbol{y}) = (\boldsymbol{x}, A\boldsymbol{y})$$

が成り立つ.

(2) A の固有値はすべて実数である.

(3) A の相異なる固有値に対する固有ベクトルは互いに直交する.

証明. (1) 命題 8.19 と定義 10.4 により, $(A\boldsymbol{x}, \boldsymbol{y}) = (\boldsymbol{x}, A^*\boldsymbol{y}) = (\boldsymbol{x}, A\boldsymbol{y})$.

(2) α は A の固有値とし, $\boldsymbol{x}$ は α に対する固有ベクトルとする. このとき, (1)

94 第 10 章 直交行列・ユニタリ行列による行列の対角化

と複素ベクトルの内積の性質を用いれば

$$\alpha\|\boldsymbol{x}\|^2 = (\alpha\boldsymbol{x}, \boldsymbol{x}) = (A\boldsymbol{x}, \boldsymbol{x}) = (\boldsymbol{x}, A\boldsymbol{x}) = (\boldsymbol{x}, \alpha\boldsymbol{x}) = \overline{\alpha}\|\boldsymbol{x}\|^2$$

が成り立つ. $\boldsymbol{x} \neq \boldsymbol{0}$ であるので, $\alpha = \overline{\alpha}$ となる. よって, α は実数である.

(3) α, β は A の固有値とし, $\boldsymbol{x}, \boldsymbol{y}$ はそれぞれ α, β に対する固有ベクトルとする. このとき, β が実数であることに注意すれば

$$\alpha(\boldsymbol{x}, \boldsymbol{y}) = (\alpha\boldsymbol{x}, \boldsymbol{y}) = (A\boldsymbol{x}, \boldsymbol{y}) = (\boldsymbol{x}, A\boldsymbol{y}) = (\boldsymbol{x}, \beta\boldsymbol{y}) = \overline{\beta}(\boldsymbol{x}, \boldsymbol{y}) = \beta(\boldsymbol{x}, \boldsymbol{y})$$

が得られる. したがって, $\alpha \neq \beta$ ならば, $(\boldsymbol{x}, \boldsymbol{y}) = 0$ でなければならない. $\square$

命題 10.5 により, 実正方行列 A が対称行列ならば, A の固有値はすべて実数であり, 相異なる固有値に対する固有ベクトルは互いに直交することがわかる.

直交行列によって対称行列を対角化する例をもう少し考えよう.

例題 10.6 $A = \begin{pmatrix} 5 & -1 & -1 \\ -1 & 5 & -1 \\ -1 & -1 & 5 \end{pmatrix}$ を直交行列によって対角化せよ.

[解答] A の固有多項式は $(t-3)(t-6)^2$ であるので, 固有値は $3, 6$ である. $\boldsymbol{x} = \begin{pmatrix} x_1 \\ x_2 \\ x_3 \end{pmatrix}$ に対して, 「$A\boldsymbol{x} = 3\boldsymbol{x} \iff x_1 = x_2 = x_3$」が成り立つので

$$\boldsymbol{q}_1 = \frac{1}{\sqrt{3}} \begin{pmatrix} 1 \\ 1 \\ 1 \end{pmatrix}$$

とおけば, $\boldsymbol{q}_1$ は固有値 3 に対するノルム 1 の固有ベクトルである. 一方

$$A\boldsymbol{x} = 6\boldsymbol{x} \iff x_1 + x_2 + x_3 = 0$$

が成り立つ. これを満たす $\boldsymbol{x}$ は

$$\boldsymbol{x} = \begin{pmatrix} -\alpha - \beta \\ \alpha \\ \beta \end{pmatrix} = \alpha \begin{pmatrix} -1 \\ 1 \\ 0 \end{pmatrix} + \beta \begin{pmatrix} -1 \\ 0 \\ 1 \end{pmatrix} \quad (\alpha, \beta \text{ は任意定数})$$

と表される. したがって

$$\boldsymbol{p}_2 = \begin{pmatrix} -1 \\ 1 \\ 0 \end{pmatrix}, \quad \boldsymbol{p}_3 = \begin{pmatrix} -1 \\ 0 \\ 1 \end{pmatrix}$$

とおくと，これらは固有値 6 に対する線形独立な固有ベクトルである．しかし，これらのベクトルのノルムは 1 ではなく，また，互いに直交してもいない．そこで，グラム–シュミットの直交化法を用いて

$$\boldsymbol{p}_2' = \boldsymbol{p}_2 = \begin{pmatrix} -1 \\ 1 \\ 0 \end{pmatrix}, \quad \boldsymbol{p}_3' = \boldsymbol{p}_3 - \frac{(\boldsymbol{p}_3, \boldsymbol{p}_2')}{\|\boldsymbol{p}_2'\|^2} \boldsymbol{p}_2' = \frac{1}{2} \begin{pmatrix} -1 \\ -1 \\ 2 \end{pmatrix},$$

$$\boldsymbol{q}_2 = \frac{1}{\|\boldsymbol{p}_2'\|} \boldsymbol{p}_2' = \frac{1}{\sqrt{2}} \begin{pmatrix} -1 \\ 1 \\ 0 \end{pmatrix}, \quad \boldsymbol{q}_3 = \frac{1}{\|2\boldsymbol{p}_3'\|} (2\boldsymbol{p}_3') = \frac{1}{\sqrt{6}} \begin{pmatrix} -1 \\ -1 \\ 2 \end{pmatrix}$$

とすれば，$\boldsymbol{q}_2, \boldsymbol{q}_3$ は固有値 6 に対するノルム 1 の固有ベクトルであって，互いに直交する．このとき，$\boldsymbol{q}_1, \boldsymbol{q}_2, \boldsymbol{q}_3$ は互いに直交しているので

$$Q = (\boldsymbol{q}_1 \, \boldsymbol{q}_2 \, \boldsymbol{q}_3) = \begin{pmatrix} \frac{1}{\sqrt{3}} & -\frac{1}{\sqrt{2}} & -\frac{1}{\sqrt{6}} \\ \frac{1}{\sqrt{3}} & \frac{1}{\sqrt{2}} & -\frac{1}{\sqrt{6}} \\ \frac{1}{\sqrt{3}} & 0 & \frac{2}{\sqrt{6}} \end{pmatrix}$$

は直交行列であり，$Q^{-1}AQ = \mathrm{Diag}(3,6,6)$ が成り立つ． □

注意 10.7 例題 10.6 の解答において，$\boldsymbol{q}_2, \boldsymbol{q}_3$ は $\boldsymbol{p}_2, \boldsymbol{p}_3$ の線形結合であることに注意する．$\boldsymbol{p}_2, \boldsymbol{p}_2$ はいずれも固有値 6 に対する固有ベクトルであるので，$\boldsymbol{q}_2, \boldsymbol{q}_3$ も固有値 6 に対する固有ベクトルである (問 10.8 参照)．

問 10.8 A は n 次正方行列とし，α は A の固有値とする．n 次元ベクトル $\boldsymbol{x}, \boldsymbol{y}$ に対して，$A\boldsymbol{x} = \alpha\boldsymbol{x}, A\boldsymbol{y} = \alpha\boldsymbol{y}$ が成り立つと仮定する．このとき

$$\boldsymbol{z} = c\boldsymbol{x} + c'\boldsymbol{y} \quad (c, c' \text{ は定数})$$

とおくと，$A\boldsymbol{z} = \alpha\boldsymbol{z}$ が成り立つことを示せ．

問 10.9 次の対称行列を直交行列によって対角化せよ．

$$(1) \ A_1 = \begin{pmatrix} 0 & 1 \\ 1 & 0 \end{pmatrix} \quad (2) \ A_2 = \begin{pmatrix} 3 & -\sqrt{3} & 0 \\ -\sqrt{3} & 1 & 0 \\ 0 & 0 & 4 \end{pmatrix}$$

96　第 10 章　直交行列・ユニタリ行列による行列の対角化

10.2　ユニタリ行列による対角化

今度は，n 次複素正方行列をユニタリ行列によって対角化することを考える．

定義 10.10　n 次複素正方行列 A が

$$AA^* = A^*A$$

を満たすとき，A は**正規行列**であるという．

A がエルミート行列ならば $AA^* = A^*A = A^2$ であり，A がユニタリ行列ならば $AA^* = A^*A = E_n$ であるので，いずれの場合も，A は正規行列である．ユニタリ行列による対角化については，次の定理が成り立つ．

定理 10.11　A は n 次複素正方行列とする．A が正規行列ならば，$P^{-1}AP$ が対角行列であるようなユニタリ行列 P が存在する．

正規行列をユニタリ行列によって実際に対角化する方法は，対称行列を直交行列によって対角化する方法と同様であるが，本書ではこれ以上述べない．

10.3　2 次形式と対称行列

定数項や 1 次の項を含まない 2 次式を **2 次形式**という．たとえば

$$f(x_1, x_2) = 3x_1^2 - 2\sqrt{3}x_1x_2 + 5x_2^2$$

は 2 つの変数 x_1, x_2 に関する実数係数の 2 次形式である．今後，実数係数の 2 次形式のみを扱うので，単に「2 次形式」といったら，実数係数の 2 次形式をさす．

2 次形式は対称行列と深い関係がある．たとえば

$$A = \begin{pmatrix} a & b & c \\ b & d & e \\ c & e & f \end{pmatrix}, \quad \boldsymbol{x} = \begin{pmatrix} x_1 \\ x_2 \\ x_3 \end{pmatrix}$$

に対して，${}^t\boldsymbol{x}A\boldsymbol{x}$ を考え，それを単なる数とみなすと

$$
{}^t\boldsymbol{x}A\boldsymbol{x} = ax_1^2 + dx_2^2 + fx_3^2 + 2bx_1x_2 + 2cx_1x_3 + 2ex_2x_3 \tag{10.1}
$$

となる．逆に，2 次形式 $f(x_1, x_2, x_3)$ が与えられたとき

$$f(x_1, x_2, x_3) = {}^t\boldsymbol{x}B\boldsymbol{x}$$

を満たすような 3 次対称行列が存在する (問 10.12)．

10.3　2 次形式と対称行列　97

問 10.12　(1) 式 (10.1) が成り立つことを計算によって確認せよ.

(2) $x_1,\ x_2,\ x_3$ を変数とする 2 次形式

$$f(x_1, x_2, x_3) = px_1^2 + qx_2^2 + rx_3^2 + ux_1x_2 + vx_1x_3 + wx_2x_3$$

$(p,\ q,\ r,\ u,\ v,\ w \in \mathbb{R})$ に対して

$$f(x_1, x_2, x_3) = {}^t\boldsymbol{x}B\boldsymbol{x} \quad \left(\boldsymbol{x} = \left(\begin{array}{c} x_1 \\ x_2 \\ x_3 \end{array}\right)\right)$$

を満たす対称行列 B を求めよ.

次に, 変数変換によって 2 次形式がどのように変化するかを調べよう.

例 10.13　2 次形式 $f(x_1 x_2) = x_1^2 + 4x_1x_2 + 3x_2^2$ を考える.

$$y_1 = x_1 + 2x_2,\ y_2 = x_2 \quad (\Longleftrightarrow x_1 = y_1 - 2y_2,\ x_2 = y_2) \qquad (10.2)$$

と変数を変換すると

$$f(x_1, x_2) = (y_1 - 2y_2)^2 + 4(y_1 - 2y_2)y_2 + 3y_2^2 = y_1^2 - y_2^2$$

という式が得られる. ここで, $P = \left(\begin{array}{cc} 1 & -2 \\ 0 & 1 \end{array}\right)$ とおくと, P は正則行列であり,

変数変換の式 (10.2) は

$$\left(\begin{array}{c} x_1 \\ x_2 \end{array}\right) = P\left(\begin{array}{c} y_1 \\ y_2 \end{array}\right)$$

と表されることに注意しよう.

一般に, $\boldsymbol{x}, \boldsymbol{y}$ は n 次元ベクトルとし, n 次正則行列 P を用いて

$$\boldsymbol{x} = P\boldsymbol{y}$$

と表される関係式が成り立つとする. このとき

$${}^t\boldsymbol{x}A\boldsymbol{x} = {}^t(P\boldsymbol{y})A(P\boldsymbol{y}) = {}^t\boldsymbol{y}({}^tPAP)\boldsymbol{y}$$

が成り立つ. ここで, ${}^tPAP$ は対称行列である (問 10.14).

問 10.14　上の状況において, ${}^tPAP$ は対称行列であることを示せ.

対称行列 A に対応する 2 次形式に対して, 変数変換 $\boldsymbol{x} = P\boldsymbol{y}$ をほどこして得ら

98　第 10 章　直交行列・ユニタリ行列による行列の対角化

れる 2 次形式に対応する対称行列を B とすれば

$$B = {}^t PAP$$

という関係が成り立つことがわかった.

例 10.15　例 10.13 において

$$\boldsymbol{x} = \begin{pmatrix} x_1 \\ x_2 \end{pmatrix}, \quad \boldsymbol{y} = \begin{pmatrix} y_1 \\ y_2 \end{pmatrix}, \quad A = \begin{pmatrix} 1 & 2 \\ 2 & 3 \end{pmatrix}$$

とおくと, $f(x_1, x_2) = {}^t\boldsymbol{x}A\boldsymbol{x}$ が成り立つ. いま, 2 次形式 $y_1^2 - y_2^2$ に対応する対称行列を B とすれば, 例 10.13 で定めた行列 P を用いて

$$
{}^t PAP = \begin{pmatrix} 1 & 0 \\ -2 & 1 \end{pmatrix} \begin{pmatrix} 1 & 2 \\ 2 & 3 \end{pmatrix} \begin{pmatrix} 1 & -2 \\ 0 & 1 \end{pmatrix} = \begin{pmatrix} 1 & 0 \\ 0 & -1 \end{pmatrix} = B
$$

という関係式が成り立つ.

10.4　2 次形式の直交標準形

まず, 変数変換に用いる行列 P が直交行列の場合を考えよう. このとき

$$ {}^t P = P^{-1} $$

であるので

$$B = {}^t PAP = P^{-1}AP$$

が成り立つ. この場合, 直交行列による対角化を利用することができる.

例 10.16　例題 5.3 の式 (5.3) の左辺を $f(x_1, x_2)$ とおく.

$$f(x_1, x_2) = 3x_1^2 - 2\sqrt{3}x_1 x_2 + 5x_2^2.$$

$f(x_1, x_2)$ に対応する対称行列を A とすると, A は例題 10.3 の行列である.

$$A = \begin{pmatrix} 3 & -\sqrt{3} \\ -\sqrt{3} & 5 \end{pmatrix}.$$

いま, 直交行列 $P = \begin{pmatrix} \frac{\sqrt{3}}{2} & -\frac{1}{2} \\ \frac{1}{2} & \frac{\sqrt{3}}{2} \end{pmatrix}$ を用いた変数変換によって得られる 2 次形式に対応する対称行列を B とすると

$$B = {}^t PAP = P^{-1}AP = \mathrm{Diag}(2, 6)$$

が成り立つ (例題 10.3 参照). したがって, 変数変換

$$\begin{pmatrix} x_1 \\ x_2 \end{pmatrix} = P \begin{pmatrix} y_1 \\ y_2 \end{pmatrix} = \begin{pmatrix} \frac{\sqrt{3}}{2} y_1 - \frac{1}{2} y_2 \\ \frac{1}{2} y_1 + \frac{\sqrt{3}}{2} y_2 \end{pmatrix} \tag{10.3}$$

によって，$f(x_1, x_2) = 2y_1^2 + 6y_2^2$ が得られる (例題 5.3，例題 10.3 参照).

一般に，次の定理が成り立つ.

定理 10.17 n 変数の 2 次形式 $f(x_1, x_2, \ldots, x_n)$ に対応する n 次対称行列を A とする．このとき，ある n 次直交行列 P を用いて，変数変換

$$\boldsymbol{x} = P\boldsymbol{y} \quad (\boldsymbol{x} = \begin{pmatrix} x_1 \\ x_2 \\ \vdots \\ x_n \end{pmatrix}, \ \boldsymbol{y} = \begin{pmatrix} y_1 \\ y_2 \\ \vdots \\ y_n \end{pmatrix})$$

をほどこすことによって，$y_1, y_2, \ldots, y_n$ に関する 2 次形式

$$\alpha_1 y_1^2 + \alpha_2 y_2^2 + \cdots + \alpha_n y_n^2 \tag{10.4}$$

を作ることができる．ここで，$\alpha_1, \alpha_2, \ldots, \alpha_n$ は A の固有値である．

定義 10.18 定理 10.17 で得られた 2 次形式 (10.4) を $f(x_1, x_2, \ldots, x_n)$ の**直交標準形**とよぶ．

例 10.19 2 次形式

$$f(x_1, x_2, x_3) = 5x_1^2 + 5x_2^2 + 5x_3^2 - 2x_1 x_2 - 2x_1 x_3 - 2x_2 x_3$$

を考える．この 2 次形式に対応する対称行列は例題 10.6 の行列 A にほかならない．したがって，例題 10.6 の解答の直交行列 Q を用いて，変数変換

$$\begin{pmatrix} x_1 \\ x_2 \\ x_3 \end{pmatrix} = Q \begin{pmatrix} y_1 \\ y_2 \\ y_3 \end{pmatrix} = \begin{pmatrix} \frac{1}{\sqrt{3}} y_1 - \frac{1}{\sqrt{2}} y_2 - \frac{1}{\sqrt{6}} y_3 \\ \frac{1}{\sqrt{3}} y_1 + \frac{1}{\sqrt{2}} y_2 - \frac{1}{\sqrt{6}} y_3 \\ \frac{1}{\sqrt{3}} y_1 + \frac{2}{\sqrt{6}} y_3 \end{pmatrix}$$

をほどこせば，直交標準形

$$3y_1^2 + 6y_2^2 + 6y_3^2$$

が得られる．

問 10.20 2 次形式 $f(x_1, x_2) = 2x_1 x_2$ の直交標準形を求めよ．

平面内の 2 次曲線のグラフを描く際に，2 次形式の直交標準形が役に立つ.

例 10.21 例 10.16 において，例題 5.3 の式 (5.3) の左辺の 2 次形式の直交標準形を求めた．そのときに用いた直交行列

$$P = \begin{pmatrix} \frac{\sqrt{3}}{2} & -\frac{1}{2} \\ \frac{1}{2} & \frac{\sqrt{3}}{2} \end{pmatrix}$$

は回転行列である．変数変換の式 (10.3) は，$x_1 x_2$ 座標を反時計回りに角度 $\dfrac{\pi}{6}$ 回転させて $y_1 y_2$ 座標を作るという座標変換の式とみることができる (5.2 節参照)．このとき，$x_1 x_2$ 平面における曲線

$$f(x_1, x_2) = 6$$

は，$y_1 y_2$ 座標を用いれば，$2y_1^2 + 6y_2^2 = 6$，すなわち

$$y_1^2 + 3y_2^2 = 3$$

と表される楕円である (例題 5.3，例 10.16 参照)．この楕円の長軸の両端の点は，$y_1 y_2$ 座標を用いれば $(y_1, y_2) = (\pm\sqrt{3}, 0)$ と表される．対応する x_1, x_2 は

$$\begin{pmatrix} x_1 \\ x_2 \end{pmatrix} = \begin{pmatrix} \frac{\sqrt{3}}{2} & -\frac{1}{2} \\ \frac{1}{2} & \frac{\sqrt{3}}{2} \end{pmatrix} \begin{pmatrix} \pm\sqrt{3} \\ 0 \end{pmatrix} = \begin{pmatrix} \pm\frac{3}{2} \\ \pm\frac{\sqrt{3}}{2} \end{pmatrix} \quad (\text{複号同順})$$

となる．同様に，$(y_1, y_2) = (0, \pm 1)$ は短軸の両端である．対応する x_1, x_2 は

$$\begin{pmatrix} x_1 \\ x_2 \end{pmatrix} = \begin{pmatrix} \frac{\sqrt{3}}{2} & -\frac{1}{2} \\ \frac{1}{2} & \frac{\sqrt{3}}{2} \end{pmatrix} \begin{pmatrix} 0 \\ \pm 1 \end{pmatrix} = \begin{pmatrix} \mp\frac{1}{2} \\ \pm\frac{\sqrt{3}}{2} \end{pmatrix} \quad (\text{複号同順})$$

となる．よって，この楕円は，次の図のような形である．

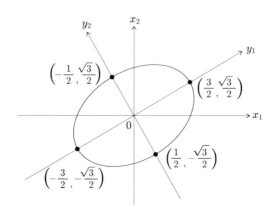

10.5 シルベスタ標準形と 2 次形式の符号　101

問 10.22　変数 x_1, x_2 に関する 2 次形式
$$f(x_1, x_2) = 5x_1^2 - 6x_1x_2 + 5x_2^2$$
の直交標準形を求め，x_1x_2 平面において
$$f(x_1, x_2) = 8$$
の定める曲線の概形を描け．

10.5　シルベスタ標準形と 2 次形式の符号

変数変換に用いる行列 P を直交行列に限定せず，一般の正則行列の範囲から選ぶことにすると，より簡単な形の 2 次形式式に変形できる．

例 10.23　2 次形式 $f(x_1, x_2, x_3)$ の直交標準形が
$$2y_1^2 + y_2^2 - 3y_3^2$$
であるとする．このとき，さらに変数変換
$$y_1 = \frac{1}{\sqrt{2}} z_1, \quad y_2 = z_2, \quad y_3 = \frac{1}{\sqrt{3}} z_1 \tag{10.5}$$
をほどこすと
$$2y_1^2 + y_2^2 - 3y_3^2 = z_1^2 + z_2^2 - z_3^2$$
と書き直される．

問 10.24　例 10.23 の変数変換の式 (10.5) を
$$\begin{pmatrix} y_1 \\ y_2 \\ y_3 \end{pmatrix} = P \begin{pmatrix} z_1 \\ z_2 \\ z_3 \end{pmatrix} \quad (P \text{ は正則行列})$$
の形に書き表せ．

一般に，次の定理が成り立つ．

定理 10.25　2 次形式 $f(x_1, x_2, \ldots, x_n)$ に対応する対称行列を A とする．

(1) ある n 次実正則行列 Q を用いて，変数変換
$$\boldsymbol{x} = Q\boldsymbol{z} \quad \left(\boldsymbol{x} = \begin{pmatrix} x_1 \\ x_2 \\ \vdots \\ x_n \end{pmatrix}, \ \boldsymbol{z} = \begin{pmatrix} z_1 \\ z_2 \\ \vdots \\ z_n \end{pmatrix} \right)$$

102 第 10 章 直交行列・ユニタリ行列による行列の対角化

をほどこすことによって, $z_1, z_2, \ldots, z_n$ に関する 2 次形式

$$z_1^2 + \cdots + z_p^2 - z_{p+1}^2 - \cdots - z_{p+q}^2 \tag{10.6}$$

が得られる.

(2) 上述の式 (10.6) にあらわれる p, q は正則行列 Q の選び方によらず一定である. すなわち, 別の実正則行列 Q' を用いて, 変数変換 $\boldsymbol{x} = Q'\boldsymbol{z}$ をほどこし, 2 次形式

$$z_1^2 + \cdots + z_{p'}^2 - z_{p'+1}^2 - \cdots - z_{p'+q'}^2$$

が得られたとすると, $p = p'$, $q = q'$ が成り立つ.

(3) 式 (10.6) にあらわれる p は A の正の固有値の (重複を込めて数えた) 個数, q は負の固有値の (重複を込めて数えた) 個数に等しい.

証明の概略. (2) の証明は省略し, (1), (3) を示す.
まず, 直交行列 P を用いた変換

$$\boldsymbol{z} = P\boldsymbol{y} \quad \left(\boldsymbol{y} = \begin{pmatrix} y_1 \\ y_2 \\ \vdots \\ y_n \end{pmatrix}\right)$$

をほどこすことによって, 直交標準形

$$\alpha_1 y_1^2 + \alpha_2 y_2^2 + \cdots + \alpha_n y_n^2$$

を作る. ここで, $B = {}^tPAP$ とおけば

$$B = {}^tPAP = P^{-1}AP = \mathrm{Diag}(\alpha_1, \alpha_2, \ldots, \alpha_n)$$

であり, $\alpha_1, \alpha_2, \ldots, \alpha_n$ は A の固有値である. いま, A の固有値のうち, 正のものが重複を込めて r 個, 負のものが重複を込めて s 個であるとする. このとき

$$\alpha_1 > 0, \ldots, \alpha_r > 0, \ \alpha_{r+1} < 0, \ldots, \alpha_{r+s} < 0, \ \alpha_{r+s+1} = \cdots = \alpha_n = 0$$

であるとして一般性を失わない. 次に, 変数変換

$$y_i = \begin{cases} \dfrac{1}{\sqrt{|\alpha_i|}} z_i & (1 \leq i \leq r+s \text{ のとき}) \\ z_i & (r+s+1 \leq i \leq n \text{ のとき}) \end{cases}$$

をほどこせば, 2 次形式

$$z_1^2 + \cdots + z_r^2 - z_{r+1}^2 - \cdots - z_{r+s}^2$$

が得られる (詳細な検討は読者にゆだねる). このとき, (2) が成り立つことを認めれば, (1), (3) が示される ($p = r, q = s$). □

定義 10.26 定理 10.25 で得られた 2 次形式 (10.6) を $f(x_1, x_2, \ldots, x_n)$ の**シルベスタ標準形**とよぶ. このとき, p と q の組合せ (p, q) を 2 次形式 $f(x_1, x_2, \ldots, x_n)$ の (対称行列 A の) **符号**とよぶ.

定理 10.25 (2) は, 与えられた 2 次形式の符号が標準形の作り方によらずに一定であることを主張する. この事実を**シルベスタの慣性法則**とよぶ.

例 10.27 例 10.23 の 2 次形式は $z_1^2 + z_2^2 - z_3^2$ と書き直された. したがって, その符号は $(2, 1)$ である.

以上の議論からわかるように, 直交標準形が求まれば, 符号は容易に決定できる. 一方, 直交標準形を経由することなく, シルベスタ標準形を直接求める方法もある. 一般論の説明は省略し, 例を述べよう.

例 10.28 例 10.16 の 2 次形式
$$f(x_1, x_2) = 3x_1^2 - 2\sqrt{3}x_1 x_2 + 5x_2^2$$
の直交標準形は $2y_1^2 + 6y_2^2$ であるので, 符号は $(2, 0)$ である.
一方, **平方完成**の考え方を用いて
$$f(x_1, x_2) = 3\left(x_1 - \frac{1}{\sqrt{3}}x_2\right)^2 + 4x_2^2$$
と変形し, 変数変換
$$x_1 = \frac{1}{\sqrt{3}}z_1 + \frac{1}{2\sqrt{3}}z_2, \quad x_2 = \frac{1}{2}z_2$$
をほどこすと
$$z_1 = \sqrt{3}\left(x_1 - \frac{1}{\sqrt{3}}x_2\right), \quad z_2 = 2x_2$$
であるので, シルベスタ標準形 $f(x_1, x_2) = z_1^2 + z_2^2$ が得られる.

例 10.29 問 10.20 の 2 次形式 $f(x_1, x_2) = 2x_1 x_2$ はこのままの形では平方完成できない. そこで, たとえば, 変数変換
$$\begin{pmatrix} x_1 \\ x_2 \end{pmatrix} = \begin{pmatrix} u_1 \\ u_1 + u_2 \end{pmatrix} = \begin{pmatrix} 1 & 0 \\ 1 & 1 \end{pmatrix}\begin{pmatrix} u_1 \\ u_2 \end{pmatrix}$$
をほどこしてから平方完成をおこなえば, 符号が求められる (問 10.30).

104　第 10 章　直交行列・ユニタリ行列による行列の対角化

問 10.30　例 10.29 の考え方にしたがって，問 10.20 の 2 次形式の符号を求めよ．

10.6　正定値 2 次形式と負定値 2 次形式

例 10.28 によれば，例 10.16 の 2 次形式 $f(x_1, x_2)$ の符号は $(2, 0)$ であり

$$f(x_1, x_2) = z_1^2 + z_2^2$$

と書き直された．よって，$x_1 = x_2 = 0$ の場合を除き，つねに $f(a_1, a_2) > 0$ である．

定義 10.31　$f(x_1, x_2, \ldots, x_n)$ は n 変数の 2 次形式とし，対応する n 次対称行列を A とする．$f(x_1, x_2, \ldots, x_n)$ の符号を (p, q) とする．

(1) $(p, q) = (n, 0)$ のとき，$f(x_1, x_2, \ldots, x_n)$ は（A は）**正定値**であるという．

(2) $(p, q) = (0, n)$ のとき，$f(x_1, x_2, \ldots, x_n)$ は（A は）**負定値**であるという．

2 次形式 $f(x_1, x_2, \ldots, x_n)$ が正定値（負定値）であることは，$x_1, x_2, \ldots, x_n$ がすべて 0 の場合を除いて，f の値がつねに正（負）であることと同値である．例 10.16 の 2 次形式は正定値である．

ここでは特に，2 変数の 2 次形式の符号について考察しよう．

命題 10.32　対称行列 $A = \begin{pmatrix} a & c \\ c & b \end{pmatrix}$ に対応する 2 次形式

$$f(x_1, x_2) = {}^t\boldsymbol{x}A\boldsymbol{x} = ax_1^2 + 2cx_1x_2 + bx_2^2 \quad \left(\boldsymbol{x} = \begin{pmatrix} x_1 \\ x_2 \end{pmatrix}\right)$$

に対して，次のことが成り立つ．

(1)　「$f(x_1, x_2)$ の符号が $(2, 0)$」$\iff$「$ab - c^2 > 0$ かつ $a > 0$」．

(2)　「$f(x_1, x_2)$ の符号が $(1, 1)$」$\iff$「$ab - c^2 < 0$」．

(3)　「$f(x_1, x_2)$ の符号が $(0, 2)$」$\iff$「$ab - c^2 > 0$ かつ $a < 0$」．

証明の概略.　(1) $a \leq 0$ ならば，$f(1, 0) = a \leq 0$ であるので，$f(x_1, x_2)$ は正定値でない．そこで，$a > 0$ であると仮定する．このとき

$$f(x_1, x_2) = a\left(x_1 + \frac{c}{a}x_2\right)^2 + \frac{ab - c^2}{a}x_2^2$$

と変形することができる．このことより，次が成り立つ．

$$\text{「}f(x_1, x_2) \text{ の符号が } (2, 0)\text{」} \iff \text{「}a > 0 \text{ かつ } \frac{ab - c^2}{a} > 0\text{」}$$

$$\iff \text{「}ab - c^2 > 0 \text{ かつ } a > 0\text{」}.$$

(2) 読者の演習問題とする (問 10.33).

(3) (1) と同様に証明できる (詳細な検討は読者にゆだねる).   □

問 10.33 命題 10.32 (2) を証明せよ ([ヒント] A の固有方程式が正と負の根を 1 つずつ持つ条件を調べよ).

最後に,命題 10.32 の 2 次形式 $f(x_1, x_2)$ に対して
$$z = f(x_1, x_2)$$
によって定まる曲面 S の形を考えよう.

(I)　$f(x_1, x_2)$ の符号が $(2,0)$ のとき,正則行列 P を用いた座標変換
$$\begin{pmatrix} x_1 \\ x_2 \end{pmatrix} = P \begin{pmatrix} x \\ y \end{pmatrix}$$
によって,$f(x_1, x_2) = x^2 + y^2$ と書き直すことができる.ところで
$$z = x^2 + y^2$$
の形は 1.3 節の例 1.1 で論じた.いまの場合,多少のゆがみはあるものの,曲面 S の形は $z = x^2 + y^2$ と同様である.

(II)　符号が $(1,1)$ のとき,S の形は $z = x^2 - y^2$ と同様である (1.3 節の例 1.2 参照).

(III)　符号が $(0,2)$ のとき,S の形は (I) の場合の上下を反転したものである.

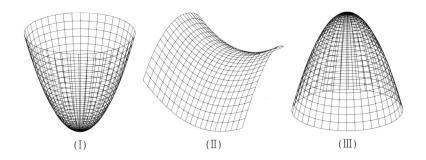

(I)　　　　　　　(II)　　　　　　　(III)

第 11 章

関数や数列の極限

ここから，「微分積分」の解説をはじめる．

まず，この章では関数や数列の極限や，関数の連続性についてまとめておく．

11.1 数直線上の区間

ここからは，$\mathbb{R}^n$ を n 次元空間と考え，点 $P \in \mathbb{R}^n$ は
$$P = (a_1, a_2, \ldots, a_n)$$
という座標表示を用いて表す．したがって
$$\mathbb{R}^n = \{(a_1, a_2, \ldots, a_n) \mid a_i \in \mathbb{R},\ 1 \leq i \leq n\}$$
と表される．特に $\mathbb{R}^1 = \mathbb{R}$ であり，これは数直線を表す．

a, b は実数とし，$a < b$ を満たすとする．$\mathbb{R}$ の部分集合 $\{x \in \mathbb{R} \mid a < x < b\}$ を (a, b) と表す．(a, b) は a と b の間の範囲を表すが，両端 a, b を含まない．

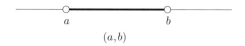
(a, b)

また，集合 $(a, \infty), (-\infty, b), (-\infty, \infty)$ を次のように定義する．
$$(a, \infty) = \{x \in \mathbb{R} \mid a < x\},\ (-\infty, b) = \{x \in \mathbb{R} \mid x < b\},\ (-\infty, \infty) = \mathbb{R}.$$

$(a, b), (a, \infty), (-\infty, b)$ の形の集合を $\mathbb{R}$ の **開区間** とよぶ．特に，(a, b) $(a, b \in \mathbb{R})$ の形の開区間を **有限開区間** とよぶ．

また，集合 $\{x \in \mathbb{R} \mid a \leq x \leq b\}$ を $[a, b]$ と表す．さらに，$[a, \infty), (-\infty, b]$ を次のように定義する．

$$[a, \infty) = \{x \in \mathbb{R} \,|\, a \leq x\}, \quad (-\infty, b] = \{x \in \mathbb{R} \,|\, x \leq b\}.$$

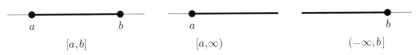

$[a, b]$, $[a, \infty)$, $(-\infty, b]$ の形の集合を $\mathbb{R}$ の**閉区間**とよぶ．特に，$[a, b]$ $(a, b \in \mathbb{R})$ の形の閉区間を**有限閉区間**とよぶ．$(-\infty, \infty)$ $(= \mathbb{R})$ は $\mathbb{R}$ の開区間でもあり，閉区間でもあると考える．さらに，$(a, b]$, $[a, b)$ を次のように定める．

$$(a, b] = \{x \in \mathbb{R} \,|\, a < x \leq b\}, \quad [a, b) = \{x \in \mathbb{R}, |\, a \leq x < b\}.$$

$\mathbb{R}$ の開区間や閉区間，あるいは $[a, b)$, $(a, b]$ を総称して，$\mathbb{R}$ の**区間** (interval) とよぶ．区間を 1 つの文字 (たとえば I など) を用いて表すこともある．

注意 11.1 「∞」は「無限大」を表すが，あくまでもこれは単なる記号であって，∞ という数は存在しない．したがって，$[a, \infty]$ などという記号は用いない．

11.2　1 変数関数の極限

$f(x)$ は $\mathbb{R}$ の開区間 I で定義された関数とし，$a \in I$ とする．

- a とは異なる実数 x が a に限りなく近づくにつれて，$f(x)$ が実数 b に限りなく近づくとする．このことを「$x \to a$ のとき，$f(x)$ は b に**収束**する」といい

$$\lim_{x \to a} f(x) = b, \quad \text{あるいは}, \quad f(x) \to b \;\; (x \to a)$$

と表す．また，この b を**極限値** (**極限**) とよぶ．

- a とは異なる実数 x が a に限りなく近づくにつれて，$f(x)$ が限りなく大きくなることを「$x \to a$ のとき，$f(x)$ は ∞ に**発散**する」といい

$$\lim_{x \to a} f(x) = \infty, \quad \text{あるいは}, \quad f(x) \to \infty \;\; (x \to a)$$

と表す．

- a とは異なる実数 x が a に限りなく近づくにつれて，$f(x)$ が限りなく小さくなることを「$x \to a$ のとき，$f(x)$ は $-\infty$ に**発散**する」といい

$$\lim_{x \to a} f(x) = -\infty, \quad あるいは, \quad f(x) \to -\infty \ (x \to a)$$

と表す.

x が限りなく大きくなるときの極限も同様に考えることができる.
いま, $f(x)$ は (c, ∞) で定義された関数とする $(c \in \mathbb{R})$.

- 実数 x が限りなく大きくなるにつれて, $f(x)$ が実数 b に限りなく近づくことを「$x \to \infty$ のとき, $f(x)$ は b に**収束**する」といい

$$\lim_{x \to \infty} f(x) = b, \quad あるいは, \quad f(x) \to b \ (x \to \infty)$$

と表す. また, この b を**極限値** (**極限**) とよぶ.

- 実数 x が限りなく大きくなるにつれて, $f(x)$ が限りなく大きくなることを「$x \to \infty$ のとき, $f(x)$ は ∞ に**発散**する」といい

$$\lim_{x \to \infty} f(x) = \infty, \quad あるいは, \quad f(x) \to \infty \ (x \to \infty)$$

と表す. $f(x)$ が限りなく小さくなるときも同様である.

また, $\lim_{x \to -\infty} f(x)$ についても同様に定める.

注意 11.2　「∞」を「$-\infty$」と対比させて,「正の無限大」であることを強調したい場合には「$+\infty$」と記すこともある.

例 11.3　(1) $f_1(x) = \sin x$ とする.
$\lim_{x \to 0} f_1(x) = 0$ であるが, $\lim_{x \to \infty} f_1(x)$, $\lim_{x \to -\infty} f_1(x)$ は存在しない.

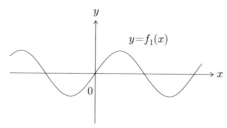

(2) $f_2(x) = \begin{cases} 1 & (x \geq 0 \text{ のとき}) \\ 0 & (x < 0 \text{ のとき}) \end{cases}$ とする.

$\lim_{x \to \infty} f_2(x) = 1$, $\lim_{x \to -\infty} f_2(x) = 0$ であるが, $\lim_{x \to 0} f_2(x)$ は存在しない.

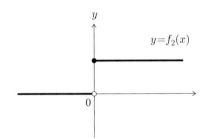

(3) $f_3(x) = 1 - \cos x$ とする.
$\lim_{x \to 0} f_3(x) = 0$ であるが, $\lim_{x \to \infty} f_3(x)$, $\lim_{x \to -\infty} f_3(x)$ は存在しない.

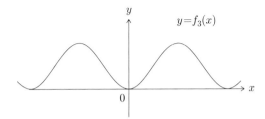

(4) $f_4(x) = \begin{cases} \frac{1}{x} & (x \neq 0 \text{ のとき}) \\ 0 & (x = 0 \text{ のとき}) \end{cases}$ とする.

$\lim_{x \to 0} f_4(x)$ は存在しない. $\lim_{x \to \infty} f_4(x) = 0$, $\lim_{x \to -\infty} f_4(x) = 0$ である.

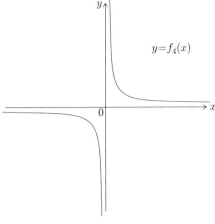

(5) $f_5(x) = \begin{cases} \frac{1}{x^2} & (x \neq 0 \text{ のとき}) \\ 0 & (x = 0 \text{ のとき}) \end{cases}$ とする.

$\lim_{x \to 0} f_5(x) = \infty$, $\lim_{x \to \infty} f_5(x) = 0$, $\lim_{x \to -\infty} f_5(x) = 0$ である.

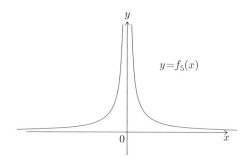

11.3 片側極限

$f(x)$ は $\mathbb{R}$ の区間 I で定義された関数とし, $a \in I$ とする. x が a より大きいほうから a に近づくときの極限を**右側極限**といい

$$\lim_{x \to a+0} f(x), \quad \lim_{x \downarrow a} f(x), \quad \text{あるいは}, \quad f(a+0)$$

と表す. x が a より小さいほうから a に近づくときの極限を**左側極限**といい

$$\lim_{x \to a-0} f(x), \quad \lim_{x \uparrow a} f(x), \quad \text{あるいは}, \quad f(a-0)$$

と表す. $a = 0$ のとき, $0+0, 0-0$ の代わりに, 単に $+0, -0$ と表すこともある. 右側極限と左側極限を総称して**片側極限**とよぶ.

例 11.4 (1) 例 11.3 (2) の関数 $f_2(x)$ は $\lim_{x \to +0} f_2(x) = 1$, $\lim_{x \to -0} f_2(x) = 0$ を満たす.

(2) 例 11.3 (4) の $f_4(x)$ は $\lim_{x \to +0} f_4(x) = \infty$, $\lim_{x \to -0} f_4(x) = -\infty$ を満たす.

11.4 数列の極限

数列 $a_1, a_2, a_3, \ldots$ を $(a_n)_{n \in \mathbb{N}}$, $\{a_n\}_{n \in \mathbb{N}}$ などと表す.

n が限りなく大きくなるにつれて a_n がある数 a に限りなく近づくことを, 「数列 $(a_n)_{n \in \mathbb{N}}$ は a に**収束**する」といい

$$\lim_{n \to \infty} a_n = a$$

と表す. a を数列 $(a_n)_{n \in \mathbb{N}}$ の**極限値**(**極限**)とよぶ. n が限りなく大きくなるにつれて a_n が限りなく大きくなることを, 「数列 $(a_n)_{n \in \mathbb{N}}$ は ∞ に**発散**する」といい

$$\lim_{n \to \infty} a_n = \infty$$

と表す. n が限りなく大きくなるにつれて a_n が限りなく小さくなることを,「数列 $(a_n)_{n \in \mathbb{N}}$ は $-\infty$ に**発散**する」といい

$$\lim_{n \to \infty} a_n = -\infty$$

と表す.

例 11.5　(1) $a_n = n$ $(n \in \mathbb{N})$ と定めると, $\displaystyle\lim_{n \to \infty} a_n = \infty$ である.

(2) $b_n = \dfrac{1}{n}$ $(n \in \mathbb{N})$ と定めると, $\displaystyle\lim_{n \to \infty} b_n = 0$ である.

(3) $c_n = (-1)^n$ $(n \in \mathbb{N})$ と定めると, $\displaystyle\lim_{n \to \infty} c_n$ は存在しない.

11.5　極限の性質

関数や数列の極限の性質を命題の形にまとめておく (証明は述べない).

命題 11.6　$f(x), g(x)$ は $\mathbb{R}$ の区間 I で定義された関数とし, $a \in I$ とする.

$$\lim_{x \to a} f(x) = b, \quad \lim_{x \to a} g(x) = c \quad (b,\, c \in \mathbb{R})$$

が成り立つと仮定する. このとき, 次のことが成り立つ.

(1) $\displaystyle\lim_{x \to a} \big(f(x) + g(x)\big) = b + c.$　(2) $\displaystyle\lim_{x \to a} \big(f(x) - g(x)\big) = b - c.$

(3) $\displaystyle\lim_{x \to a} \big(f(x)g(x)\big) = bc.$　(4) $c \neq 0$ ならば, $\displaystyle\lim_{x \to a} \left(\dfrac{f(x)}{g(x)} \right) = \dfrac{b}{c}.$

注意 11.7　$x \to \infty$, $x \to -\infty$ のときの関数の極限, あるいは片側極限に対しても, 命題 11.6 と同様のことが成り立つ. 数列についても同様である.

例題 11.8　$f(x) = x^3$, $a \in \mathbb{R}$ とする. $\displaystyle\lim_{x \to a} \dfrac{f(x) - f(a)}{x - a}$ を求めよ.

[解答]　$\displaystyle\lim_{x \to a} \dfrac{f(x) - f(a)}{x - a} = \lim_{x \to a} \dfrac{x^3 - a^3}{x - a} = \lim_{x \to a} \big(x^2 + ax + a^2\big) = 3a^2.$　□

問 11.9　$\displaystyle\lim_{x \to \infty} \dfrac{3x^2 + 5x + 6}{2x^2 + 1}$ を求めよ.

次の命題 11.10 やそのヴァリエーションは, **はさみうちの原理**とよばれる.

命題 11.10　(1) $\mathbb{R}$ の開区間 I で定義された関数 $f(x), g(x)$ が

$$f(x) \leq g(x) \quad (x \in I)$$

を満たすとする. $a \in I$ とし
$$\lim_{x \to a} f(x) = b, \lim_{x \to a} g(x) = c \quad (b, c \in \mathbb{R})$$
であるとする. このとき, $b \leq c$ が成り立つ.

(2) (1) において, $b = c$ とする. 区間 I で定義された関数 $h(x)$ が
$$f(x) \leq h(x) \leq g(x) \quad (x \in I)$$
を満たすならば, $\lim_{x \to a} h(x) = b \, (= c)$ である.

注意 11.11 $x \to \infty$ のときや, $x \to -\infty$ のとき, あるいは片側極限や数列の極限に対しても, 命題 11.10 と同様のことが成り立つ.

例 11.12 $0 < x < \dfrac{\pi}{2}$ を満たす実数 x に対して, 不等式
$$\sin x \leq x \leq \tan x \tag{11.1}$$
が成り立つことを, 命題 11.10 のヴァリエーションを用いて示そう.

次の図のような半径 1 の扇形 OAB を考える. $\angle \mathrm{AOB} = x$ (単位はラジアン) とする. また, 点 A から直線 OB に下した垂線の足を H とする.

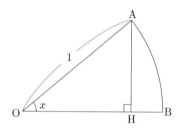

弧 AB の長さは x であり, それは線分 AB より長く, さらにそれは, 線分 AH より長い. 線分 AH の長さは $\sin x$ であるので, $\sin x \leq x$ が得られる.

次に, 点 A において, 弧 AB に対する接線を引き, それが直線 OB と交わる点を C とする. このとき, 線分 AC の長さは $\tan x$ である. いま, n は 2 以上の自然数とし, 線分 AC 上に $(n-1)$ 個の点
$$\mathrm{D}_1, \mathrm{D}_2, \ldots, \mathrm{D}_{n-1}$$
を上から順にとって, 線分 AC を n 等分する. 各点 D_i を通り, 直線 OC に平行な直線が弧 AB と交わる点を E_i とする $(1 \leq i \leq n-1)$. ただし, $\mathrm{D}_0 = \mathrm{E}_0 = \mathrm{A}$, $\mathrm{D}_n = \mathrm{C}, \mathrm{E}_n = \mathrm{B}$ とする.

線分 $\mathrm{D}_i \mathrm{D}_{i+1}$, 線分 $\mathrm{E}_i \mathrm{E}_{i+1}$ の長さをそれぞれ l_i, m_i とする $(0 \leq i \leq n-1)$. こ

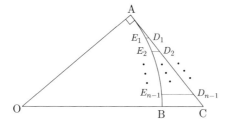

のとき，$m_i \leq l_i$ であるので
$$\sum_{i=0}^{n-1} m_i \leq \sum_{i=0}^{n-1} l_i = \tan x \tag{11.2}$$
が成り立つ．n が大きくなると，式 (11.2) の最左辺は弧 AB の長さ x に近づくので，命題 11.10 (1) に相当する事実により，$x \leq \tan x$ が得られる．

例題 11.13 例 11.12 の不等式 (11.1) を利用して，次の問に答えよ．
(1) $-\frac{\pi}{2} < x < \frac{\pi}{2}, x \neq 0$ を満たす実数 x に対して，不等式
$$\cos x \leq \frac{\sin x}{x} \leq 1 \tag{11.3}$$
が成り立つことを示せ．
(2) $\lim_{x \to 0} \frac{\sin x}{x} = 1$ が成り立つことを示せ．

[解答] (1) まず，$0 < x < \frac{\pi}{2}$ のときを考える．このとき，例 11.12 の不等式 (11.1) により，$\sin x \leq x$ であるので，
$$\frac{\sin x}{x} \leq 1$$
が得られる．同様に，不等式 (11.1) により，$x \leq \tan x = \frac{\sin x}{\cos x}$ であるので
$$\cos x \leq \frac{\sin x}{x}$$
が得られる．よって，この場合，不等式 (11.3) が成り立つ．また
$$\cos(-x) = \cos x, \quad \frac{\sin(-x)}{(-x)} = \frac{\sin x}{x}$$
であるので，$-\frac{\pi}{2} < x < 0$ のときも，不等式 (11.3) が成り立つ．
(2) $\lim_{x \to 0} \cos x = 1$ であるので，不等式 (11.3) と命題 11.10 (2) により
$$\lim_{x \to 0} \frac{\sin x}{x} = 1$$

114 第 11 章 関数や数列の極限

が示される. □

11.6 連続関数

定義 11.14 $f(x)$ は $\mathbb{R}$ の区間 I で定義された関数とする.

$$\lim_{\substack{x \to a \\ x \in I}} f(x) = f(a)$$

が成り立つとき, $f(x)$ は $x = a$ で**連続**であるという. I の各点で $f(x)$ が連続である

とき, $f(x)$ は I 上で連続である (I 上の**連続関数**である) という. ここで, $\displaystyle\lim_{\substack{x \to a \\ x \in I}} f(x)$

は, a と異なる x が区間 I に属するという条件のもとで a に限りなく近づくときの $f(x)$ の極限値を表す.

例 11.15 例 11.3 の関数 $f_1(x)$, $f_3(x)$ は $\mathbb{R}$ 上連続である. $f_2(x)$, $f_4(x)$, $f_5(x)$ は $x = 0$ で連続でない.

11.7 連続関数の性質

連続な関数の性質について, 必要な定義とともにまとめておく. 命題や定理の証明は述べない.

命題 11.16 $f(x)$, $g(x)$ は $\mathbb{R}$ の区間 I で定義された関数とし, $a \in I$ で連続であるとする. このとき, $f(x) + g(x)$, $f(x) - g(x)$, $f(x)g(x)$ も $x = a$ で連続である. さらに, $g(a) \neq 0$ ならば, a に十分近い x に対して $g(x) \neq 0$ であり, $\dfrac{f(x)}{g(x)}$ も $x = a$ で連続である.

次に, 合成関数について述べる. $f(x)$ は $\mathbb{R}$ の区間 I で定義された関数とする. 集合 $f(I)$ を次のように定める.

$$f(I) = \{f(x) \,|\, x \in I\}.$$

定義 11.17 $f(x)$ は $\mathbb{R}$ の区間 I で定義された関数とし, $g(x)$ は $f(I)$ を含むような $\mathbb{R}$ の区間で定義された関数とする. このとき, 関数 $g \circ f(x)$ を

$$g \circ f(x) = g\big(f(x)\big) \quad (x \in I)$$

と定め, $f(x)$ と $g(x)$ の**合成関数**とよぶ.

例 11.18 $f(x) = x^2$, $g(x) = \sin x$ に対して, 次が成り立つ.

$$g \circ f(x) = \sin(x^2), \quad f \circ g(x) = \sin^2 x.$$

命題 11.19 定義 11.17 の状況において，$a \in I, b = f(a)$ とする．$f(x)$ が $x = a$ で連続であり，$g(x)$ が $x = b$ で連続ならば，$g \circ f(x)$ は $x = a$ で連続である．

次の 2 つの定理は非常に重要である．

定理 11.20 (中間値の定理) $f(x)$ は $\mathbb{R}$ の有限閉区間 $I = [a, b]\,(a < b)$ で定義された連続関数とする．c は $f(a) \leq c \leq f(b)$ または $f(a) \geq c \geq f(b)$ を満たす任意の実数とする．このとき，$f(d) = c$ を満たす実数 d が区間 I 内に存在する．

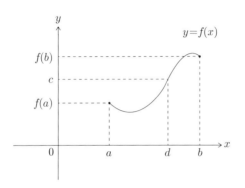

定理 11.21 (最大値・最小値の定理) $f(x)$ は有限閉区間 $I = [a, b]\,(a < b)$ で定義された連続関数とする．このとき，$f(x)$ の値が最大となる実数 x が I 内に存在する．また，$f(x)$ の値が最小となる実数 x も I 内に存在する．

定理 11.21 において，「I が有限閉区間である」という仮定は重要である．たとえば I が開区間のとき，定理 11.21 の結論は必ずしも成立しない (例 11.22 参照)．

例 11.22 $I = \left(-\dfrac{\pi}{2}, \dfrac{\pi}{2}\right)$ 上の関数 $f(x) = \tan x$ は I 上で連続であるが，最大値も最小値も存在しない (次頁の図参照)．

連続関数の逆関数についても述べておく．そのために，まず，次の定義を述べる．

定義 11.23 $f(x)$ は $\mathbb{R}$ の区間 I で定義された関数とする．

(1) $x_1, x_2 \in I$ に対して，「$x_1 < x_2 \Longrightarrow f(x_1) < f(x_2)$」が成り立つとき，$f(x)$ は**単調増加**である (**単調増加関数**である) という．

(2) $x_1, x_2 \in I$ に対して，「$x_1 < x_2 \Longrightarrow f(x_1) > f(x_2)$」が成り立つとき，$f(x)$ は**単調減少**である (**単調減少関数**である) という．

(3) 単調増加関数と単調減少関数を総称して，**単調関数**という．

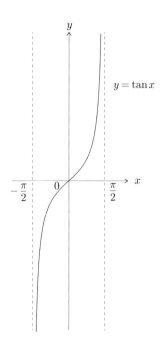

注意 11.24 定義 11.23 の状況において,「$x_1 < x_2 \implies f(x_1) \leq f(x_2)$」が成り立つとき, $f(x)$ は**単調非減少関数**であるという.「$x_1 < x_2 \implies f(x_1) \geq f(x_2)$」が成り立つとき, $f(x)$ は**単調非増加関数**であるという.

命題 11.25 $f(x)$ は $\mathbb{R}$ の区間 I で定義された単調関数とし, $J = f(I)$ とする. このとき, J 上定義された単調関数 $g(x)$ が存在し, $a \in I, b \in J$ に対して

$$b = f(a) \iff a = g(b) \tag{11.4}$$

が成り立つ. さらに, $f(x)$ が I 上で連続ならば, $g(x)$ は J 上で連続である.

命題 11.25 の関係式 (11.4) が成り立つとき, $g(x)$ は $f(x)$ の**逆関数**であるという. $g(x)$ が $f(x)$ の逆関数であるとき,「$y = g(x)$」は「$x = f(y)$」と同値である. よって, $y = f(x)$ のグラフを直線 $y = x$ を対称軸として折り返せば, $y = g(x)$ のグラフが得られる.

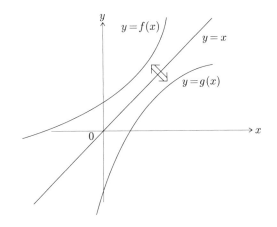

11.8　0 に近づく度合いをはかる

$x \to a$ のとき 0 に限りなく近づく関数 $f(x), g(x)$ があるとする．このとき，「0 に近づく度合い」を比較してみたい．

例 11.26　$f(x) = x$, $g(x) = x^2$, $h(x) = x^3$ とする．x が 0 に近づくとき，これらの関数はいずれも 0 に近づく．

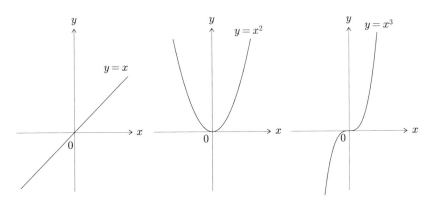

これらのグラフから読み取れるように，$f(x)$ よりも $g(x)$ のほうが 0 に近づく度合いが強いと考えられる．このことは
$$\lim_{x \to 0} \frac{g(x)}{f(x)} = \lim_{x \to 0} \frac{x^2}{x} = 0$$
が成り立つことからもわかる．同様に

$$\lim_{x \to 0} \frac{h(x)}{g(x)} = \lim_{x \to 0} \frac{x^3}{x^2} = 0$$

であるので, $g(x)$ よりも $h(x)$ のほうが 0 に近づく度合いが強いことがわかる.

例 11.27 例 11.3 (3) の関数 $f_3(x) = 1 - \cos x$ と例 11.26 の関数 $g(x) = x^2$ はどちらも $x \to 0$ のとき 0 に収束する. $\displaystyle \lim_{x \to 0} \frac{f_3(x)}{g(x)}$ を求めてみよう.

$$1 - \cos x = 2\sin^2 \frac{x}{2}$$

であるので, $t = \dfrac{x}{2}$ とおき, 例題 11.13 (2) の結果を用いれば

$$\lim_{x \to 0} \frac{f_3(x)}{g(x)} = \lim_{x \to 0} \frac{2\sin^2 \frac{x}{2}}{x^2} = \frac{1}{2} \lim_{t \to 0} \left(\frac{\sin t}{t} \right)^2 = \frac{1}{2}$$

が得られる. また, 同様の計算により

$$\lim_{x \to 0} \frac{1 - \cos x}{x} = 0$$

が成り立つこともわかる.

ここで, 次のような記法を導入しよう.

定義 11.28 $f(x), g(x)$ は $\mathbb{R}$ の開区間 I で定義された関数とし, $a \in I$ に対して, $\displaystyle \lim_{x \to a} f(x) = 0,\ \lim_{x \to a} g(x) = 0$ が成り立つとする.

(1) a に十分近い x に対して, x によらない定数 C が存在して

$$\left| \frac{g(x)}{f(x)} \right| \le C$$

が成り立つとき, 「$g(x)$ は $x = a$ の近くで $f(x)$ と同位の無限小である (同位以上の無限小である)」という. このことを

$$g(x) = O\big(f(x)\big) \tag{11.5}$$

という形式的な式によって表す.

(2) $\displaystyle \lim_{x \to a} \frac{g(x)}{f(x)} = 0$ のとき, 「$g(x)$ は $x = a$ の近くで $f(x)$ よりも高位の無限小である」という. このことを

$$g(x) = o\big(f(x)\big) \tag{11.6}$$

という形式的な式によって表す.

11.8 0 に近づく度合いをはかる　119

注意 11.29　(1) 定義 11.28 の状況において，$x \to a$ のとき，$\dfrac{g(x)}{f(x)}$ がある実数

b に収束するとする．このとき，$g(x) = O\big(f(x)\big)$ が成り立つ．

(2) 特に，$f(x) = O\big((x-a)^n\big)$ のとき，「$f(x)$ は $x = a$ の近くで n 次の無限

小である (少なくとも n 次の無限小である)」という．また，たとえば

$$\varphi(x) = \psi(x) + O\big((x-a)^n\big)$$

という式は，「$\varphi(x) - \psi(x)$ が $x = a$ の近くで n 次の無限小である」というこ

とを表す．

例 11.30　例 11.26 の関数 $f(x), g(x), h(x)$ については，$x = 0$ の近くで

$$g(x) = o\big(f(x)\big), \quad h(x) = o\big(g(x)\big)$$

が成り立つ．また，例 11.27 の関数 $f_3(x)$ については，$x = 0$ の近くで

$$f_3(x) = 1 - \cos x = O\big(x^2\big)$$

が成り立つ．

例題 11.31　$f(x) = x^3$ とする．$x = 1$ の近くで

$$f(x) = p(x-1) + q + o(x-1)$$

が成り立つように実数 p, q を定めよ．

　[解答]　$g(x) = f(x) - \big(p(x-1) + q\big) = x^3 - p(x-1) - q$ とおく．

$$\lim_{x \to 1} g(x) = 1 - q$$

であるが，これが 0 であることより，$q = 1$ である．したがって

$$g(x) = x^3 - px + p - 1 = (x-1)(x^2 + x + 1 - p)$$

となる．さらに

$$\lim_{x \to 1} \frac{g(x)}{x - 1} = \lim_{x \to 1}(x^2 + x + 1 - p) = 3 - p$$

も 0 であるので，$p = 3$ が得られる．　　　　　　　　　　　　　　□

　例題 11.31 において，$y = 3(x-1) + 1$ は点 $(1,1)$ を通り，傾きが 3 の直線を表

す．この直線は曲線 $y = x^3$ に点 $(1,1)$ で接していることに注意しよう (次頁の図

参照)．

問 11.32　$f(x) = x^3$ とし，$a \in \mathbb{R}$ とする．$x = a$ の近くで

$$f(x) = p(x-a) + q + o(x-a)$$

が成り立つように p, q を定めよ．

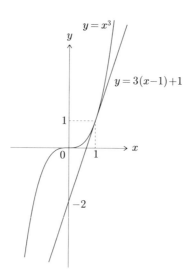

11.9 多変数関数についてのコメント

変数を 2 つ以上持つ多変数関数の極限についても，1 変数の場合とほぼ同様の議論ができる．簡単のため，2 変数関数について，ポイントと注意点を述べる．

(1) 平面 $\mathbb{R}^2$ において，点 $P = (a, b)$ を中心とし，半径 r $(r > 0)$ の円の内部を $B_P(r)$ と表し，このような集合を**開円板**とよぶ．

$$B_P(r) = \{(x, y) \in \mathbb{R}^2 \mid (x-a)^2 + (y-b)^2 < r^2\}.$$

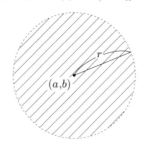

(2) $P = (a, b) \in \mathbb{R}^2$ とし，$r > 0$ とする．$f(x, y)$ は開円板 $B_P(r)$ 上で定義された関数とする．(x, y) $(\neq (a, b))$ が (a, b) に限りなく近づくにつれて，$f(x, y)$ がある実数 c に限りなく近づくとする．このことを「$(x, y) \to (a, b)$ のとき，$f(x, y)$ は c に**収束**する」といい

$$\lim_{(x, y) \to (a, b)} f(x, y) = c, \quad \text{あるいは} \quad f(x, y) \to c \quad ((x, y) \to (a, b))$$

と表す．また，このときの実数 c を $(x,y) \to (a,b)$ のときの $f(x,y)$ の**極限値**(**極限**)とよぶ．ただし，ここで注意が必要である．下の図に示すように，(x,y) が (a,b) に近づくとき，その近づき方はさまざまである．

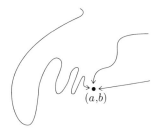

「$(x,y) \to (a,b)$ のとき，$f(x,y)$ が c に収束する」ということは，(x,y) が (a,b) に<u>どのような経路で近づいたとしても</u>，その近づき方に無関係な一定の値 c に $f(x,y)$ が近づくことを意味する．

(3) $f(x,y)$ が ∞ や $-\infty$ に**発散**するということも，同様に定義される．

(4) 命題 11.6 や命題 11.10 は，多変数関数に対しても一般化できる．

(5) $f(x,y)$ が $(x,y) = (a,b)$ で**連続**であるということや，**連続関数**という概念も，1 変数の場合と同様に定義できる．

(6) 合成関数の連続性についても同様である．たとえば，x, y を変数とする関数 $f(x,y)$ は $(x,y) = (c,d)$ で連続とし，u, v を変数とする 2 つの関数 $\varphi(u,v), \psi(u,v)$ は $(u,v) = (a,b)$ で連続とし，$\varphi(a,b) = c, \psi(a,b) = d$ が成り立つとする．このとき，f に φ, ψ を代入した関数 (合成関数)

$$f\bigl(\varphi(u,v), \psi(u,v)\bigr)$$

は $(u,v) = (a,b)$ で連続である．

(7) $\mathrm{P} = (a,b)$ とし，$r > 0$ とする．$B_{\mathrm{P}}(r)$ 上で定義された関数 $f(x,y), g(x,y)$ が

$$\lim_{(x,y) \to (a,b)} f(x,y) = 0, \quad \lim_{(x,y) \to (a,b)} g(x,y) = 0$$

を満たすとする．いま，(x,y) が十分 (a,b) に近いとき，(x,y) に無関係な定数 C が存在して

$$\left| \frac{g(x,y)}{f(x,y)} \right| \leq C$$

が成り立つとする．このとき

$$g(x,y) = O\bigl(f(x,y)\bigr)$$

122　第 11 章　関数や数列の極限

と形式的に表記し，$g(x, y)$ は $(x, y) = (a, b)$ の近くで $f(x, y)$ と**同位の無限小である**(同位以上の無限小である) という．また

$$\lim_{(x,y)\to(a,b)} \frac{g(x)}{f(x)} = 0$$

が成り立つとき

$$g(x, y) = o\big(f(x, y)\big)$$

と形式的に表記し，$g(x, y)$ は $(x, y) = (a, b)$ の近くで $f(x, y)$ よりも**高位の無限小である**という．特に，(x, y) と (a, b) との距離を表す関数

$$d(x, y) = \sqrt{(x - a)^2 + (y - b)^2}$$

と自然数 n に対して

$$O\Big(\big(d(x, y)\big)^n\Big), \quad o\Big(\big(d(x, y)\big)^n\Big)$$

などを考えることが多い．

　例題 11.33　$f(x, y) = x^2 - y^2$ とする．$(x, y) = (2, 1)$ の近くで

$$f(x, y) = p\,(x - 2) + q\,(y - 1) + f(2, 1) + o\Big(\sqrt{(x - 2)^2 + (y - 1)^2}\Big) \tag{11.7}$$

が成り立つように実数 p, q を定めよ．ただし，p, q がその値のときに，実際に式 (11.7) が成り立つことの証明はしなくてよい．

　[解答]　$g(x, y) = f(x, y) - \big(p(x - 2) + q(y - 1) + f(2, 1)\big)$ とおく．まず，y は値 1 を保ち，x だけが変動して 2 に近づく場合を考える．このとき

$$\sqrt{(x - 2)^2 + (y - 1)^2} = |x - 2|$$

であることに注意すると，式 (11.7) より

$$\lim_{x\to 2} \frac{g(x, 1)}{x - 2} = 0$$

がしたがう．この式の左辺は

$$\lim_{x\to 2} \frac{f(x, 1) - p(x - 2) - f(2, 1)}{x - 2} = \lim_{x\to 2} \frac{f(x, 1) - f(2, 1)}{x - 2} - p$$

であるので

$$p = \lim_{x\to 2} \frac{f(x, 1) - f(2, 1)}{x - 2} = \lim_{x\to 2} \frac{x^2 - 4}{x - 2} = 4$$

が得られる．次に，x は値 2 を保ち，y が変動して 1 に近づく場合を考えれば

$$q = \lim_{y\to 1} \frac{f(2, y) - f(2, 1)}{y - 1} = \lim_{y\to 1} \frac{-y^2 + 1}{y - 1} = -2$$

が得られる．　　　　　　　　　　　　　　　　　　　　　　　　　□

例題 11.33 では証明しなかったが，$p=4, q=-2$ のとき，実際に式 (11.7) が成り立つ．これは，xyz 空間における曲面
$$z = f(x, y)$$
と，平面
$$z = 4(x-2) - 2(y-1) + f(2,1)$$
が，点 $(2, 1, f(2,1))$ において接することを意味する．

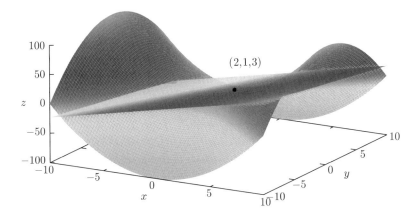

問 11.34 $f(x, y) = x^2 - y^2$ とし，$a, b \in \mathbb{R}$ とする．$(x, y) = (a, b)$ の近くで
$$f(x, y) = p(x-a) + q(y-b) + f(a,b) + o\left(\sqrt{(x-a)^2 + (y-b)^2}\right)$$
が成り立つように実数 p, q を定めよ．ただし，p, q がその値のときに，実際に上の式が成り立つことの証明はしなくてよい．

第 12 章

1 変数関数の微分の基本事項

1 変数関数の微分の基本事項についてまとめる.

12.1　1 次式による近似 — フックの法則を例にとって

次の図のようなばねがある．ばねの左端は固定されており，右端に力を加える．右に引っ張るとき，加える力は正とし，左に押すとき，加える力は負と考える．力 x を加えたときのばねの長さを $y = f(x)$ とする．

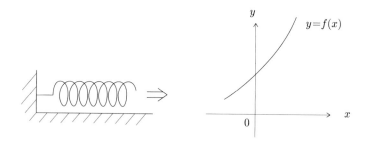

いま，ある実数 p, q が存在し，$x = 0$ の近くで

$$f(x) = px + q + o(x) \tag{12.1}$$

が成り立つとする．このとき，$f(x)$ は 1 次式 $px + q$ によって近似されており，直線 $y = px + q$ は曲線 $y = f(x)$ に接している．p は「ばね定数」とよばれる．

ところで，「フックの法則」とよばれる物理法則は「加える力が十分小さいとき，ばねの伸びは加えた力に比例する」というものであるが，これは「$x = 0$ の付近で，ばねの長さ $f(x)$ を 1 次式 $px + q$ で近似できる」といい換えられる．すなわち，式 (12.1) こそフックの法則の数学的表現である．

このように，「1 次式で近似する」ということが，数学的な考察において，しばしば重要な役割を果たす．そこに微分の考えが登場する．特に，多変数の 1 次式の考察には線形代数が深く関わる，ということも注意しておこう．

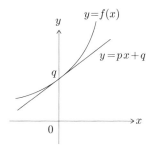

12.2 微分係数と導関数

$f(x)$ は $\mathbb{R}$ の開区間 I で定義された連続関数とし,$a \in I$ とする.さらに,ある実数 p, q が存在し,$x = a$ の近くで

$$f(x) = p(x-a) + q + o(x-a) \tag{12.2}$$

が成り立つと仮定する.例題 11.31 や問 11.32 と同様の考え方を用いて,p, q を求めよう.まず,$x \to a$ のときの式 (12.2) の両辺の極限を考えれば

$$f(a) = \lim_{x \to a} f(x) = \lim_{x \to a} \bigl(p(x-a) + q\bigr) = q$$

が得られる.次に,$q = f(a)$ を式 (12.2) に代入して変形すれば

$$\lim_{x \to a} \frac{f(x) - p(x-a) - f(a)}{x-a} = 0$$

が成り立つことがわかる.ここで

$$\frac{f(x) - p(x-a) - f(a)}{x-a} = \frac{f(x) - f(a)}{x-a} - p$$

であることに注意すれば

$$p = \lim_{x \to a} \frac{f(x) - f(a)}{x-a}$$

が得られる.

定義 12.1 $f(x)$ は $\mathbb{R}$ の開区間 I で定義された関数とし,$a \in I$ とする.

(1) $x \to a$ のとき,$\dfrac{f(x) - f(a)}{x-a}$ がある値 c に収束するとする.このとき,その極限値 c を

$$f'(a), \qquad \frac{df}{dx}(a), \qquad \frac{d}{dx}f(a)$$

などと表し,$f(x)$ の $x = a$ における**微分係数**とよぶ.

$$f'(a) = \frac{df}{dx}(a) = \frac{d}{dx}f(a) = \lim_{x \to a} \frac{f(x) - f(a)}{x-a}. \tag{12.3}$$

(2) $x = a$ において微分係数が存在するとき，$f(x)$ は $x = a$ において**微分可能**であるという．

(3) $f(x)$ が区間 I のすべての点において微分可能であるとき，$f(x)$ は区間 I 上で微分可能であるという．このとき，I の各点 b に対して微分係数 $f'(b)$ を対応させる関数を $f(x)$ の**導関数**とよび

$$f'(x), \quad \frac{df}{dx}(x), \quad \frac{d}{dx}f(x)$$

などと表す．

(4) 変数 y が x の関数として $y = f(x)$ と表されるとき，$f(x)$ の導関数を

$$y', \quad \frac{dy}{dx}, \quad \frac{d}{dx}y$$

などとも表し，これを「y の導関数」ともよぶ．

注意 12.2　(1) $f(x)$ が $x = a$ において微分可能であるとき，式 (12.2) は

$$f(x) = f'(a)(x-a) + f(a) + o(x-a)$$

と書き直される．このとき，xy 平面内の直線

$$y = f'(a)(x-a) + f(a)$$

は，曲線 $y = f(x)$ の点 $\bigl(a, f(a)\bigr)$ における接線である．したがって，$f'(a)$ は点 $\bigl(a, f(a)\bigr)$ における $y = f(x)$ の接線の傾きと等しい．

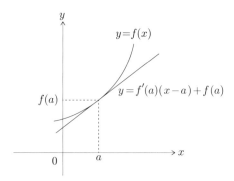

(2) 式 (12.3) において，$x - a = h$ とおけば，$x = a + h$ であり

$$f'(a) = \lim_{h \to 0} \frac{f(a+h) - f(a)}{h}.$$

が成り立つ．

12.3 関数の和・差・積・商の導関数

次の命題はすでに高等学校で学んでいる.

命題 12.3 $f(x)$, $g(x)$ は $\mathbb{R}$ の開区間 I 上で微分可能であるとする. このとき, $x \in I$ に対して, 次のことが成り立つ.

(1) $\big(f(x) + g(x)\big)' = f'(x) + g'(x)$.

(2) $\big(f(x) - g(x)\big)' = f'(x) - g'(x)$.

(3) $\big(f(x)g(x)\big)' = f'(x)g(x) + f(x)g'(x)$.

(4) $g(x) \neq 0$ のとき, $\left(\dfrac{f(x)}{g(x)} \right)' = \dfrac{f'(x)g(x) - f(x)g'(x)}{\big(g(x)\big)^2}$.

いくつかの関数の導関数については高等学校で学んでいるが, 復習をかねて, 次の例題にあたっておこう.

例題 12.4 (1) $f(x) = \sin x$ とするとき, $f'(x) = \cos x$ を導け. ただし, 三角関数の加法定理や, 例題 11.13, 例 11.27 で述べた事実は既知とする.

(2) $\big(\cos x\big)' = -\sin x$ であることは既知とする (問 12.5 参照). この事実と小問 (1) の結果をあわせて, $\tan x$ の導関数を求めよ.

[解答] (1) 三角関数の加法定理により

$$\frac{\sin(x+h) - \sin x}{h} = \frac{\sin x \cos h + \cos x \sin h - \sin x}{h}$$
$$= \cos x \frac{\sin h}{h} - \sin x \frac{1 - \cos h}{h}$$

が成り立つ. 例題 11.13, 例 11.27 より, $\displaystyle\lim_{h \to 0} \frac{\sin h}{h} = 1$, $\displaystyle\lim_{h \to 0} \frac{1 - \cos h}{h} = 0$ であるので, 次のことが導かれる.

$$f'(x) = \lim_{h \to 0} \frac{\sin(x+h) - \sin x}{h} = (\cos x) \cdot 1 - (\sin x) \cdot 0 = \cos x.$$

(2) 命題 12.3 (4) を用いて, 次のように計算できる.

$$(\tan x)' = \left(\frac{\sin x}{\cos x} \right)' = \frac{(\sin x)' \cos x - \sin x (\cos x)'}{\cos^2 x}$$
$$= \frac{\cos^2 x + \sin^2 x}{\cos^2 x} = \frac{1}{\cos^2 x}. \qquad \square$$

問 12.5 例題 12.4 (1) と同様の方法により, $\big(\cos x\big)' = -\sin x$ を導け.

128　第 12 章　1 変数関数の微分の基本事項

12.4　合成関数の導関数

合成関数の微分についても確認しておこう.

命題 12.6　I は $\mathbb{R}$ の開区間とし, $f(x)$ は I 上で微分可能な関数とする. J は $\mathbb{R}$ の開区間であって, $J \supset f(I)$ を満たすものとし, $g(x)$ は J 上で微分可能な関数とする. このとき, $g \circ f(x)$ は I 上で微分可能であり, $a \in I$ に対して

$$(g \circ f)'(a) = g'\big(f(a)\big)f'(a) \tag{12.4}$$

が成り立つ.

証明.
$$(g \circ f)'(a) = \lim_{x \to a} \frac{g\big(f(x)\big) - g\big(f(a)\big)}{x - a}$$
$$= \lim_{x \to a} \left(\frac{g\big(f(x)\big) - g\big(f(a)\big)}{f(x) - f(a)} \cdot \frac{f(x) - f(a)}{x - a} \right)$$

である. ここで, $f(x) = y$, $f(a) = b$ とおけば

$$(g \circ f)'(a) = \left(\lim_{y \to b} \frac{g(y) - g(b)}{y - b} \right) \left(\lim_{x \to a} \frac{f(x) - f(a)}{x - a} \right)$$
$$= g'(b)f'(a) = g'\big(f(a)\big)f'(a)$$

が得られる.　　　　　　　　　　　　　　　　　　　　　　　　　　□

注意 12.7　命題 12.6 において, $y = f(x)$, $z = g(y)$ とおくと, 導関数の間に成り立つ関係式は

$$\frac{dz}{dx} = \frac{dz}{dy}\frac{dy}{dx}$$

と表される. この場合, 本来は y の関数である $\dfrac{dz}{dy}$ に $y = f(x)$ を代入して, x の関数とみている.

例 12.8　$c \in \mathbb{R}$ とし, $f(x) = cx$ とする. 微分可能な関数 $g(x)$ に対して, $\varphi(x)$ を

$$\varphi(x) = g \circ f(x) = g(cx)$$

と定める. このとき, $\varphi'(x) = g'\big(f(x)\big)f'(x) = cg'(cx)$ が成り立つ.

たとえば, $c = 3$, $g(x) = \sin x$ とすれば, $(\sin 3x)' = 3\cos 3x$ である.

問 12.9　次の関数の導関数を求めよ. ただし, e は自然対数の底とする. また, e^x の導関数が e^x であることは既知とする.

(1) $\cos(x^2)$　　(2) $e^{\frac{1}{x}}$　$(x \neq 0)$

12.5 逆関数の導関数　129

例題 12.10　(1) $f(x)$ は $\mathbb{R}$ の開区間 I で微分可能な関数とし，I 上でつねに正の値をとるものとする．また，$\varphi(x) = \log f(x)$ とする．このとき，次の等式が成り立つことを示せ．

$$f'(x) = \varphi'(x)f(x). \tag{12.5}$$

ただし，$\log x\,(x > 0)$ の導関数が $\dfrac{1}{x}$ であることは既知とする．

(2) $f(x) = x^x$ とする $(x > 0)$．$f'(x)$ を求めよ．

[解答]　(1) $g(x) = \log x$ とおくと，$g'(x) = \dfrac{1}{x}$, $\varphi(x) = g \circ f(x)$ であるので

$$\varphi'(x) = g'\big(f(x)\big)f'(x) = \frac{f'(x)}{f(x)}$$

が成り立つ．このことより，式 (12.5) がしたがう．

(2) $\varphi(x) = \log f(x)$ とおくと，$\varphi(x) = \log\big(x^x\big) = x \log x$ であり，その導関数は

$$\varphi'(x) = 1 \cdot \log x + x \cdot \frac{1}{x} = \log x + 1$$

である．よって，式 (12.5) より，$f'(x) = \varphi'(x)f(x) = (\log x + 1)x^x$.　□

例題 12.10 のように，対数をとってから導関数を求める方法を**対数微分法**という．

問 12.11　$a \in \mathbb{R}$, $f(x) = x^a\,(x > 0)$ とするとき，$f'(x) = ax^{a-1}$ が成り立つことを対数微分法を用いて示せ．

12.5　逆関数の導関数

今度は逆関数の導関数について考えよう．

命題 12.12　$f(x)$ は $\mathbb{R}$ の開区間 I で微分可能な単調関数とし，$g(x)$ は $f(x)$ の逆関数とする．$b \in f(I)$ が $f'\big(g(b)\big) \neq 0$ を満たすならば

$$g'(b) = \frac{1}{f'\big(g(b)\big)} \tag{12.6}$$

が成り立つ．

証明.　$g'(b) = \displaystyle\lim_{y \to b} \frac{g(y) - g(b)}{y - b}$ である．ここで，$g(y) = x, g(b) = a$ とおくと，$y = f(x), b = f(a)$ であり，$y \to b$ のとき $x \to a$ となるので

$$g'(b) = \lim_{x \to a} \frac{x - a}{f(x) - f(a)} = \lim_{x \to a} \frac{1}{\frac{f(x)-f(a)}{x-a}} = \frac{1}{f'(a)} = \frac{1}{f'\big(g(b)\big)}$$

が得られる．　□

注意 12.13 変数 x, y が $y = f(x), x = g(y)$ を満たすとき,導関数の関係式を
$$\frac{dx}{dy} = \frac{1}{\frac{dy}{dx}}$$
と表すこともできる.この場合,本来は x の関数である $\frac{dy}{dx}$ に $x = g(y)$ を代入して,y の関数とみている.

例 12.14 「$y = e^x \iff x = \log y$」であるので
$$(\log y)' = \frac{dx}{dy} = \frac{1}{\frac{dy}{dx}} = \frac{1}{y}$$
が成り立つ.ここで,本来は x の関数である $\frac{dy}{dx}$ を y の関数とみれば
$$\frac{dy}{dx} = e^x = y$$
が成り立つことに注意する.

例 12.15 $y = \sin x$ の逆関数を考えてみよう.この場合,y の値を 1 つ与えたとき,$y = \sin x$ を満たす x の値は多数存在する.そこで,x の範囲を
$$-\frac{\pi}{2} \leq x \leq \frac{\pi}{2} \tag{12.7}$$
に限定することによって,逆関数を定義することができる.このようにして作った逆関数を $\arcsin y$ と表し,**逆正弦関数**とよぶ.
$$\arcsin y = x \iff \text{「}\sin x = y \text{ かつ } -\frac{\pi}{2} \leq x \leq \frac{\pi}{2}\text{」}.$$
また,このような範囲の中から選んだ x の値を逆正弦関数の**主値**という.

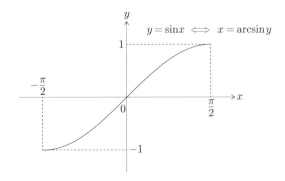

逆正弦関数 $x = \arcsin y$ の導関数を求めてみよう.$\frac{dy}{dx}$ を y の関数とみると

$$\frac{dy}{dx} = \cos x = \sqrt{1 - \sin^2 x} = \sqrt{1 - y^2}$$

である. ここで, x が式 (12.7) の範囲にあるとき, $\cos x \geq 0$ であることを用いている. したがって, 次の式が得られる.

$$(\arcsin y)' = \frac{1}{\frac{dy}{dx}} = \frac{1}{\sqrt{1 - y^2}} \qquad (-1 < y < 1).$$

例 12.16 逆余弦関数 $\arccos y$ $(-1 \leq y \leq 1)$ を

$$\arccos y = x \iff \lceil \cos x = y \text{ かつ } 0 \leq x \leq \pi \rfloor$$

によって定める. このとき, 次の式が成り立つ (問 12.17).

$$(\arccos y)' = -\frac{1}{\sqrt{1 - y^2}} \quad (-1 < y < 1). \tag{12.8}$$

問 12.17 上の式 (12.8) を示せ.

例 12.18 逆正接関数 $\arctan y$ $(-\infty < y < \infty)$ を

$$\arctan y = x \iff \lceil \tan x = y \text{ かつ } -\frac{\pi}{2} < x < \frac{\pi}{2} \rfloor$$

によって定める. このとき, 次の式が成り立つ (例題 12.19).

$$(\arctan y)' = \frac{1}{1 + y^2} \quad (-\infty < y < \infty). \tag{12.9}$$

例題 12.19 上の式 (12.9) を示せ.

[解答] $\dfrac{dy}{dx} = \dfrac{1}{\cos^2 x} = \dfrac{\cos^2 x + \sin^2 x}{\cos^2 x} = 1 + \tan^2 x = 1 + y^2$ であるので

$$(\arctan y)' = \frac{dx}{dy} = \frac{1}{\frac{dy}{dx}} = \frac{1}{1 + y^2}$$

が得られる. □

逆正弦関数, 逆余弦関数, 逆正接関数など, 三角関数の逆関数を総称して, **逆三角関数**とよぶ.

12.6 高階導関数

$f(x)$ は $\mathbb{R}$ の開区間 I で定義され, I 上で微分可能な関数とする. さらに, $f'(x)$ が I 上で微分可能であるとき, $f(x)$ は I 上で 2 回微分可能であるという. このと

132　第 12 章　1 変数関数の微分の基本事項

き，f' の導関数を

$$f''(x), \quad f^{(2)}(x), \quad \frac{d^2 f}{dx^2}(x), \quad \frac{d^2}{dx^2} f(x)$$

などと表し，$f(x)$ の 2 階導関数 (2 次導関数) とよぶ．同様にして，$f(x)$ が I 上で n 回微分可能であるとき，$f(x)$ の n 階導関数 (n 次導関数) を

$$f^{(n)}(x), \quad \frac{d^n f}{dx^n}(x), \quad \frac{d^n}{dx^n} f(x)$$

などと表す．ここで，$f^{(2)}(x) = f''(x), f^{(1)}(x) = f'(x)$ である．また，便宜上，$f^{(0)}(x) = f(x)$ と定める．

変数 y が x の関数として $y = f(x)$ と表され，$f(x)$ が n 回微分可能であるとき，$f(x)$ の n 階導関数を「y の n 階導関数 (n 次導関数)」ともよび

$$y^{(n)}, \quad \frac{d^n y}{dx^n}, \quad \frac{d^n}{dx^n} y$$

などと表す．$n = 2$ のとき，$y^{(2)}$ の代わりに y'' とも表す．

定義 12.20　$f(x)$ は $\mathbb{R}$ の開区間 I で定義された関数とし，$n \in \mathbb{N}$ とする．

(1) $f(x)$ が I 上で n 回微分可能であって，その n 階導関数 $f^{(n)}(x)$ が I 上で連続であるとき，$f(x)$ は C^n 級である (C^n 級関数である) という．

(2) $f(x)$ が I 上で何回でも微分可能であるとき，$f(x)$ は C^∞ 級である (C^∞ 級関数である) という．

(3) $f(x)$ が連続関数であるとき，$f(x)$ は C^0 級である (C^0 級関数である) ともいう．

積 $f(x)g(x)$ の n 階導関数について考えてみよう．簡単のため，$f(x), g(x)$ などの変数 x は省略し，単に f, g などと表すと

$$(fg)' = f'g + fg',$$

$$(fg)'' = (f'g + fg')' = f''g + 2f'g' + fg'',$$

$$(fg)^{(3)} = (f''g + 2f'g' + fg'')' = f^{(3)}g + 3f''g' + 3f'g'' + fg^{(3)}$$

などの式が得られる．一般に，次の命題が成り立つ．証明は省略するが，興味のある読者は証明を試みていただきたい．

命題 12.21　$n \in \mathbb{N}$ とする．$f(x), g(x)$ は $\mathbb{R}$ の区間 I で定義され，I 上で n 回微分可能な関数とする．このとき

$$\left(f(x)g(x) \right)^{(n)} = \sum_{k=0}^{n} {}_n C_k f^{(n-k)}(x) g^{(k)}(x)$$

が成り立つ．

第 13 章
1 変数関数の微分の応用

導関数を調べることによって，関数に関するいろいろな情報が得られる．

13.1 平均値の定理と関数の増減・凹凸

次の定理とその系は非常に基本的である．定理 13.1 の証明は省略する．

定理 13.1 (ロルの定理) $\mathbb{R}$ の閉区間 $[a, b]$ $(a < b)$ で定義された連続関数 $f(x)$ は，開区間 (a, b) で微分可能であり，$f(a) = f(b)$ を満たすとする．このとき
$$a < c < b \quad \text{かつ} \quad f'(c) = 0$$
を満たす実数 c が存在する．

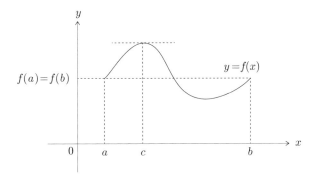

系 13.2 (平均値の定理) $\mathbb{R}$ の閉区間 $[a, b]$ $(a < b)$ で定義された連続関数 $f(x)$ は，開区間 (a, b) で微分可能であるとする．このとき
$$a < c < b \quad \text{かつ} \quad \frac{f(b) - f(a)}{b - a} = f'(c)$$
を満たす実数 c が存在する．

証明. 定理 13.1 が成立することは認める. いま
$$g(x) = \frac{f(b)-f(a)}{b-a}(x-a) + f(a)$$
とおくと
$$g(a) = f(a), \quad g(b) = f(b), \quad g'(x) = \frac{f(b)-f(a)}{b-a}$$
が成り立つ. そこで
$$h(x) = f(x) - g(x)$$
とおけば, $h(a) = h(b) = 0$ であるので, 定理 13.1 より, $h'(c) = 0$ を満たす実数 c ($a < c < b$) が存在する. このとき
$$f'(c) = g'(c) = \frac{f(b)-f(a)}{b-a}$$
が成り立つ. □

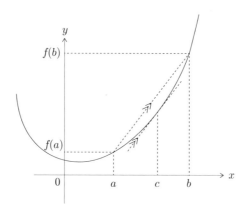

系 13.3 $\mathbb{R}$ の閉区間 $[a,b]$ ($a<b$) で定義された連続関数 $f(x)$ は, 開区間 (a,b) で微分可能であるとする.

(1) 任意の $x \in (a,b)$ に対して $f'(x) > 0$ ならば, $f(a) < f(b)$ である.
(2) 任意の $x \in (a,b)$ に対して $f'(x) < 0$ ならば, $f(a) > f(b)$ である.

証明. (1) 系 13.2 により, ある $c \in (a,b)$ が存在して
$$f'(c) = \frac{f(b)-f(a)}{b-a}$$
が成り立つ. 仮定より, $f'(c) > 0, b-a > 0$ であるので, $f(b) - f(a) > 0$, すなわち, $f(b) > f(a)$ が成り立つ.

(2) (1) と同様に示される. □

$f'(x)$ の正負を調べれば $f(x)$ の増減がわかる．このことはすでに高等学校で学んでいるが，系 13.3 がその根拠を与えている．

定義 13.4 $f(x)$ は $\mathbb{R}$ の開区間 I で定義された関数とし，$a \in I$ とする．

(1) a に十分近い実数 x に対して，つねに $f(x) \leq f(a)$ が成り立つとき，$f(x)$ は $x = a$ において**極大**であるといい，$f(a)$ を $f(x)$ の**極大値**という．

(1′) a に十分近いが a とは異なる実数 x に対して，つねに $f(x) < f(a)$ が成り立つとき，$f(x)$ は $x = a$ において**強い意味で極大**であるという．

(2) a に十分近い実数 x に対して，つねに $f(x) \geq f(a)$ が成り立つとき，$f(x)$ は $x = a$ において**極小**であるといい，$f(a)$ を $f(x)$ の**極小値**という．

(2′) a に十分近いが a とは異なる実数 x に対して，つねに $f(x) > f(a)$ が成り立つとき，$f(x)$ は $x = a$ において**強い意味で極小**であるという．

(3) 極大値と極小値を総称して，**極値**という．

C^1 級関数 $f(x)$ の増減表が次のようなものであるとき，$f(x)$ は $x = a$ において強い意味で極大である．

x		a	
$f'(x)$	$+$		$-$
$f(x)$	$\nearrow$		$\searrow$

また，$f(x)$ の増減表が次のようなものであるとき，$f(x)$ は $x = a$ において強い意味で極小である．

x		a	
$f'(x)$	$-$		$+$
$f(x)$	$\searrow$		$\nearrow$

上のいずれの場合も，$f'(a) = 0$ が成り立つ．しかし，$f'(a) = 0$ であっても，$f(a)$ が $f(x)$ の極値であるとは限らない．

次に，$f(x)$ の凹凸について，直観的に説明しよう．簡単のため，$f(x)$ は $\mathbb{R}$ のある開区間で定義された C^2 級関数とする．$f(x)$ の 2 階導関数 $f''(x)$ が I 上でつねに 0 以上の値をとるならば，$f'(x)$ は単調非減少関数であり，$y = f(x)$ のグラフは次頁の左の図のようになる．このとき，$f(x)$ は**下に凸**であるという．

$f''(x)$ が I 上でつねに 0 以下の値をとるならば，$f'(x)$ は単調非増加関数であり，$y = f(x)$ のグラフは次頁の右の図のようになる．このとき，$y = f(x)$ は**上に凸**で

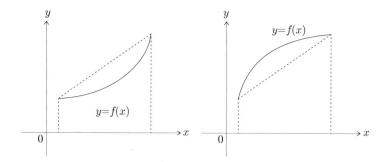

あるという.

$y = f(x)$ において,上に凸な状態と下に凸な状態が入れ代わる点 $(a, f(a))$ を曲線 $y = f(x)$ の**変曲点**とよぶ.あるいは,$x = a$ を $f(x)$ の変曲点とよぶこともある.$x = a$ が C^2 級関数 $f(x)$ の変曲点ならば,$f''(a) = 0$ が成り立つ.しかし,$f''(a) = 0$ であっても,$x = a$ が $f(x)$ の変曲点であるとは限らない.

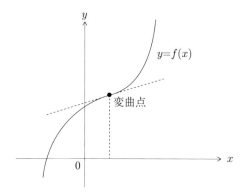

導関数や 2 階導関数を計算して関数の増減や凹凸を調べる具体例については,すでに高等学校で学んでいるので,本書では述べない.

13.2 ロピタルの定理

微分可能な関数 $f(x), g(x)$ が $\lim_{x \to a} f(x) = 0, \lim_{x \to a} g(x) = 0$ を満たすとき,微分を利用して $\lim_{x \to a} \dfrac{f(x)}{g(x)}$ を求めることができる場合がある.そのことを説明するために,まず,平均値の定理 (系 13.2) を一般化した次の定理を示す.

13.2 ロピタルの定理　137

定理 13.5 (コーシーの平均値の定理)　$\mathbb{R}$ の閉区間 $[a, b]\,(a < b)$ で定義された連続関数 $f(x)$, $g(x)$ は，開区間 (a, b) 上で微分可能であるとする．また，$g'(x)$ は開区間 (a, b) で 0 にならないとする．このとき，$g(b) - g(a) \neq 0$ であり

$$a < c < b \quad \text{かつ} \quad \frac{f(b) - f(a)}{g(b) - g(a)} = \frac{f'(c)}{g'(c)}$$

を満たす実数 c が存在する．

証明.　$g(b) - g(a) \neq 0$ の証明は読者にゆだねる (問 13.6 参照)．いま

$$\frac{f(b) - f(a)}{g(b) - g(a)} = k$$

とおくと，$f(b) - f(a) - k\big(g(b) - g(a)\big) = 0$ が成り立つ．そこで

$$h(x) = f(x) - f(a) - k\big(g(x) - g(a)\big)$$

とおくと，$h(a) = h(b) = 0, h'(x) = f'(x) - kg'(x)$ が成り立つ．したがって，ロルの定理 (定理 13.1) により

$$a < c < b \quad \text{かつ} \quad h'(c) = f'(c) - kg'(c) = 0$$

を満たす実数 c が存在する．このとき

$$\frac{f'(c)}{g'(c)} = k = \frac{f(b) - f(a)}{g(b) - g(a)}$$

が成り立つ．　　　　　　　　　　　　　　　　　　　　　　　　　　　　□

問 13.6　定理 13.5 の状況において，$g(b) - g(a) \neq 0$ であることを示せ．

定理 13.7 (ロピタルの定理)　$f(x)$, $g(x)$ は $\mathbb{R}$ の開区間 I で定義された微分可能関数とし，$a \in I$ とする．また，$f(a) = g(a) = 0$ とし，$x = a$ の場合を除いて，$x = a$ の近くで $g'(x) \neq 0$ であるとする．さらに，$x \to a$ のとき，$\dfrac{f'(x)}{g'(x)}$ がある実数 α に収束するとする．このとき，$\dfrac{f(x)}{g(x)}$ も同じ実数 α に収束する．すなわち

$$\lim_{x \to a} \frac{f(x)}{g(x)} = \lim_{x \to a} \frac{f'(x)}{g'(x)} = \alpha$$

が成り立つ．

証明.　定理 13.5 により，a に近い実数 x に対して

$$\frac{f(x) - f(a)}{g(x) - g(a)} = \frac{f'(c)}{g'(c)}$$

138　第 13 章　1 変数関数の微分の応用

を満たす実数 c が a と x の間に存在する. $f(a) = g(a) = 0$ に注意すれば

$$\lim_{x \to a} \frac{f(x)}{g(x)} = \lim_{c \to a} \frac{f'(c)}{g'(c)} = \alpha$$

が得られる. □

注意 13.8　説明は省略するが, $\displaystyle\lim_{x \to a} \frac{f'(x)}{g'(x)}$ が存在しなくても $\displaystyle\lim_{x \to a} \frac{f(x)}{g(x)}$ が存在することがある. したがって, $\displaystyle\lim_{x \to a} \frac{f(x)}{g(x)} = \alpha$ であるからといって, $\displaystyle\lim_{x \to a} \frac{f'(x)}{g'(x)} = \alpha$ が成り立つとは限らない.

例 13.9　$(\cos x)' = -\sin x$, $\displaystyle\lim_{x \to 0} \frac{\sin x}{x} = 1$ は既知とする. このとき, 定理 13.7 を用いて $\displaystyle\lim_{x \to 0} \frac{1 - \cos x}{x^2} = \frac{1}{2}$ を導くことができる. 実際

$$f_1(x) = 1 - \cos x, \quad g_1(x) = x^2$$

とすれば, $f_1(0) = g_1(0) = 0$, $f_1'(x) = \sin x$, $g_1'(x) = 2x$ であるので, 定理 13.7 により, 次が成り立つ.

$$\lim_{x \to 0} \frac{f_1(x)}{g_1(x)} = \lim_{x \to 0} \frac{f_1'(x)}{g_1'(x)} = \lim_{x \to 0} \frac{\sin x}{2x} = \frac{1}{2}.$$

例題 13.10　$\displaystyle\lim_{x \to 0} \frac{x - \sin x}{x^3}$ を求めよ.

［解答］　$f_2(x) = x - \sin x$, $g_2(x) = x^3$ とすれば

$$f_2(0) = g_2(0) = 0, \quad f_2'(x) = 1 - \cos x = f_1(x), \quad g_2'(x) = 3x^2 = 3g_1(x)$$

が成り立つ. ここで, $f_1(x), g_1(x)$ は例 13.9 の関数である. このとき

$$\lim_{x \to 0} \frac{f_2'(x)}{g_2'(x)} = \frac{1}{3} \lim_{x \to 0} \frac{f_1(x)}{g_1(x)} = \frac{1}{6}$$

であるので, 定理 13.7 により, $\displaystyle\lim_{x \to 0} \frac{f_2(x)}{g_2(x)} = \frac{1}{6}$ が得られる. □

注意 13.11　例題 13.10 の結果を用いれば

$$\lim_{x \to 0} \frac{\sin x - \left(x - \frac{1}{6}x^3\right)}{x^3} = \frac{1}{6} - \lim_{x \to 0} \frac{x - \sin x}{x^3} = 0$$

が得られる. すなわち, $x = 0$ の近くで

$$\sin x = x - \frac{1}{6}x^3 + o(x^3)$$

が成り立つ．$y = \sin x$ と $y = x - \frac{1}{6}x^3$ のグラフを比べれば，$x = 0$ の近くで，関数 $\sin x$ が多項式 $x - \frac{1}{6}x^3$ で近似される様子が見てとれる．

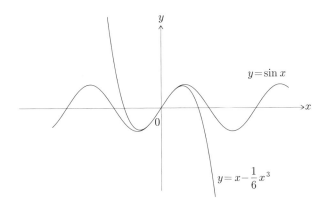

問 13.12 $(e^x)' = e^x$ は既知とする．

(1) $\displaystyle\lim_{x \to 0} \frac{e^x - 1}{x}$, $\displaystyle\lim_{x \to 0} \frac{e^x - (1+x)}{x^2}$, $\displaystyle\lim_{x \to 0} \frac{e^x - \left(1 + x + \frac{1}{2}x^2\right)}{x^3}$ を順次求めよ．

(2) $x = 0$ の近くで
$$e^x = 1 + x + \frac{1}{2}x^2 + \frac{1}{6}x^3 + o(x^3)$$
が成り立つことを示せ．

13.3　テイラー展開 ── 多項式による近似理論

まず，2つの例題を解いてみよう．

例題 13.13 $f(x)$ は 3 次の多項式とする．このとき，実数 a に対して
$$f(x) = f(a) + f'(a)(x-a) + \frac{f''(a)}{2!}(x-a)^2 + \frac{f^{(3)}(a)}{3!}(x-a)^3$$
が成り立つことを示せ．

［解答］　実数 p, q, r, s が次の式を満たすとする．
$$f(x) = p + q(x-a) + r(x-a)^2 + s(x-a)^3. \tag{13.1}$$
式 (13.1) に $x = a$ を代入すれば，$f(a) = p$ が得られる．式 (13.1) の両辺の導関数をとると

140 第 13 章 1 変数関数の微分の応用

$$f'(x) = q + 2r(x-a) + 3s(x-a)^2 \tag{13.2}$$

となる. 式 (13.2) に $x = a$ を代入すれば

$$f'(a) = q$$

が得られる. 式 (13.2) の両辺の導関数をとると

$$f''(x) = 2r + 6s(x-a) \tag{13.3}$$

となる. 式 (13.3) に $x = a$ を代入すれば, $f''(a) = 2r$, すなわち, $r = \dfrac{f''(a)}{2}$ が得られる. さらに, 式 (13.3) の両辺の $x = a$ における微分係数を考えれば

$$f^{(3)}(a) = 6s, \quad \text{すなわち,} \quad s = \frac{f^{(3)}(a)}{6}$$

が得られる. 結局

$$p = f(a), \quad q = f'(a), \quad r = \frac{f''(a)}{2!}, \quad s = \frac{f^{(3)}(a)}{3!}$$

が得られる. □

問 13.14 $x^3 + 2x^2 + 4x + 5 = a(x-1)^3 + b(x-1)^2 + c(x-1) + d$ が成り立つように実数 a, b, c, d を定めよ.

例題 13.15 $f(x)$ は $\mathbb{R}$ の区間 I で定義された C^3 級関数とし, $a \in I$ とする. ロピタルの定理 (定理 13.7) を用いて, 次のことを示せ.

(1) $\displaystyle \lim_{x \to a} \frac{f(x) - \Big(f(a) + f'(a)(x-a)\Big)}{(x-a)^2} = \frac{f''(a)}{2!}$.

(2) $\displaystyle \lim_{x \to a} \frac{f(x) - \Big(f(a) + f'(a)(x-a) + \frac{f''(a)}{2!}(x-a)^2\Big)}{(x-a)^3} = \frac{f^{(3)}(a)}{3!}$.

(3) $x = a$ の近くで

$$f(x) = f(a) + f'(a)(x-a) + \frac{f''(a)}{2!}(x-a)^2 + \frac{f^{(3)}(a)}{3!}(x-a)^3 + o\Big((x-a)^3\Big)$$

が成り立つ.

[解答] (1) $h_1(x) = f(x) - \Big(f(a) + f'(a)(x-a)\Big)$, $g_1(x) = (x-a)^2$ とおくと

$$\lim_{x \to a} \frac{h_1'(x)}{g_1'(x)} = \lim_{x \to a} \frac{f'(x) - f'(a)}{2(x-a)} = \frac{1}{2!} \lim_{x \to a} \frac{f'(x) - f'(a)}{x - a} = \frac{f''(a)}{2!}$$

が成り立つ. ここで, $f'(x)$ の $x = a$ における微分係数が

$$\lim_{x \to a} \frac{f'(x) - f'(a)}{x - a} = f''(a)$$

で与えられることを用いている. このとき, ロピタルの定理により

$$\lim_{x \to a} \frac{h_1(x)}{g_1(x)} = \lim_{x \to a} \frac{h_1'(x)}{g_1'(x)} = \frac{f''(a)}{2!}$$

が得られる.

(2) $h_2(x), g_2(x), h_3(x), g_3(x)$ を次のように定める.

$$h_2(x) = f(x) - \left(f(a) + f'(a)(x-a) + \frac{f''(a)}{2!}(x-a)^2 \right), \quad g_2(x) = (x-a)^3,$$

$$h_3(x) = h_2'(x) = f'(x) - \left(f'(a) + f''(a)(x-a) \right), \quad g_3(x) = g_2'(x) = 3(x-a)^2.$$

このとき

$$\lim_{x \to a} \frac{h_3'(x)}{g_3'(x)} = \lim_{x \to a} \frac{f''(x) - f''(a)}{3! \, (x-a)} = \frac{f^{(3)}(a)}{3!}$$

である. ここで, $f''(x)$ の $x = a$ における微分係数が

$$\lim_{x \to a} \frac{f''(x) - f''(a)}{x - a} = f^{(3)}(a)$$

で与えられることを用いている. そこで, ロピタルの定理を 2 回続けて用いれば

$$\lim_{x \to a} \frac{h_2(x)}{g_2(x)} = \lim_{x \to a} \frac{h_2'(x)}{g_2'(x)} = \lim_{x \to a} \frac{h_3(x)}{g_3(x)} = \lim_{x \to a} \frac{h_3'(x)}{g_3'(x)} = \frac{f^{(3)}(a)}{3!}$$

が得られる.

(3) 小問 (2) の記号をそのまま用いる.

$$\varphi(x) = h_2(x) - \frac{f^{(3)}(a)}{3!}(x-a)^3$$

とおくと

$$f(x) = f(a) + f'(a)(x-a) + \frac{f''(a)}{2!}(x-a)^2 + \frac{f^{(3)}(a)}{3!}(x-a)^3 + \varphi(x)$$

が成り立つ. 小問 (2) より

$$\lim_{x \to a} \frac{\varphi(x)}{(x-a)^3} = \lim_{x \to a} \frac{h_2(x)}{g_2(x)} - \frac{f^{(3)}(a)}{3!} = 0$$

が得られるので, $\varphi(x) = o\big((x-a)^3\big)$ が成り立つ. □

例題 13.15 の考え方を用いると, C^n 級関数 $f(x)$ に対して, $x = a$ の近くで

$$f(x) = \sum_{j=0}^{n} f^{(j)}(a)(x-a)^j + o\big((x-a)^n\big)$$

が成り立つことがわかる $(n \in \mathbb{N})$. このことは, 次のように精密化される.

142　第 13 章　1 変数関数の微分の応用

定理 13.16 (テイラーの定理)　$n \in \mathbb{N}$ とする．$f(x)$ は $\mathbb{R}$ の開区間 I で定義された C^n 級関数とし，$a, b \in I, a \neq b$ とする．このとき

$$f(b) = \sum_{j=0}^{n-1} \frac{f^{(j)}(a)}{j!}(b-a)^j + \frac{f^{(n)}(c)}{n!}(b-a)^n \tag{13.4}$$

を満たす実数 c が a と b の間に存在する．

証明.　$r = \dfrac{n!}{(b-a)^n}\Big(f(b) - \sum_{j=0}^{n-1} \dfrac{f^{(j)}(a)}{j!}(b-a)^j\Big)$ とおくと

$$f(b) = \sum_{j=0}^{n-1} \frac{f^{(j)}(a)}{j!}(b-a)^j + \frac{r}{n!}(b-a)^n \tag{13.5}$$

が成り立つ．いま

$$g(x) = f(b) - \sum_{j=0}^{n-1} \frac{f^{(j)}(x)}{j!}(b-x)^j - \frac{r}{n!}(b-x)^n$$

とおくと，$g(a) = g(b) = 0$ である (詳細な検討は読者にゆだねるが

$$\sum_{j=0}^{n-1} \frac{f^{(j)}(x)}{j!}(b-x)^j = f(x) + f'(x)(b-x) + \cdots + \frac{f^{(n-1)}(x)}{(n-1)!}(b-x)^{n-1}$$

であることに注意していただきたい)．また

$$g'(x) = \frac{r - f^{(n)}(x)}{(n-1)!}(b-x)^{n-1} \tag{13.6}$$

が成り立つ (問 13.17)．このとき，ロルの定理 (定理 13.1) により

$$g'(c) = \frac{r - f^{(n)}(c)}{(n-1)!}(b-c)^{n-1} = 0$$

となる実数 c が a と b の間に存在する．$c \neq b$ より，$r = f^{(n)}(c)$ であるので，これを式 (13.5) に代入すれば，式 (13.4) が得られる．　　□

問 13.17　上の式 (13.6) が成り立つことを示せ．

定理 13.16 において，c は a と b の間の実数であるので，$0 < \theta < 1$ を満たす実数 θ が存在し

$$c = a + \theta(b-a)$$

と表される．したがって，$b - a = h$ とおけば，定理 13.16 を次のように書き直すことができる．

定理 13.18 (テイラーの定理の別の形) $n \in \mathbb{N}$ とする. $f(x)$ は $\mathbb{R}$ の開区間 I で定義された C^n 級関数とし, $a \in I$ とする. $h \in \mathbb{R}, a+h \in I$ であるとき

$$f(a+h) = \sum_{j=0}^{n-1} \frac{f^{(j)}(a)}{j!} h^j + \frac{f^{(n)}(a+\theta h)}{n!} h^n, \quad 0 < \theta < 1 \tag{13.7}$$

を満たす実数 θ が存在する.

定理 13.16 (定理 13.18) を用いれば, 関数を多項式によって近似できる.

例 13.19 直角をはさんだ 2 つの辺の長さが $1, x$ である直角三角形の斜辺の長さは $\sqrt{1+x^2}$ である. $f(x) = \sqrt{1+x^2}$ とおき, $f(x)$ の近似値を求めてみよう.

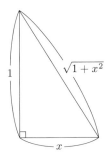

定理 13.16 において, $a=0, n=4$ とすると, 式 (13.4) は

$$f(b) = 1 + \frac{1}{2}b^2 - \frac{1-4c^2}{8(1+c^2)^{7/2}} b^4 \tag{13.8}$$

と表される. ここで, c は 0 と b の間にある実数である (問 13.20). いま

$$R = 1 + \frac{1}{2}b^2 - f(b) = \frac{1-4c^2}{8(1+c^2)^{7/2}} b^4$$

とおくと, $0 < b < \frac{1}{2}$ のときは

$$0 < R < \frac{1}{8} b^4 \tag{13.9}$$

が成り立つ (問 13.20). したがって, このとき

$$1 + \frac{1}{2}b^2 - \frac{1}{8}b^4 < f(b) < 1 + \frac{1}{2}b^2$$

が成り立つことがわかる. たとえば, $b = 0.3$ とすれば

$$1.0439875 < f(0.3) < 1.045$$

が得られる (実際には, $f(0.3) = \sqrt{1.09} = 1.04403\cdots$ である).

144　第 13 章　1 変数関数の微分の応用

問 13.20　(1) 例 13.19 の等式 (13.8) を示せ.

　　(2) 例 13.19 の等式 (13.9) を示せ.

さて，式 (13.4) において，c を $a + \theta(b-a)$ でおきかえ，さらに b を x でおきかえると，次の式が得られる.

$$f(x) = \sum_{j=0}^{n-1} \frac{f^{(j)}(a)}{j!}(x-a)^j + \frac{f^{(n)}\big(a + \theta\,(x-a)\big)}{n!}(x-a)^n.$$

この式をしばしば $f(x)$ の**テイラー展開**とよぶ. また，$a = 0$ の場合のテイラー展開は**マクローリン展開**ともよばれる. テイラー展開の最後の項

$$\frac{f^{(n)}\big(a + \theta\,(x-a)\big)}{n!}(x-a)^n \qquad (0 < \theta < 1)$$

は**剰余項**とよばれ，しばしば R_n という記号で表される. ここで，θ は x に応じて変化することに注意が必要である.

剰余項については，別の形のものも知られているが，ここでは述べない.

$f(x)$ が C^∞ 級関数のとき，無限級数

$$\sum_{j=0}^{\infty} \frac{f^{(j)}(a)}{j!}(x-a)^j = f(a) + f'(a)(x-a) + \frac{f''(a)}{2!}(x-a)^2 + \cdots$$

を作ることができる. この級数を**テイラー級数**とよぶ. $a = 0$ の場合のテイラー級数は**マクローリン級数**ともよばれる.

一般に，$f(x)$ のテイラー級数は収束するとは限らないし，収束したとしても，もとの関数 $f(x)$ と一致しないことがある. しかしながら，多くの場合，$x = a$ の近くでテイラー級数は収束し

$$f(x) = \sum_{j=0}^{\infty} \frac{f^{(j)}(a)}{j!}(x-a)^j$$

が成り立つ. このとき，$f(x)$ は $x = a$ において**解析的**であるといい，この式を**テイラー級数展開 (テイラー展開)** とよぶ. $a = 0$ のときのテイラー級数展開 (テイラー展開) は**マクローリン級数展開 (マクローリン展開)** ともよばれる.

例 13.21　解析的な関数とそのテイラー級数展開 (マクローリン級数展開) の例をいくつかあげる. 証明は省略する.

　(1) e^x は，すべての実数 a に対し，$x = a$ において解析的である. マクローリン級数展開は

$$e^x = \sum_{j=0}^{\infty} \frac{1}{j!} x^j = 1 + x + \frac{1}{2!} x^2 + \frac{1}{3!} x^3 + \cdots$$

で与えられる. この等式はすべての実数 x に対して成り立つ.

(2) $\log(1+x)$ は $x > -1$ の範囲で解析的である. マクローリン級数展開は

$$\log(1+x) = \sum_{j=1}^{\infty} \frac{(-1)^{j-1}}{j} x^j = x - \frac{1}{2} x^2 + \frac{1}{3} x^3 - \frac{1}{4} x^4 + \cdots$$

で与えられる. この等式は $-1 < x \le 1$ を満たす x に対して成り立つ.

(3) $\sin x$ は, すべての実数 a に対し, $x = a$ において解析的である. マクローリン級数展開は

$$\sin x = \sum_{j=0}^{\infty} \frac{(-1)^j}{(2j+1)!} x^{2j+1} = x - \frac{1}{3!} x^3 + \frac{1}{5!} x^5 - \frac{1}{7!} x^7 + \cdots$$

で与えられる. この等式はすべての実数 x に対して成り立つ.

(4) $\cos x$ は, すべての実数 a に対し, $x = a$ において解析的である. マクローリン級数展開は

$$\cos x = \sum_{j=0}^{\infty} \frac{(-1)^j}{(2j)!} x^{2j} = 1 - \frac{1}{2!} x^2 + \frac{1}{4!} x^4 - \frac{1}{6!} x^6 + \cdots$$

で与えられる. この等式はすべての実数 x に対して成り立つ.

(5) α は実数とする. $(1+x)^\alpha$ は $x > -1$ の範囲で解析的である. マクローリン展開は

$$(1+x)^\alpha = \sum_{j=0}^{\infty} \binom{\alpha}{j} x^j = 1 + \alpha x + \frac{\alpha(\alpha-1)}{2!} x^2 + \cdots$$

で与えられる. この等式は $-1 < x < 1$ を満たす x に対して成り立つ. ただし

$$\binom{\alpha}{j} = \frac{\alpha(\alpha-1)\cdots(\alpha-j+1)}{j!} \quad (j \ge 1), \qquad \binom{\alpha}{0} = 1$$

である. α が正の整数のときは, マクローリン級数は有限和となり, 二項展開の式と一致する.

問 13.22 $f(x) = e^x$, $g(x) = \sin x$ とする. $f^{(j)}(0)$, $g^{(j)}(0)$ $(j \ge 0)$ を計算し, $f(x)$, $g(x)$ のマクローリン級数展開が例 13.21 (1), (3) のものと一致することを確かめよ. ただし, 級数がもとの関数に収束することの証明はしなくてよい.

第 14 章

多変数関数の微分の基本事項

2 変数以上の関数についても,「微分」を考えることができる. 簡単のため, 2 変数関数を考えることにする.

14.1 全微分と偏微分

まず, $\mathbb{R}^2$ の開集合という概念を導入する.

定義 14.1 $\mathbb{R}^2$ の部分集合 U が $\mathbb{R}^2$ の**開集合**であるとは, U の任意の点 $\mathrm{P} = (a,b)$ に対して, ある正の実数 r が存在して, 点 P を中心とする半径 r の開円板

$$B_\mathrm{P}(r) = \{(x,y) \in \mathbb{R}^2 \mid (x-a)^2 + (y-b)^2 < r^2\}$$

が U に含まれることをいう (11.9 節参照).

定義 14.1 において, 正の実数 r は点 P ごとに異なっていてもよい. 大まかにいえば, U が $\mathbb{R}^2$ の開集合であるとは,「U に属する任意の点 P に対して, P に十分近い点がすべて U に属する」ということである.

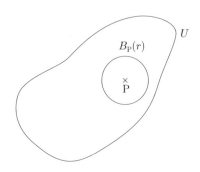

定義 14.2 $f(x,y)$ は $\mathbb{R}^2$ の開集合 U で定義された関数とし, $(a,b) \in U$ とする. ある実数 p, q が存在して, $(x,y) = (a,b)$ の近くで

$$f(x,y) = p(x-a) + q(y-b) + f(a,b) + o\left(\sqrt{(x-a)^2 + (y-b)^2}\right) \quad (14.1)$$

が成り立つとき, $f(x,y)$ は $(x,y) = (a,b)$ において**全微分可能 (微分可能)** であるという. $f(x,y)$ が U の任意の点において全微分可能であるとき, $f(x,y)$ は U 上で**全微分可能 (微分可能)** であるという.

式 (14.1) の意味を幾何学的に考えよう. $f(x,y)$ は $(x,y) = (a,b)$ において全微分可能であるとし, p, q は式 (14.1) を満たすものとする. xyz 空間において

$$z = f(x,y)$$

の定める曲面を S とし

$$z = p(x-a) + q(y-b) + f(a,b)$$

の定める平面を H とする. このとき, 式 (14.1) は, H が点 $\bigl(a, b, f(a,b)\bigr)$ における S の**接平面**であると考えられる. 大まかにいえば, $z = f(x,y)$ に接平面が存在するとき, $f(x,y)$ は全微分可能である.

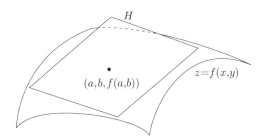

次に, 式 (14.1) における p, q の意味を考えよう.

第 1 章 (プロローグ) で述べたように, p は「x 軸に沿った平面 H の傾き」を表し, q は「y 軸に沿った平面 H の傾き」を表している.

次のようにも考えられる. y は値 b を保ち, x だけが変動して a に近づくとき

$$\sqrt{(x-a)^2 + (y-b)^2} = |x-a|$$

であることに注意すれば

$$\lim_{x \to a} \frac{f(x,b) - f(a,b)}{x-a} = \lim_{x \to a} \frac{p(x-a) + o(|x-a|)}{x-a} = p$$

が得られる. 同様に, x は値 a を保ち, y だけが変動して b に近づくとき

$$\lim_{y \to b} \frac{f(a,y) - f(a,b)}{y-b} = \lim_{y \to b} \frac{q(y-b) + o(|y-b|)}{y-b} = q$$

148　第 14 章　多変数関数の微分の基本事項

が成り立つ．つまり，x の関数 $f(x,b)$ の $x = a$ における微分係数が p であり，y の関数 $f(a,y)$ の $y = b$ における微分係数が q である．

定義 14.3　$f(x,y)$ は $\mathbb{R}^2$ の開集合 U で定義された関数とし，$(a,b) \in U$ とする．

(1) $x \to a$ のとき，$\dfrac{f(x,b) - f(a,b)}{x - a}$ がある実数 α に収束するとする．このとき，$f(x,y)$ は $(x,y) = (a,b)$ において，x について (x **方向に**) **偏微分可能**であるという．また，このときの極限値

$$\alpha = \lim_{x \to a} \frac{f(x,b) - f(a,b)}{x - a}$$

を $(x,y) = (a,b)$ における $f(x,y)$ の x **方向の偏微分係数**といい

$$f_x(a,b), \quad \text{あるいは}, \quad \frac{\partial f}{\partial x}(a,b)$$

と表す．

(2) $y \to b$ のとき，$\dfrac{f(a,y) - f(a,b)}{y - b}$ がある実数 β に収束するとする．このとき，$f(x,y)$ は $(x,y) = (a,b)$ において，y について (y **方向に**) **偏微分可能**であるという．また，このときの極限値

$$\beta = \lim_{y \to b} \frac{f(a,y) - f(a,b)}{y - b}$$

を $(x,y) = (a,b)$ における $f(x,y)$ の y **方向の偏微分係数**といい

$$f_y(a,b), \quad \text{あるいは}, \quad \frac{\partial f}{\partial y}(a,b)$$

と表す．

(3) $(x,y) = (a,b)$ において，$f(x,y)$ が x についても y についても偏微分可能であるとき，単に**偏微分可能**であるという．

　$f(x,y)$ は $(x,y) = (a,b)$ において全微分可能であるとする．このとき，上述の議論により，$f(x,y)$ は $(x,y) = (a,b)$ において偏微分可能であり，式 (14.1) の p, q は

$$p = f_x(a,b), \quad q = f_y(a,b)$$

となる．したがって，$(x,y) = (a,b)$ の近くで，次の式が成り立つ．

$$f(x,y) = f_x(a,b)(x-a) + f_y(a,b)(y-b) + f(a,b) + o\Big(\sqrt{(x-a)^2 + (y-b)^2}\Big).$$
(14.2)

　また，xyz 空間内の曲面 $z = f(x,y)$ の点 $\big(a, b, f(a,b)\big)$ における接平面は

$$z = f_x(a,b)(x-a) + f_y(y-b) + f(a,b)$$

という式によって定まる．この式は，次のように書き直すことができる．

$$f_x(a,b)(x-a) + f_y(a,b)(y-b) - (z - f(a,b)) = 0.$$

したがって，この平面の法線ベクトルとして，$\begin{pmatrix} f_x(a,b) \\ f_y(a,b) \\ -1 \end{pmatrix}$ がとれる (第 1 章 (プロローグ) 参照)．このベクトルを曲面 $z = f(x,y)$ の**法線ベクトル**ともよぶ．

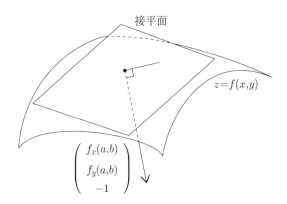

定義 14.4 $f(x,y)$ は $\mathbb{R}^2$ の開集合 U で定義された関数とする．

(1) U のすべての点において $f(x,y)$ が偏微分可能であるとき，$f(x,y)$ は U 上で**偏微分可能**であるという．

(2) $f(x,y)$ が U 上で偏微分可能であるとき，U の各点 (a,b) に対して $f_x(a,b)$ を対応させる関数を

$$f_x(x,y), \quad \frac{\partial f}{\partial x}(x,y), \quad \frac{\partial}{\partial x}f(x,y)$$

などと表し，**変数 x に関する $f(x,y)$ の偏導関数**とよぶ．同様に，U の各点 (a,b) に対して $f_y(a,b)$ を対応させる関数を $f_y(x,y), \frac{\partial f}{\partial y}(x,y), \frac{\partial}{\partial y}f(x,y)$ などと表し，**変数 y に関する $f(x,y)$ の偏導関数**とよぶ

(3) x に関する偏導関数と y に関する偏導関数を総称して，**偏導関数**とよぶ．

(4) 変数 z が x, y の関数として $z = f(x,y)$ と表されるとき，$f_x(x,y)$ を

$$z_x, \quad \frac{\partial z}{\partial x}, \quad \frac{\partial}{\partial x}z$$

などとも表す．同様に，$f_y(x,y)$ を $z_y, \frac{\partial z}{\partial y}, \frac{\partial}{\partial y}z$ などとも表す．

150　第 14 章　多変数関数の微分の基本事項

偏導関数 $f_x(x, y)$ を求めるには，y を定数とみなし，$f(x, y)$ を x についての関数とみて導関数を求めればよい．$f_y(x, y)$ についても同様である．

例題 14.5　次の関数の偏導関数を求めよ．

(1)　$f(x, y) = \sin(x + 2y)$　　　(2)　$g(x, y) = \dfrac{x}{y}$　　$(y \neq 0)$

[解答]　(1)　$f_x(x, y) = \cos(x + 2y)$,　$f_y(x, y) = 2\cos(x + 2y)$.

(2)　$g_x(x, y) = \dfrac{1}{y}$,　$g_y(x, y) = -\dfrac{x}{y^2}$.　　　　　　　　□

問 14.6　次の関数の偏導関数を求めよ．

(1)　$f(x, y) = e^{xy}$　　　(2)　$g(x, y) = \arctan\dfrac{y}{x}$　　$(x \neq 0)$

例題 14.7　xyz 空間において，曲面 S を次のように定める．

$$z = \sqrt{1 - x^2 - y^2} \qquad (x^2 + y^2 \leq 1).$$

点 $\left(a, b, \sqrt{1 - a^2 - b^2}\right)$ における S の接平面の方程式を求めよ．

[解答]　$f(x, y) = \sqrt{1 - x^2 - y^2}$ とおくと

$$f_x(x, y) = -\frac{x}{\sqrt{1 - x^2 - y^2}}, \quad f_y(x, y) = -\frac{y}{\sqrt{1 - x^2 - y^2}}$$

が成り立つので，求める接平面の方程式は

$$z = -\frac{a}{\sqrt{1 - a^2 - b^2}}(x - a) - \frac{b}{\sqrt{1 - a^2 - b^2}}(y - b) + \sqrt{1 - a^2 - b^2}$$

である．　　　　　　　　□

問 14.8　xyz 空間において，曲面 S を次のように定める．

$$z = x^2 - y^2.$$

点 $\left(a, b, a^2 - b^2\right)$ における S の接平面の方程式を求めよ．

ここで，全微分可能性と偏微分可能性の関係について，コメントしておこう．$f(x, y)$ がある点において全微分可能ならば偏微分可能であるが，逆は必ずしも成り立たない．しかし，次の定理が成り立つ (証明は省略する)．

定理 14.9　$\mathbb{R}^2$ の開集合 U 上で定義された関数 $f(x, y)$ は，U 上で偏微分可能であり，偏導関数 $f_x(x, y)$, $f_y(x, y)$ が U 上で連続であるとする．このとき，$f(x, y)$ は U 上で全微分可能である．

我々が実際に取り扱う関数の多くは全微分可能である．

14.2 関数の和・差・積・商の偏導関数

2 つの関数の和・差・積・商の偏導関数については，1 変数の場合 (命題 12.3) と同様のことが成り立つ．

命題 14.10 $\mathbb{R}^2$ の開集合 U 上で定義された関数 $f(x,y)$, $g(x,y)$ は，U 上で偏微分可能であるとする．このとき，x に関する偏導関数について，次が成り立つ．

(1) $\dfrac{\partial}{\partial x}\Big(f(x,y)+g(x,y)\Big)=\dfrac{\partial}{\partial x}f(x,y)+\dfrac{\partial}{\partial x}g(x,y)$.

(2) $\dfrac{\partial}{\partial x}\Big(f(x,y)-g(x,y)\Big)=\dfrac{\partial}{\partial x}f(x,y)-\dfrac{\partial}{\partial x}g(x,y)$.

(3) $\dfrac{\partial}{\partial x}\Big(f(x,y)g(x,y)\Big)=\left(\dfrac{\partial}{\partial x}f(x,y)\right)g(x,y)+f(x,y)\left(\dfrac{\partial}{\partial x}g(x,y)\right)$.

(4) $g(x,y)\neq 0$ のとき

$$\frac{\partial}{\partial x}\left(\frac{f(x,y)}{g(x,y)}\right)=\frac{\left(\frac{\partial}{\partial x}f(x,y)\right)g(x,y)-f(x,y)\left(\frac{\partial}{\partial x}g(x,y)\right)}{\big(g(x,y)\big)^2}.$$

y に関する偏導関数についても，同様のことが成り立つ．

14.3 合成関数の偏導関数

次に，合成関数の偏導関数について考える．これにはいろいろなヴァリエーションがあるが，たとえば，次の命題が成り立つ．

命題 14.11 関数 $f(x,y)$ は $(x,y)=(\alpha,\beta)$ を含む $\mathbb{R}^2$ のある開集合で定義され，$(x,y)=(\alpha,\beta)$ において全微分可能であるとする．また，$\varphi(t)$, $\psi(t)$ は $t=a$ を含む $\mathbb{R}$ のある開区間で定義され，$t=a$ において微分可能であり，$\varphi(a)=\alpha$, $\psi(a)=\beta$ を満たすとする．いま，t の関数 $F(t)$ を

$$F(t)=f\big(\varphi(t),\psi(t)\big)$$

と定めると，$F(t)$ は $t=a$ において微分可能であり，次の式が成り立つ．

$$F'(a)=f_x(\alpha,\beta)\varphi'(a)+f_y(\alpha,\beta)\psi'(a). \tag{14.3}$$

証明. $(x,y)=(\alpha,\beta)$ の近くで

$$f(x,y)=f_x(\alpha,\beta)(x-\alpha)+f_y(\alpha,\beta)(y-\beta)+f(\alpha,\beta)+o\Big(\sqrt{(x-\alpha)^2+(y-\beta)^2}\Big) \tag{14.4}$$

が成り立つ．ここで，$\alpha=\varphi(a)$, $\beta=\psi(a)$, $F(a)=f\big(\varphi(a),\psi(a)\big)=f(\alpha,\beta)$ に注意

し，式 (14.4) に $x = \varphi(t), y = \psi(t)$ を代入すると

$$F(t) = f\big(\varphi(t), \psi(t)\big)$$

$$= f_x(\alpha, \beta)\big(\varphi(t) - \varphi(a)\big) + f_y(\alpha, \beta)\big(\psi(t) - \psi(a)\big) + F(a) + o\big(r(t)\big)$$

が得られる．ここで

$$r(t) = \sqrt{\big(\varphi(t) - \varphi(a)\big)^2 + \big(\psi(t) - \psi(a)\big)^2}$$

である．このことより

$$\frac{F(t) - F(a)}{t - a} = f_x(\alpha, \beta)\frac{\varphi(t) - \varphi(a)}{t - a} + f_y(\alpha, \beta)\frac{\psi(t) - \psi(a)}{t - a} + \frac{o\big(r(t)\big)}{t - a} \quad (14.5)$$

が成り立つことがわかる．ここで

$$\lim_{t \to a} \frac{\varphi(t) - \varphi(a)}{t - a} = \varphi'(a), \quad \lim_{t \to a} \frac{\psi(t) - \psi(a)}{t - a} = \psi'(a) \quad (14.6)$$

である．また

$$\lim_{t \to a} \frac{r(t)}{|t - a|} = \lim_{t \to a} \sqrt{\left(\frac{\varphi(t) - \varphi(a)}{t - a}\right)^2 + \left(\frac{\psi(t) - \psi(a)}{t - a}\right)^2}$$

$$= \sqrt{\big(\varphi'(a)\big)^2 + \big(\psi'(a)\big)^2}$$

であるので，$r(t)$ は $t = a$ の近くで $|t - a|$ と同位の無限小であり

$$\lim_{t \to a} \left| \frac{o\big(r(t)\big)}{t - a} \right| = \lim_{t \to a} \frac{r(t)}{|t - a|} \lim_{t \to a} \frac{\big|o\big(r(t)\big)\big|}{r(t)} = 0 \quad (14.7)$$

が成り立つ．したがって，式 (14.5) において $t \to a$ とし，式 (14.6) と式 (14.7) を代入すれば，式 (14.3) が示される． $\square$

注意 14.12 (1) 変数 z は全微分可能な関数 $f(x, y)$ を用いて

$$z = f(x, y)$$

と表され，変数 x, y は微分可能な関数 $\varphi(t), \psi(t)$ を用いて

$$x = \varphi(t), \quad y = \psi(t) \quad (14.8)$$

と表されるとする．このとき，命題 14.11 によって，z は t の関数とみたときに微分可能であって

$$\frac{dz}{dt} = \frac{\partial z}{\partial x}\frac{dx}{dt} + \frac{\partial z}{\partial y}\frac{dy}{dt} \quad (14.9)$$

が成り立つ．ただし，式 (14.9) の右辺の $\dfrac{\partial z}{\partial x}, \dfrac{\partial z}{\partial y}$ は，本来の偏導関数に式 (14.8) を代入することによって，t の関数とみている．

(2) x, y が 2 つの変数 t, u の関数であるときも同様に考えることができる.
$z = f(x, y)$ が全微分可能で, $x = \varphi(t, u)$, $y = \psi(t, u)$ が偏微分可能のとき

$$\frac{\partial z}{\partial t} = \frac{\partial z}{\partial x}\frac{\partial x}{\partial t} + \frac{\partial z}{\partial y}\frac{\partial y}{\partial t}, \quad \frac{\partial z}{\partial u} = \frac{\partial z}{\partial x}\frac{\partial x}{\partial u} + \frac{\partial z}{\partial y}\frac{\partial y}{\partial u}$$

が成り立つ. この式の解釈は (1) の場合と同様である.

(3) 変数 z が微分可能な関数 $f(x)$ を用いて $z = f(x)$ と表され, x は偏微分可能な関数 $\varphi(t, u)$ を用いて $x = \varphi(t, u)$ と表されるときは

$$\frac{\partial z}{\partial t} = \frac{dz}{dx}\frac{\partial x}{\partial t}, \quad \frac{\partial z}{\partial u} = \frac{dz}{dx}\frac{\partial x}{\partial u}$$

が成り立つ.

問 14.13 $z = x^2 + xy$ とする. $x = e^t, y = e^{-t}$ を代入することによって, z を t の関数とみるとき

$$\frac{dz}{dt} = \frac{\partial z}{\partial x}\frac{dx}{dt} + \frac{\partial z}{\partial y}\frac{dy}{dt}$$

が成り立っていることを実際の計算によって確かめよ.

例 14.14 $f(x, y)$ は $(x, y) = (a, b)$ で全微分可能とし, $\varphi(t), \psi(t), F(t)$ を

$$\varphi(t) = a + t\cos\theta, \quad \psi(t) = b + t\sin\theta, \quad F(t) = f\big(\varphi(t), \psi(t)\big)$$

と定める (θ は定数). このとき, $\varphi'(t) = \cos\theta, \psi'(t) = \sin\theta$ に注意すれば

$$F'(0) = f_x(a, b)\cos\theta + f_y(a, b)\sin\theta \tag{14.10}$$

が得られる. いま, ベクトル $\boldsymbol{p} = \begin{pmatrix} \cos\theta \\ \sin\theta \end{pmatrix}$ を考えると, $\|\boldsymbol{p}\| = 1$ であり

$$\begin{pmatrix} \varphi(t) \\ \psi(t) \end{pmatrix} = \begin{pmatrix} a \\ b \end{pmatrix} + t\boldsymbol{p}$$

が成り立つ. これは xy 平面において, t を媒介変数とする直線を表す (次頁の最初の図参照).

式 (14.10) の $F'(0)$ は, (x, y) がこの直線に沿って (a, b) に近づくときの $f(x, y)$ の「勾配」を表していると考えられる. そこで

$$f_x(a, b)\cos\theta + f_y(a, b)\sin\theta$$

を, ベクトル $\boldsymbol{p}$ 方向への $f(x, y)$ の方向微分係数とよぶ (次頁の 2 番目の図参照).

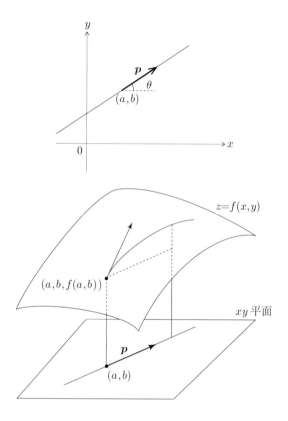

例題 14.15 $U = \{(x,y) \in \mathbb{R}^2 \,|\, (x,y) \neq (0,0)\}$ とし，$z = f(x,y)$ は U 上で全微分可能な関数とする．いま

$$x = r\cos\theta, \qquad y = r\sin\theta \tag{14.11}$$

を代入することによって，z を r, θ の関数とみる ($r, \theta \in \mathbb{R}$, $r > 0$)．

(1) $\dfrac{\partial z}{\partial x}, \dfrac{\partial z}{\partial y}, r, \theta$ を用いて $\dfrac{\partial z}{\partial r}, \dfrac{\partial z}{\partial \theta}$ を表せ．

(2) U 上で等式

$$y\frac{\partial z}{\partial x} = x\frac{\partial z}{\partial y} \tag{14.12}$$

が恒等的に成り立つとする．このとき，z の値は r のみによって定まり，θ の値にはよらないことを示せ．

［解答］ (1) $\dfrac{\partial z}{\partial r} = \dfrac{\partial z}{\partial x}\dfrac{\partial x}{\partial r} + \dfrac{\partial z}{\partial y}\dfrac{\partial y}{\partial r} = \dfrac{\partial z}{\partial x}\cos\theta + \dfrac{\partial z}{\partial y}\sin\theta$,

$\dfrac{\partial z}{\partial \theta} = \dfrac{\partial z}{\partial x}\dfrac{\partial x}{\partial \theta} + \dfrac{\partial z}{\partial y}\dfrac{\partial y}{\partial \theta} = -r\dfrac{\partial z}{\partial x}\sin\theta + r\dfrac{\partial z}{\partial y}\cos\theta$.

(2) 式 (14.11), 式 (14.12) により, $r \dfrac{\partial z}{\partial x} \sin\theta = r \dfrac{\partial z}{\partial y} \cos\theta$ が得られる. このとき, 小問 (1) の結果により

$$\frac{\partial z}{\partial \theta} = -r\frac{\partial z}{\partial x}\sin\theta + r\frac{\partial z}{\partial y}\cos\theta = 0$$

が恒等的に成り立つ. よって, z は θ の値を変えても変化せず, z の値は r のみによって定まる.　　　　　　　　　　　　　　　　　　　　　　　　□

14.4 高階の偏導関数

偏微分可能な関数 $f(x, y)$ の偏導関数 $f_x(x, y)$ がさらに偏微分可能であるとき

$$(f_x)_x(x, y) = \frac{\partial}{\partial x}\left(\frac{\partial f}{\partial x}\right)(x, y)$$

を考えることができる. この関数を

$$f_{xx}(x, y), \quad \frac{\partial^2 f}{\partial x^2}(x, y), \quad \frac{\partial^2}{\partial x^2}f(x, y)$$

などと表す. 同様に

$$(f_x)_y(x, y) = \frac{\partial}{\partial y}\left(\frac{\partial f}{\partial x}\right)(x, y)$$

を考えることができる. この関数を

$$f_{xy}(x, y), \quad \frac{\partial^2 f}{\partial y\partial x}(x, y), \quad \frac{\partial^2}{\partial y\partial x}f(x, y)$$

などと表す. 同様にして, $f_y(x, y)$ が偏微分可能ならば, その偏導関数

$$f_{yx}(x, y) = \frac{\partial^2 f}{\partial x\partial y}(x, y) = \frac{\partial^2}{\partial x\partial y}f(x, y),\ f_{yy}(x, y) = \frac{\partial^2 f}{\partial y^2}(x, y) = \frac{\partial^2}{\partial y^2}f(x, y)$$

を考えることができる. これらを 2 階の (2 次の) 偏導関数とよぶ.

注意 14.16 $f_{xy}(x, y) = \dfrac{\partial^2 f}{\partial y\partial x}(x, y)$ は「先に x について偏微分し, 次に y について偏微分する」ことによって得られる 2 階の偏導関数である. x に関する f の偏導関数を表すのに f_x という記法を用いる場合は, それをさらに y について偏微分すると, 「y」という添え字は右側に加わる. x に関する f の偏導関数を $\dfrac{\partial f}{\partial x}$ と表すときは, それをさらに y について偏微分すると, 「∂y」という記号は左側に加わる.

2 階の偏導関数がさらに偏微分可能ならば, 3 階の偏導関数

$$f_{xxx}(x, y), \quad f_{xyx}(x, y), \quad f_{yxy}(x, y)$$

156 第 14 章 多変数関数の微分の基本事項

なども定まる. 2 階以上の偏導関数を総称して, **高階の (高次の) 偏導関数**とよぶ.

定義 14.17 $f(x,y)$ は $\mathbb{R}^2$ の開集合 U で定義された関数とし, $n \in \mathbb{N}$ とする.

(1) $f(x,y)$ が U 上で n 回偏微分可能であって, その n 階偏導関数がすべて U 上で連続であるとき, $f(x,y)$ は C^n 級である (C^n **級関数**である) という.

(2) $f(x,y)$ が U 上で何回でも偏微分可能であるとき, $f(x,y)$ は C^∞ 級である (C^∞ **級関数**である) という.

(3) $f(x,y)$ が連続関数であることを, $f(x,y)$ は C^0 級である (C^0 級関数である) ともいう.

例題 14.18 $f(x,y) = (x^2 + y^3)e^{x-y}$ に対して, $f_x(x,y)$, $f_y(x,y)$, $f_{xy}(x,y)$, $f_{yx}(x,y)$ を求めよ.

［解答］ 次のように計算される.

$$f_x(x,y) = 2xe^{x-y} + (x^2 + y^3)e^{x-y} = (x^2 + 2x + y^3)e^{x-y},$$

$$f_y(x,y) = 3y^2e^{x-y} - (x^2 + y^3)e^{x-y} = (-x^2 - y^3 + 3y^2)e^{x-y},$$

$$f_{xy}(x,y) = \frac{\partial}{\partial y}\Big((x^2 + 2x + y^3)e^{x-y}\Big)$$

$$= 3y^2e^{x-y} - (x^2 + 2x + y^3)e^{x-y}$$

$$= (-x^2 - 2x - y^3 + 3y^2)e^{x-y},$$

$$f_{yx}(x,y) = \frac{\partial}{\partial x}\Big((-x^2 - y^3 + 3y^2)e^{x-y}\Big)$$

$$= -2xe^{x-y} + (-x^2 - y^3 + 3y^2)e^{x-y}$$

$$= (-x^2 - 2x - y^3 + 3y^2)e^{x-y}. \qquad \square$$

問 14.19 例題 14.18 の $f(x,y)$ について, $f_{xx}(x,y)$, $f_{yy}(x,y)$ を求めよ.

問 14.20 $g(x,y) = ax^2 + bxy + cy^2 + ex^3$ $(a,\ b,\ c,\ e \in \mathbb{R})$ とする. $g_x(0,0)$, $g_y(0,0)$, $g_{xx}(0,0)$, $g_{xy}(0,0)$, $g_{yx}(0,0)$, $g_{yy}(0,0)$ を求めよ.

例題 14.18 の関数 $f(x,y)$ について, 偏微分の順序が異なっていても

$$f_{xy}(x,y) = f_{yx}(x,y)$$

が成り立つことに注意しよう. このことは必ずしもすべての場合に成り立つわけではないが, 次の定理が示すように, 多くの場合に成り立つ.

定理 14.21 $\mathbb{R}^2$ の開集合 U で定義された C^2 級関数 $f(x, y)$ に対して

$$f_{xy}(x, y) = f_{yx}(x, y) \quad (x \in U) \tag{14.13}$$

が成り立つ.

証明. h, k は 0 でない実数とし

$$\varphi(x, y) = f(x, y+k) - f(x, y), \quad \psi(x, y) = f(x+h, y) - f(x, y)$$

とおく. このとき

$$\varphi(x+h, y) = f(x+h, y+k) - f(x+h, y), \ \psi(x, y+k) = f(x+h, y+k) - f(x, y+k)$$

が成り立つ. いま

$$\Delta = f(x+h, y+k) - f(x, y+k) - f(x+h, y) + f(x, y)$$

とおくと

$$\Delta = \varphi(x+h, y) - \varphi(x, y) = \psi(x, y+k) - \psi(x, y)$$

が成り立つ. ここで, $\varphi(x, y)$ を x の関数とみて平均値の定理 (系 13.2) を用いると, 0 と h の間のある実数 $\tilde{h}$ に対して

$$\Delta = \varphi(x+h, y) - \varphi(x, y) = h\varphi_x(x+\tilde{h}, y)$$

が成り立つことがわかる. また

$$\varphi_x(x+\tilde{h}, y) = f_x(x+\tilde{h}, y+k) - f_x(x+\tilde{h}, y)$$

が成り立つことに注意すれば (詳細な検討は読者にゆだねる)

$$\Delta = h\Big(f_x(x+\tilde{h}, y+k) - f_x(x+\tilde{h}, y)\Big)$$

が得られる. さらに, $f_x(x+\tilde{h}, y)$ を y の関数とみて平均値の定理を用いると, 0 と k の間のある実数 $\tilde{k}$ に対して

$$\Delta = h\Big(f_x(x+\tilde{h}, y+k) - f_x(x+\tilde{h}, y)\Big) = hk f_{xy}(x+\tilde{h}, y+\tilde{k})$$

が成り立つことがわかる. 仮定より, $f_{xy}(x, y)$ は連続関数であるので

$$\frac{\Delta}{hk} \to f_{xy}(x, y) \qquad ((h, k) \to (0, 0)) \tag{14.14}$$

が得られる. 次に, x と y の役割を入れかえ, $\varphi(x, y)$ と $\psi(x, y)$ の役割を入れかえ, h と k の役割を入れかえて, 同様の議論をおこなえば

$$\frac{\Delta}{hk} \to f_{yx}(x, y) \qquad ((h, k) \to (0, 0)) \tag{14.15}$$

が得られる. 式 (14.14) と式 (14.15) を比べれば, 式 (14.13) が示される. $\qquad\square$

定理 14.21 を続けて用いれば, C^n 級関数の n 階導関数も, 偏微分の順序によらないことがわかる ($n \geq 2$).

第 15 章

多変数関数の微分の応用

多変数関数の微分の応用をいくつか述べる.

15.1　テイラーの定理と平均値の定理

テイラーの定理 (定理 13.16, 定理 13.18) や平均値の定理 (系 13.2) を多変数関数に対して一般化することを考えたい.

まず, そのための準備をする. n は自然数とする. $f(x, y)$ は $\mathbb{R}^2$ の開集合 U で定義された C^n 級関数とし, $(a, b) \in U$ とする. h, k は実数とし

$$\varphi(t) = a + ht, \quad \psi(t) = b + kt, \quad F(t) = f\bigl(\varphi(t), \psi(t)\bigr) = f(a + ht, b + kt)$$

とおくと, $F(0) = f(a, b)$ である. ここで命題 14.11 を用いると

$$F'(t) = h\, f_x(a + ht, b + kt) + k\, f_y(a + ht, b + kt)$$

が得られる. 特に

$$F'(0) = h f_x(a, b) + k f_y(a, b)$$

が成り立つ. $n \geq 2$ のとき

$$G(t) = f_x(a + ht, b + kt), \quad H(t) = f_y(a + ht, b + kt)$$

とおいて, 同様の考察をすれば

$$G'(t) = h\, f_{xx}(a + ht, b + kt) + k\, f_{xy}(a + ht, b + kt),$$

$$H'(t) = h\, f_{yx}(a + ht, b + kt) + k\, f_{yy}(a + ht, b + kt)$$

が得られる. このとき, 偏微分の順序に関する定理 14.21 を用いれば

$$
\begin{aligned}
F''(t) &= h\, G'(t) + k\, H'(t) \\
&= h^2\, f_{xx}(a + ht, b + kt) + 2hk\, f_{xy}(a + ht, b + kt) \\
&\quad + k^2\, f_{yy}(a + ht, b + kt)
\end{aligned}
\tag{15.1}
$$

158

が得られる. 特に, 次の式が成り立つ.

$$F''(0) = h^2 f_{xx}(a,b) + 2hk\, f_{xy}(a,b) + k^2\, f_{yy}(a,b).$$

ここで, 式 (15.1) の最右辺を

$$\left(h\frac{\partial}{\partial x} + k\frac{\partial}{\partial y}\right)^2 f(a+ht, b+kt)$$

と表す形式的な記法を導入しよう. これは次のように解釈する.

簡単のため, $\alpha = a+ht, \beta = b+kt$ とおく. このとき

$$\left(h\frac{\partial}{\partial x} + k\frac{\partial}{\partial y}\right)^2 f(\alpha, \beta)$$

$$= \left(h^2\frac{\partial^2}{\partial x^2} + 2hk\frac{\partial^2}{\partial x\partial y} + k^2\frac{\partial^2}{\partial y^2}\right) f(\alpha, \beta)$$

$$= h^2\frac{\partial^2 f}{\partial x^2}(\alpha, \beta) + 2hk\frac{\partial^2 f}{\partial x\partial y}(\alpha, \beta) + k^2\frac{\partial^2 f}{\partial y^2}(\alpha, \beta)$$

が成り立つと考えるのである. 一般に, 次のことが成り立つ.

補題 15.1 上述の状況において, $0 \le j \le n$ を満たす整数 j に対して

$$F^{(j)}(t) = \left(h\frac{\partial}{\partial x} + k\frac{\partial}{\partial y}\right)^j f(a+ht, b+kt) \tag{15.2}$$

が成り立つ. 特に, $t = 0$ とすれば

$$F^{(j)}(0) = \left(h\frac{\partial}{\partial x} + k\frac{\partial}{\partial y}\right)^j f(a,b) \tag{15.3}$$

が成り立つ. ここで, $j = 0$ のとき, 式 (15.2) は $F(t) = f(a+ht, b+kt)$ を表すものと解釈する.

証明の概略. j に関する帰納法による. $j \le 2$ のときはすでに示されている. ある j に対して式 (15.2) が成り立つと仮定し, 式 (15.2) の両辺を t について微分すると, 左辺の微分は $F^{(j+1)}(t)$ である. 右辺の関数に対して上述の議論を適用すれば, 右辺の微分は

$$\left(h\frac{\partial}{\partial x} + k\frac{\partial}{\partial y}\right)\left(h\frac{\partial}{\partial x} + k\frac{\partial}{\partial y}\right)^j f(a+ht, b+kt)$$

$$= \left(h\frac{\partial}{\partial x} + k\frac{\partial}{\partial y}\right)^{j+1} f(a+ht, b+kt)$$

となる (ここで, 命題 14.11 と定理 14.21 を用いている). よって, $j+1$ に対して

160 第 15 章 多変数関数の微分の応用

も式 (15.2) が成り立つ. □

以上の準備のもと, 2 変数関数に関するテイラーの定理を述べる.

定理 15.2 (テイラーの定理) $n \in \mathbb{N}$ とする. $f(x, y)$ は $\mathbb{R}^2$ の開集合 U で定義された C^n 級関数とし, $(a, b) \in U$ とする. 点 (a, b) と点 $(a+h, b+k)$ を結ぶ線分が U に含まれるように実数 h, k を選ぶ. このとき

$$
\begin{aligned}
& f(a+h, b+k) \\
&= \sum_{j=0}^{n-1} \frac{1}{j!} \left(h \frac{\partial}{\partial x} + k \frac{\partial}{\partial y} \right)^j f(a, b) \\
&\quad + \frac{1}{n!} \left(h \frac{\partial}{\partial x} + k \frac{\partial}{\partial y} \right)^n f(a+\theta h, b+\theta k), \quad 0 < \theta < 1
\end{aligned}
\tag{15.4}
$$

を満たす実数 θ が存在する.

証明. $F(t) = f(a+ht, b+kt)$ とおき, 定理 13.18 における a, h がそれぞれ 0, 1 の場合に定理 13.18 を適用すれば

$$
F(1) = \sum_{j=0}^{n-1} \frac{F^{(j)}(0)}{j!} 1^j + \frac{F^{(n)}(\theta)}{n!} 1^n = \sum_{j=0}^{n-1} \frac{F^{(j)}(0)}{j!} + \frac{F^{(n)}(\theta)}{n!}, \qquad 0 < \theta < 1
$$

を満たす実数 θ が存在することがわかる. $F(1) = f(a+h, b+k)$ に注意し, 補題 15.1 の式 (15.2) と式 (15.3) を上の式に代入すれば, 求める等式が得られる. □

定理 15.2 において, $n = 1$ とすれば, 次の系が得られる. これは多変数関数に関する**平均値の定理**とよばれる.

系 15.3 (平均値の定理) $f(x, y)$ は $\mathbb{R}^2$ の開集合 U で定義された C^1 級関数とし, $(a, b) \in U$ とする. h, k は実数とし, 点 (a, b) と点 $(a+h, b+k)$ を結ぶ線分が U に含まれると仮定する. このとき

$$
f(a+h, b+k) = f(a, b) + f_x(a+\theta h, b+\theta k) h + f_y(a+\theta h, b+\theta k) k, \ 0 < \theta < 1
$$

を満たす実数 θ が存在する.

ところで, 定理 15.2 において, $x = a + h$, $y = b + k$ とおくと, 式 (15.4) は

$$
\begin{aligned}
f(x, y) &= \sum_{j=0}^{n-1} \frac{1}{j!} \left((x-a) \frac{\partial}{\partial x} + (y-b) \frac{\partial}{\partial y} \right)^j f(a, b) \\
&\quad + \frac{1}{n!} \left((x-a) \frac{\partial}{\partial x} + (y-b) \frac{\partial}{\partial y} \right)^n f(\tilde{x}, \tilde{y})
\end{aligned}
\tag{15.5}
$$

と書き直される. ただし, $\tilde{x} = a + \theta(x-a)$, $\tilde{y} = b + \theta(y-b)$ である.

ここで得られた式 (15.5) を $f(x,y)$ の**テイラー展開**とよぶ. 最後の項

$$\frac{1}{n!}\left((x-a)\frac{\partial}{\partial x} + (y-b)\frac{\partial}{\partial y}\right)^n f(\tilde{x}, \tilde{y})$$

を**剰余項**とよび, しばしば R_n と表す.

$a = b = 0$ のときのテイラー展開は, **マクローリン展開**ともよばれる.

例 15.4 $n = 3$ のときの $f(x,y)$ のテイラー展開の式 (15.5) は

$$\begin{aligned}
f(x,y) = {} & f(a,b) + f_x(a,b)(x-a) + f_y(a,b)(y-b) \\
& + \frac{f_{xx}(a,b)}{2}(x-a)^2 + f_{xy}(a,b)(x-a)(y-b) \\
& + \frac{f_{yy}(a,b)}{2}(y-b)^2 + R_3
\end{aligned} \tag{15.6}$$

と書き直される. ここで, R_3 は剰余項である.

たとえば, $f(x,y) = e^{x+y}$, $a = b = 0$ とすると

$$f(0,0) = f_x(0,0) = f_y(0,0) = f_{xx}(0,0) = f_{xy}(0,0) = f_{yy}(0,0) = 1$$

であるので, この場合, 式 (15.6) は次のように表される.

$$e^{x+y} = 1 + x + y + \frac{1}{2}x^2 + xy + \frac{1}{2}y^2 + R_3.$$

問 15.5 $n = 4$ のときの $f(x,y)$ のテイラー展開の式 (15.5) を例 15.4 の式 (15.6) のような形に表せ. ただし, 剰余項は R_4 と表せばよい.

問 15.6 $f(x,y) = \sin(x+y)\sin(x-y)$ とする.

(1) $f_x(x,y)$, $f_y(x,y)$ を求めよ.

(2) $f_{xx}(x,y)$, $f_{xy}(x,y)$, $f_{yy}(x,y)$ を求めよ.

(3) $n = 3$, $a = b = 0$ のときのテイラー展開 (マクローリン展開) の式 (15.5) を具体的に表せ. ただし, 剰余項は R_3 と表せばよい.

$f(x,y)$ が C^∞ 級関数であるとき, 無限級数

$$\sum_{j=0}^{\infty} \frac{1}{j!}\left((x-a)\frac{\partial}{\partial x} + (y-b)\frac{\partial}{\partial y}\right)^j f(a,b)$$

を作ることができる. これを**テイラー級数**とよぶ. $a = b = 0$ のときのテイラー級数は**マクローリン級数**ともよばれる.

テイラー級数が $(x,y) = (a,b)$ の近くで収束し, それが $f(x,y)$ と一致するとき,

162　第 15 章　多変数関数の微分の応用

すなわち，等式

$$f(x,y) = \sum_{j=0}^{\infty} \frac{1}{j!} \left((x-a)\frac{\partial}{\partial x} + (y-b)\frac{\partial}{\partial y} \right)^j f(a,b)$$

が成り立つとき，$f(x,y)$ は $(x,y) = (a,b)$ において**解析的**であるといい，この式を**テイラー級数展開 (テイラー展開)** とよぶ．$a = b = 0$ のときのテイラー級数展開 (テイラー展開) は**マクローリン級数展開 (マクローリン展開)** ともよばれる．

15.2　関数の極値と停留点

2 変数関数の極値について考えよう．

定義 15.7　$f(x,y)$ は $\mathbb{R}^2$ の開集合 U で定義された関数とし，$(a,b) \in U$ とする．

(1) (a,b) に十分近い点 (x,y) に対して，つねに $f(x,y) \leq f(a,b)$ が成り立つとき，$f(x,y)$ は $(x,y) = (a,b)$ において**極大**であるといい，$f(a,b)$ を $f(x,y)$ の**極大値**という．

(1′) (a,b) に十分近いが (a,b) とは異なる点 (x,y) に対して，つねに

$$f(x,y) < f(a,b)$$

が成り立つとき，$f(x,y)$ は $(x,y) = (a,b)$ において**強い意味で極大**であるという．

(2) (a,b) に十分近い点 (x,y) に対して，つねに $f(x,y) \geq f(a,b)$ が成り立つとき，$f(x,y)$ は $(x,y) = (a,b)$ において**極小**であるといい，$f(a,b)$ を $f(x,y)$ の**極小値**という．

(2′) (a,b) に十分近いが (a,b) とは異なる点 (x,y) に対して，つねに

$$f(x,y) > f(a,b)$$

が成り立つとき，$f(x,y)$ は $(x,y) = (a,b)$ において**強い意味で極小**であるという．

(3) 極大値と極小値を総称して，**極値**という．

　関数がある点で極大 (極小) になるための条件を考えよう．$f(x,y)$ は $\mathbb{R}^2$ の開集合 U で定義された C^1 級関数とし，点 P $= (a,b) \in U$ において極大であるとする．このとき，y は値 b を保ち，x のみが変動する関数

$$g(x) = f(x,b)$$

を考えると，$g(x)$ は $x = a$ において極大である．したがって

$$g'(a) = f_x(a,b) = 0$$

が成り立つ. 同様に, $f_y(a,b) = 0$ も成り立つ.

$f(x,y)$ が点 P において極小であるときも, 同様の論法によって

$$f_x(a,b) = f_y(a,b) = 0$$

が成り立つことがわかる. よって, 次の命題が導かれる.

命題 15.8 $f(x,y)$ は $\mathbb{R}^2$ の開集合 U で定義された C^1 級関数とし, 点 $\mathrm{P} = (a,b) \in U$ において極大または極小であるとする. このとき

$$f_x(a,b) = f_y(a,b) = 0$$

が成り立つ.

定義 15.9 $f(x,y)$ は $\mathbb{R}^2$ の開集合 U で定義された C^1 級関数とし, $\mathrm{P} = (a,b) \in U$ とする. $f_x(a,b) = f_y(a,b) = 0$ となるとき, 点 P は (x,y) の**停留点**であるという.

命題 15.8 によれば, $f(x,y)$ が点 P において極大または極小であるならば, P は停留点である. しかし, 次の例からもわかるように, 逆は成り立たない.

例 15.10 第 1 章 (プロローグ) の例 1.2 の関数

$$g(x,y) = x^2 - y^2$$

を考える. このとき, 次が成り立つ.

$$g_x(x,y) = 2x, \quad g_y(x,y) = -2y,$$

$$g_{xx}(x,y) = 2, \quad g_{xy}(x,y) = 0, \quad g_{yy}(x,y) = -2$$

特に $g_x(0,0) = g_y(0,0) = 0$ であるので, $(0,0)$ は $g(x,y)$ の停留点である. いま

$$\varphi(x) = g(x,0) = x^2, \quad \psi(y) = g(0,y) = -y^2$$

とおくと, $\varphi(x)$ は $x = 0$ において強い意味で極小であり, $\psi(y)$ は $y = 0$ において強い意味で極大である. よって, $g(x,y)$ は原点において極大でも極小でもない.

停留点の近くでの関数の挙動をくわしく調べよう. $f(x,y)$ は $\mathbb{R}^2$ の開集合 U で定義された C^2 級関数とし, $\mathrm{P} = (a,b) \in U$ とする. 定理 15.2 を $n = 2$ の場合に適用し, $f_x(a,b) = f_y(a,b) = 0$ に注意すれば, 0 に十分近い実数 h, k に対して

$$f(a+h,b+k) - f(a,b) = \frac{1}{2}\Big(f_{xx}(\tilde{a},\tilde{b})h^2 + 2f_{xy}(\tilde{a},\tilde{b})hk + f_{yy}(\tilde{a},\tilde{b})k^2\Big) \quad (15.7)$$

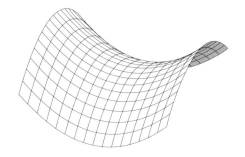

が成り立つことがわかる．ただし，$\tilde{a} = a + \theta h, \tilde{b} = b + \theta k \ (0 < \theta < 1)$ とおいている．いま，記号を簡単にするため

$$A = f_{xx}(a,b), \quad B = f_{xy}(a,b), \quad C = f_{yy}(a,b)$$

とおく．このとき

$$f_{xx}(\tilde{a},\tilde{b}) \to A, \quad f_{xy}(\tilde{a},\tilde{b}) \to B, \quad f_{yy}(\tilde{a},\tilde{b}) \to C \quad \bigl((h,k) \to (0,0)\bigr)$$

が成り立つ．また，$(h,k) \neq (0,0)$ のとき

$$H = \frac{h}{\sqrt{h^2+k^2}}, \quad K = \frac{k}{\sqrt{h^2+k^2}}$$

とおくと，$H^2 + K^2 = 1$ であり，式 (15.7) の両辺を (h^2+k^2) で割れば

$$\frac{f(a+h,b+k) - f(a,b)}{h^2+k^2} = \frac{1}{2}\Bigl(f_{xx}(\tilde{a},\tilde{b})H^2 + 2f_{xy}(\tilde{a},\tilde{b})HK + f_{yy}(\tilde{a},\tilde{b})K^2\Bigr) \tag{15.8}$$

が得られる．したがって，比 $h:k$ を一定に保ったまま，すなわち，H と K を一定に保ったまま，h, k を 0 に近づけると，式 (15.8) の値は

$$\frac{1}{2}\bigl(AH^2 + 2BHK + CK^2\bigr)$$

に近づく．そこで，2次形式 $g(u,v)$ を次のように定める．

$$g(u,v) = Au^2 + 2Buv + Cv^2.$$

上述の考察により，H, K が $g(H,K) = AH^2 + 2BHK + CK^2 > 0$ を満たすとき

$$h:k = H:K$$

という条件を満たす実数 h, k が 0 に十分近ければ

$$\frac{f(a+h,b+k) - f(a,b)}{h^2+k^2} > 0$$

が成り立つ．実際，この条件のもとで h, k を 0 に近づければ，上の式の左辺は，正の値 $\frac{1}{2}g(H,K)$ に収束する．よって，$f(a+h,b+k) > f(a,b)$ となる．

同様に，H, K が $g(H,K) < 0$ を満たすとき，$h : k = H : K$ という条件を満たす実数 h, k が 0 に十分近ければ，$f(a+h, b+k) < f(a,b)$ となる．

以上の考察により，次の命題が示される (詳細な検討は読者にゆだねる).

命題 15.11 上述の状況において，2 次形式 $g(u,v)$ が正定値ならば，$f(x,y)$ は $(x,y) = (a,b)$ において，強い意味で極小である．$g(u,v)$ が負定値ならば，$f(x,y)$ は $(x,y) = (a,b)$ において，強い意味で極大である．

次に，ある H_1, K_1 に対しては $g(H_1, K_1) > 0$ となり，ある H_2, K_2 に対しては $g(H_2, K_2) < 0$ となる場合を考えよう ($H_i^2 + K_i^2 = 1$, $1 \leq i \leq 2$). このことは，2 次形式 $g(u,v)$ の符号が $(1,1)$ であることと同値である (詳細な検討は読者にゆだねる). このとき，$h : k = H_1 : K_1$ となるような十分 0 に近い実数 h, k に対して

$$f(a+h, b+k) > f(a,b)$$

となり，$h : k = H_2 : K_2$ となるような十分 0 に近い実数 h, k に対して

$$f(a+h, b+k) < f(a,b)$$

となる．

定義 15.12 $f(x,y)$ は $\mathbb{R}^2$ の開集合 U で定義された連続関数とし，$(a,b) \in U$ とする．点 (a,b) を通って，(x,y) をある一定の方向に動かすと，$f(x,y)$ の値が点 (a,b) において強い意味で極大であり，別の方向に動かすと，$f(x,y)$ の値が (a,b) において強い意味で極大であるとする．このとき，点 (a,b) は $f(x,y)$ の**鞍点** (あんてん) であるという．

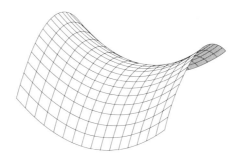

上述の考察を命題の形にまとめておこう．

命題 15.13 上述の状況において，2 次形式 $g(u,v)$ の符号が $(1,1)$ ならば，点 (a,b) は $f(x,y)$ の鞍点である．

166　第 15 章　多変数関数の微分の応用

例 15.14　第 1 章 (プロローグ) の例 1.2 の関数 $g(x,y) = x^2 - y^2$ については，例 15.10 で考察したように，原点 $(0,0)$ は $g(x,y)$ の鞍点である．

以上の考察と命題 10.32 を組み合わせると，次の定理が示される．

定理 15.15　$f(x,y)$ は $\mathbb{R}^2$ の開集合 U で定義された C^2 級関数とし，$(a,b) \in U$ とする．また，偏微分係数を成分に持つ次のような対称行列 Q を考える．

$$Q = \begin{pmatrix} f_{xx}(a,b) & f_{xy}(a,b) \\ f_{xy}(a,b) & f_{yy}(a,b) \end{pmatrix}.$$

(1)　「$\det Q > 0$ かつ $f_{xx}(a,b) > 0$」ならば，$f(x,y)$ は (a,b) において，強い意味で極小である．

(2)　「$\det Q > 0$ かつ $f_{xx}(a,b) < 0$」ならば，$f(x,y)$ は (a,b) において，強い意味で極大である．

(3)　$\det Q < 0$ ならば，(a,b) は $f(x,y)$ の鞍点である．

証明.　次の式が成り立つことに注意する．

$$f_{xx}(a,b)u^2 + 2f_{xy}(a,b)uv + f_{yy}(a,b)v^2 = (u,v)Q\begin{pmatrix} u \\ v \end{pmatrix}.$$

(1)　命題 10.32 により，「$\det Q > 0$ かつ $f_{xx}(a,b) > 0$」ならば，上の 2 次形式は正定値であるので，$f(x,y)$ は (a,b) において，強い意味で極小である．

(2)　「$\det Q > 0$ かつ $f_{xx}(a,b) < 0$」ならば，上の 2 次形式は負定値であるので，$f(x,y)$ は (a,b) において，強い意味で極大である．

(3)　$\det Q < 0$ ならば，上の 2 次形式の符号は $(1,1)$ であるので，(a,b) は $f(x,y)$ の鞍点である．　□

注意 15.16　(1) 大学のカリキュラムにおいては，「行列や行列式」と「微分積分」を別々に取り扱うことが多いが，定理 15.15 に見られるように，これらの内容はつながっており，本来は切り離せないものである．

(2) $\det Q = 0$ の場合は，停留点 (a,b) の近くの $f(x,y)$ の挙動は複雑であり，行列 Q だけからは定まらないことが知られている．

例題 15.17　関数 $f(x,y) = x^3 + y^3 - 3xy$ の停留点をすべて求め，それらの点の近くでの $f(x,y)$ の挙動を調べよ．

[解答] $f_x(x,y) = 3x^2 - 3y$, $f_y(x,y) = 3y^2 - 3x$, $f_{xx}(x,y) = 6x$, $f_{xy}(x,y) = -3$, $f_{yy}(x,y) = 6y$ である. 方程式

$$f_x(x,y) = f_y(x,y) = 0$$

を解くと, 解は $(x,y) = (0,0), (1,1)$ の 2 個である. また

$$\begin{pmatrix} f_{xx}(0,0) & f_{xy}(0,0) \\ f_{xy}(0,0) & f_{yy}(0,0) \end{pmatrix} = \begin{pmatrix} 0 & -3 \\ -3 & 0 \end{pmatrix}$$

であり, その符号は $(1,1)$ であるので, 点 $(0,0)$ は $f(x,y)$ の鞍点である. また

$$\begin{pmatrix} f_{xx}(1,1) & f_{xy}(1,1) \\ f_{xy}(1,1) & f_{yy}(1,1) \end{pmatrix} = \begin{pmatrix} 6 & -3 \\ -3 & 6 \end{pmatrix}$$

であり, その符号は $(2,0)$ であるので, $f(x,y)$ は $(x,y) = (1,1)$ において, 強い意味で極小である. □

問 15.18 次の関数の停留点をすべて求め, それらの点の近くでの関数の挙動を調べよ.

(1) $f(x,y) = 3x^2 - 2xy + 3y^2 - 6x + 2y$. (2) $g(x,y) = (x^2 + y^2)e^{x-y}$.

15.3 陰関数

変数 x, y の間に関係式が与えられているとき, y を x の関数として表せることがある. たとえば, $x^2 + y^2 = 1$ を y について解くと

$$y = \pm\sqrt{1 - x^2}$$

である.

一般に, 関数 $f(x,y)$ に対して, x の関数 $\varphi(x)$ が恒等式

$$f(x, \varphi(x)) = 0$$

を満たすとき, $\varphi(x)$ を $f(x,y) = 0$ の**陰関数**という.

たとえば, 上の例において

$$f(x,y) = x^2 + y^2 - 1, \quad \varphi_1(x) = \sqrt{1 - x^2}, \quad \varphi_2(x) = -\sqrt{1 - x^2}$$

とすると, 恒等的に

$$f(x, \varphi_1(x)) = 0, \quad f(x, \varphi_2(x)) = 0$$

が成り立つので, $\varphi_1(x), \varphi_2(x)$ は $f(x,y) = 0$ の陰関数である.

168　第 15 章　多変数関数の微分の応用

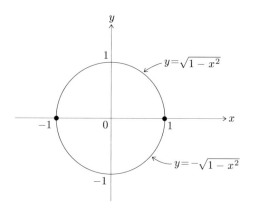

　関係式 $f(x,y) = 0$ に対して，その陰関数を具体的に求めるのはむずかしいことが多いが，その微分係数は次の定理によって求められる．

定理 15.19　$f(x,y)$ は $\mathbb{R}^2$ の開集合 U で定義された C^1 級関数とし，$(a,b) \in U$ とする．また
$$f(a,b) = 0, \quad f_y(a,b) \neq 0$$
が成り立つとする．

(1) 次の 2 つの条件 (a), (b) を同時に満たす関数 $\varphi(x)$，および，a を含む $\mathbb{R}$ の開区間 I が存在する．
(a) $\varphi(x)$ は I で定義された微分可能な関数であり，$\varphi(a) = b$ を満たす．
(b) I に属する任意の実数 x に対して，次が成り立つ．
$$\bigl(x, \varphi(x)\bigr) \in U, \quad f\bigl(x, \varphi(x)\bigr) = 0.$$
(2) $c \in I$ が十分 a に近ければ，$f_y\bigl(c, \varphi(c)\bigr) \neq 0$ であり，次が成り立つ．
$$\varphi'(c) = -\frac{f_x\bigl(c, \varphi(c)\bigr)}{f_y\bigl(c, \varphi(c)\bigr)}. \tag{15.9}$$

証明．(1) の証明は少し難しいので省略する．

(2) $F(x) = f\bigl(x, \varphi(x)\bigr)$ とおくと，$F(x) = 0$ $(x \in I)$ である．命題 14.11 を用いて，$x = c$ における微分係数を計算すれば
$$F'(c) = f_x\bigl(c, \varphi(c)\bigr) + f_y\bigl(c, \varphi(c)\bigr)\varphi'(c) = 0 \tag{15.10}$$
が得られる．仮定より $f_y\bigl(a, \varphi(a)\bigr) \neq 0$ であり，$f_y\bigl(x, \varphi(x)\bigr)$ は連続関数であるので，

$c \in I$ が十分 a に近ければ，$f_y\big(c, \varphi(c)\big) \neq 0$ が成り立つ．よって，式 (15.10) より式 (15.9) がしたがう．□

定理 15.19 の状況において，$f(x, y) = 0$ で定義された曲線を C としよう．

$$C = \{(x, y) \in U \,|\, f(x, y) = 0\}.$$

$b = \varphi(a)$ とおくとき

$$\varphi'(a) = -\frac{f_x\big(a, \varphi(a)\big)}{f_y\big(a, \varphi(a)\big)} = -\frac{f_x(a, b)}{f_y(a, b)}$$

であることに注意すれば，点 (a, b) における曲線 C の接線が

$$y - b = -\frac{f_x(a, b)}{f_y(a, b)}(x - a)$$

によって与えられることがわかる．この式は次のように変形できる．

$$f_x(a, b)\,(x - a) + f_y(a, b)\,(y - b) = 0. \tag{15.11}$$

$f_x(a, b) \neq 0$ ならば，x と y の役割を入れかえて同様の議論ができる．したがって

$$f_x(a, b) = f_y(a, b) = 0$$

でない限り，曲線 $f(x, y) = 0$ には接線が存在し，その方程式は式 (15.11) によって与えられる．

例題 15.20 $f(x, y) = 5x^2 - 6xy + 5y^2 - 8$ とする．$f(x, y) = 0$ を満たす y の極値を調べよ．

[解答] $y = \varphi(x)$ を $f(x, y) = 0$ の陰関数とする．点 (a, b) において $y = \varphi(x)$ が極値をとるとすると

$$f(a, b) = 5a^2 - 6ab + 5b^2 - 8 = 0, \quad f_x(a, b) = 10a - 6b = 0$$

が成り立つ．第 2 式より，$b = \dfrac{5}{3}a$ が得られ，これを第 1 式に代入して整理すると

$$a^2 = \frac{9}{10}$$

が得られる．したがって，y が極値をとる点 (a, b) があるとすれば

$$(a, b) = \left(\frac{3}{\sqrt{10}}, \frac{5}{\sqrt{10}}\right) \quad \text{または} \quad \left(-\frac{3}{\sqrt{10}}, -\frac{5}{\sqrt{10}}\right)$$

である．そこで，この 2 点における $y = \varphi(x)$ の挙動を調べる．

$$f\big(x, \varphi(x)\big) = 5x^2 - 6x\varphi(x) + 5\big(\varphi(x)\big)^2 - 8$$

が恒等的に 0 であることに注意し，これを x で微分すると
$$10x - 6\varphi(x) - 6x\varphi'(x) + 10\varphi(x)\varphi'(x) = 0$$
が得られる．さらに x で微分すると，次が得られる．
$$10 - 12\varphi'(x) - 6x\varphi''(x) + 10(\varphi'(x))^2 + 10\varphi(x)\varphi''(x) = 0. \tag{15.12}$$
いま，$a = \dfrac{3}{\sqrt{10}}$ とし，$b = \varphi(a) = \dfrac{5}{\sqrt{10}}$ となるように $\varphi(x)$ を選ぶ．$\varphi'(a) = 0$ に注意して，上の式 (15.12) に $x = a$，$\varphi(a) = b$ を代入して整理すれば
$$\varphi''(a) = -\frac{5}{16}\sqrt{10} < 0$$
が得られる．よって，$\varphi(x)$ は $x = \dfrac{3}{\sqrt{10}}$ の近くで上に凸である．したがって，y は $x = \dfrac{3}{\sqrt{10}}$ において極大であり，そのとき，y の値は $\dfrac{5}{\sqrt{10}}$ である．

次に，$a = -\dfrac{3}{\sqrt{10}}$ とし，$b = \varphi(a) = -\dfrac{5}{\sqrt{10}}$ となるように $\varphi(x)$ を選ぶと
$$\varphi''(a) = \frac{5}{16}\sqrt{10} > 0$$
である．よって，y は $x = -\dfrac{3}{\sqrt{10}}$ において極小値 $-\dfrac{5}{\sqrt{10}}$ をとる． □

注意 15.21 (1) 問 10.22 において，2 次形式 $5x_1^2 - 6x_1x_2 + 5x_2^2$ の直交標準形を求めることによって
$$5x_1^2 - 6x_1x_2 + 5x_2^2 = 8$$
の定める曲線の概形を描いた．いま，x_1, x_2 をそれぞれ x, y とおきかえれば，この図形は，例題 15.20 の関数 $f(x, y)$ を用いて，$f(x, y) = 0$ と表される．例題 15.20 では，この曲線の y 座標が極大になる点と極小になる点を求めた．

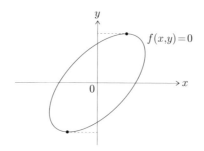

15.4 条件付き極値問題　171

(2) 陰関数は複数個存在することがある．例題 15.20 の解答において，2 つの点

$$(a,b) = \left(\frac{3}{\sqrt{10}}, \frac{5}{\sqrt{10}}\right), \quad \left(-\frac{3}{\sqrt{10}}, -\frac{5}{\sqrt{10}}\right)$$

に対して，$\varphi(a) = b$ を満たす陰関数 $\varphi(x)$ を考えているが，実際には，これらの陰関数は別のものである．

問 15.22 $f(x,y)$ は例題 15.20 の関数とし，$f(x,y) = 0$ によって定まる曲線を C とする．点 $\mathrm{P} = (\sqrt{2}, \sqrt{2})$ が C 上の点であることを示し，点 P における曲線 C の接線の方程式を求めよ．

問 15.23 $f(x,y) = 4x^2 + 8xy + 5y^2 - 8x - 8y$ とする．$f(x,y) = 0$ を満たす y の極値を調べよ．

15.4 条件付き極値問題

変数 x, y が関係式 $f(x,y) = 0$ を満たしながら変動するとき，関数 $g(x,y)$ の極値がどうなるかを考えてみたい．このような問題を**条件付き極値問題**という．

いま，$f(x,y), g(x,y)$ は点 (a,b) の近くで定義された C^1 級関数とし

$$f(a,b) = 0, \quad f_y(a,b) \neq 0$$

が成り立つとすると，$f(x,y) = 0$ の陰関数 $y = \varphi(x)$ であって，$\varphi(a) = b$ を満たすものが存在する．このとき

$$G(x) = g\big(x, \varphi(x)\big)$$

とおくと，$G(x)$ は $x = a$ の近くで定義された C^1 級関数である．$G(x)$ が $x = a$ で極値をとるとき，「条件 $f(x,y) = 0$ のもとで，$g(x,y)$ は点 (a,b) において極値をとる」という．また，$x = a$ が $G(x)$ の停留点であるとき，「条件 $f(x,y) = 0$ のもとで，点 (a,b) は $g(x,y)$ の停留点である」という．

$f_x(a,b) \neq 0$ が成り立つ場合も，x と y の役割を入れかえて考えることができる．次の定理は，**ラグランジュの未定乗数法**とよばれる有用な定理である．

定理 15.24 (ラグランジュの未定乗数法) $f(x,y), g(x,y)$ は $\mathbb{R}^2$ の開集合 U で定義された C^1 級関数とし，$(a,b) \in U$ とする．$f(x,y)$ は $f(a,b) = 0$ を満たし，さらに，「$f_x(a,b) \neq 0$ または $f_y(a,b) \neq 0$」を満たすとする．また，x, y, λ を変数とする関数 $\Psi(x,y,\lambda)$ を次のように定める．

$$\Psi(x,y,\lambda) = g(x,y) - \lambda f(x,y).$$

172　第 15 章　多変数関数の微分の応用

このとき，条件 $f(x,y)=0$ のもとで，点 (a,b) が $g(x,y)$ の停留点ならば

$$\Psi_x(a,b,\lambda_1) = \Psi_y(a,b,\lambda_1) = 0 \tag{15.13}$$

を満たす実数 λ_1 が存在する．

証明. $f_y(a,b) \neq 0$ であるとして一般性を失わない．このとき，$f(x,y)=0$ の陰関数 $y = \varphi(x)$ であって，$\varphi(a) = b$ を満たすものが存在する．そこで

$$G(x) = g\big(x, \varphi(x)\big)$$

とおくと，条件 $f(x,y)=0$ のもとで点 (a,b) が $g(x,y)$ の停留点であること，および，定理 15.19 により

$$G'(a) = g_x(a,b) + g_y(a,b)\varphi'(a) = g_x(a,b) - \frac{g_y(a,b)f_x(a,b)}{f_y(a,b)} = 0 \tag{15.14}$$

が成り立つ．このとき，実数 λ_1 を

$$\lambda_1 = \frac{g_y(a,b)}{f_y(a,b)} \tag{15.15}$$

と定めると，その定め方より

$$\Psi_y(a,b,\lambda_1) = g_y(a,b) - \lambda_1 f_y(a,b) = 0$$

が成り立つ．また，式 (15.15) と式 (15.14) より

$$\Psi_x(a,b,\lambda_1) = g_x(a,b) - \lambda_1 f_x(a,b) = g_x(a,b) - \frac{g_y(a,b)f_x(a,b)}{f_y(a,b)} = 0$$

が得られる． □

注意 15.25 定理 15.24 の式 (15.13) は，次のように書き直される．

$$\begin{pmatrix} g_x(a,b) \\ g_y(a,b) \end{pmatrix} = \lambda_1 \begin{pmatrix} f_x(a,b) \\ f_y(a,b) \end{pmatrix}. \tag{15.16}$$

不正確であることは承知の上で，この式の意味を直観的に説明しよう．

(1) 一般に，曲線 $C : h(x,y) = c$ (c は定数) を考える．曲線 C 上で $h(x,y)$ は一定の値を保つので，曲線 C 上の点 P が曲線 C に沿った方向，すなわち，曲線 C の接線方向に動くとき，$h(x,y)$ の値は「停留」する．

(2) いま，$g(a,b) = c$ とおき，次の 2 つの曲線を考える．

$$C_1 : f(x,y) = 0, \quad C_2 : g(x,y) = c.$$

式 (15.16) が成り立つとき，点 (a,b) における 2 つの曲線の接線が一致する (式 (15.11) 参照)．点 P が $f(x,y) = 0$ という関係を保って (a,b) から動くと

すると，動きの方向は，点 (a,b) における曲線 C_1 の接線方向であるが，それは，曲線 C_2 の接線方向と一致するので，$g(x,y)$ の値は停留する．

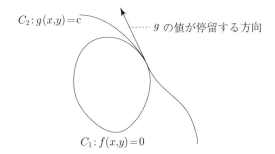

例題 15.26 $f(x,y) = 5x^2 - 6xy + 5y^2 - 8$ は例題 15.20 の関数とし
$$g(x,y) = x^2 + y^2$$
とする．条件 $f(x,y) = 0$ のもとでの関数 $g(x,y)$ の停留点を求めよ．

[解答] $\Psi(x,y,\lambda) = g(x,y) - \lambda f(x,y) = x^2 + y^2 - \lambda(5x^2 - 6xy + 5y^2 - 8)$ とおく．条件 $f(x,y) = 0$ のもとで，点 (a,b) が $g(x,y)$ の停留点であるとすると

$$\begin{cases} f(a,b) = 5a^2 - 6ab + 5b^2 - 8 = 0, \\ \Psi_x(a,b,\lambda_1) = 2a - \lambda_1(10a - 6b) = 0, \\ \Psi_y(a,b,\lambda_1) = 2b - \lambda_1(-6a + 10b) = 0 \end{cases} \quad (15.17)$$

を満たす実数 λ_1 が存在する．このとき，式 (15.17) の第 2 式と第 3 式より
$$a : b = (10a - 6b) : (-6a + 10b)$$
が成り立つ．このことより，$b = a$ または $b = -a$ がしたがう．$b = a$ のとき，これを式 (15.17) の第 1 式に代入し，a について解くことにより
$$(a,b) = (\sqrt{2}, \sqrt{2}), \, (-\sqrt{2}, -\sqrt{2})$$
が得られる．同様にして，$b = -a$ のとき
$$(a,b) = \left(\frac{1}{\sqrt{2}}, -\frac{1}{\sqrt{2}}\right), \, \left(-\frac{1}{\sqrt{2}}, \frac{1}{\sqrt{2}}\right)$$
が得られる．以上の 4 点が問題の条件を満たす． □

注意 15.27 例題 15.26 において，$(a,b) = (\pm\sqrt{2}, \pm\sqrt{2})$（複号同順）のとき，$g(a,b) = 4$ となり，実際には，これが条件 $f(x,y) = 0$ のもとでの $g(x,y)$ の最大値

である.$(a,b) = \left(\pm\dfrac{1}{\sqrt{2}}, \mp\dfrac{1}{\sqrt{2}}\right)$ (複号同順) のとき, $g(a,b) = 1$ となり, これが条件 $f(x,y) = 0$ のもとでの $g(x,y)$ の最小値である. この場合
$$\sqrt{g(x,y)} = \sqrt{x^2 + y^2}$$
は原点と点 (x,y) との距離を表すので, 例題 15.26 では, 楕円 $f(x,y) = 0$ 上の点であって, 原点からの距離が最大になる点と最小になる点を求めたことになる.

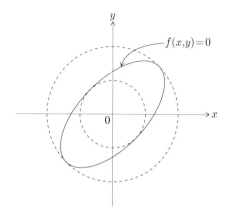

問 15.28 $f(x,y)$ は例題 15.20 の関数とし, $h(x,y) = xy$ とする. 条件 $f(x,y) = 0$ のもとでの関数 $h(x,y)$ の停留点を求めよ.

第 16 章

1 変数関数の積分の基本事項

1 変数関数の積分についてまとめる.

16.1 求積法と積分

放物線 $y=x^2$ と x 軸と直線 $x=1$ で囲まれた部分の面積を S とする. S を求める方法を考えよう.

【方法 1】 下図のように, 線分 OA を n 等分し, n 個の長方形を考える.

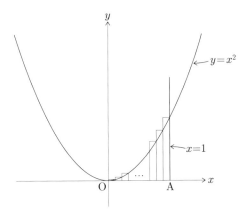

図において, 左から k 番目の長方形は, 横の長さが $\dfrac{1}{n}$, 縦の長さが $\left(\dfrac{k}{n}\right)^2$ である $(1 \leq k \leq n)$. これら n 個の長方形の面積の総和を S_n とすれば

$$S_n = \sum_{k=1}^{n} \frac{k^2}{n^3} = \frac{n(n+1)(2n+1)}{6n^3} = \frac{1}{6}\left(1+\frac{1}{n}\right)\left(2+\frac{1}{n}\right)$$

である. n を大きくしていくと, S_n は S に近づくので

$$S = \lim_{n\to\infty} S_n = \lim_{n\to\infty} \frac{1}{6}\left(1+\frac{1}{n}\right)\left(2+\frac{1}{n}\right) = \frac{1}{3}$$

である．このようにして次の式が得られることは，高校ですでに学んでいる．
$$S = \int_0^1 x^2 \, dx = \frac{1}{3}.$$

【方法 2】 $y = x^2$ と x 軸と直線 $x = t$ で囲まれた部分の面積を $S(t)$ とおく $(t > 0)$．

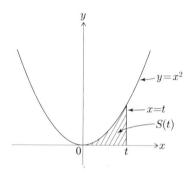

h を正の実数とすると，$S(t+h) - S(t)$ は下図の斜線の部分の面積であり
$$t^2 h \leq S(t+h) - S(t) \leq (t+h)^2 h$$
が成り立つ．したがって，次の不等式が得られる．
$$t^2 \leq \frac{S(t+h) - S(t)}{h} \leq (t+h)^2. \tag{16.1}$$

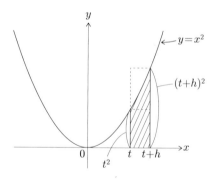

$h \to 0$ とすると，式 (16.1) の最左辺と最右辺がともに t^2 に収束するので，はさみうちの原理 (命題 11.10) により
$$S'(t) = \lim_{h \to 0} \frac{S(t+h) - S(t)}{h} = t^2$$

が得られる．

一般に，導関数が t^2 となる関数は
$$\frac{1}{3}t^3 + C \quad (C \text{ は定数})$$
という形である．このことを
$$\int t^2 \, dt = \frac{1}{3}t^3 + C \quad (C \text{ は積分定数})$$
と表すことは，すでに高校で学んでいる．いまの場合，$S(0) = 0$ より，$S(t) = \frac{1}{3}t^3$ であり，特に $S = S(1) = \frac{1}{3}$ が得られる．

16.2　積分の定義と基本的な性質

まず，積分の定義を述べよう．$f(x)$ は $\mathbb{R}$ の閉区間 $I = [a, b]$ $(a < b)$ で定義された関数とする．n は自然数とする．
$$a = x_0 < x_1 < x_2 < \cdots < x_{n-1} < x_n = b$$
を満たすように実数 x_k $(0 \leq k \leq n)$ を選び
$$I_k = [x_{k-1}, x_k] \quad (1 \leq k \leq n)$$
とおく．このとき，閉区間 I は n 個の区間 I_k $(1 \leq k \leq n)$ に分割される．さらに，各区間 I_k に属する実数 α_k を 1 つずつ選ぶ $(1 \leq k \leq n)$．

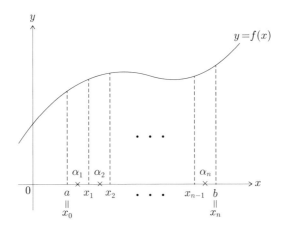

定義 16.1　上述の状況において，n を大きくし，区間の分割を細かくして，各区

178　第 16 章　1 変数関数の積分の基本事項

間の長さの最大値

$$\max\{x_k - x_{k-1} \,|\, 1 \le k \le n\}$$

を 0 に近づけるとき，区間の分割の仕方や α_k $(1 \le k \le n)$ の選び方によらず

$$\sum_{k=1}^{n} f(\alpha_k)(x_k - x_{k-1})$$

が一定の値 S に近づくと仮定する．このとき，関数 $f(x)$ は区間 I 上で**積分可能で**あるといい

$$S = \int_a^b f(x)\,dx$$

と表す．この S の値を $f(x)$ の I 上での**定積分** (**積分値**) という．また，便宜上

$$\int_b^a f(x)\,dx = -\int_a^b f(x)\,dx, \quad \int_a^a f(x)\,dx = 0$$

と定める．

　例 16.2　上述の状況において，$f(x) = c$ (定数関数) とすると

$$\sum_{k=1}^{n} f(\alpha_k)(x_k - x_{k-1}) = \sum_{k=1}^{n} c\,(x_k - x_{k-1}) = c \sum_{k=1}^{n}(x_k - x_{k-1}) = c\,(b-a)$$

となる．よって，$f(x)$ は区間 $[a,b]$ 上で積分可能であり，次が成り立つ．

$$\int_a^b f(x)\,dx = c\,(b-a).$$

　定積分に関する基本的な性質を述べる．

　命題 16.3　$f(x)$ は閉区間 $[a, b]$ $(a < b)$ 上で積分可能な関数とし，$c \in [a, b]$ とする．このとき，次が成り立つ．

$$\int_a^b f(x)\,dx = \int_a^c f(x)\,dx + \int_c^b f(x)\,dx.$$

　命題 16.4　$f(x), g(x)$ は閉区間 $[a, b]$ $(a < b)$ 上で積分可能な関数とする．また，$c \in \mathbb{R}$ とする．

　(1) $f(x) + g(x)$, $c\,f(x)$ も $[a, b]$ で積分可能であり，次が成り立つ．

$$\int_a^b \big(f(x) + g(x)\big)\,dx = \int_a^b f(x)\,dx + \int_a^b g(x)\,dx,$$

$$\int_a^b c\,f(x)\,dx = c \int_a^b f(x)\,dx.$$

(2) $[a, b]$ 上でつねに $f(x) \geq g(x)$ であるならば，次が成り立つ．

$$\int_a^b f(x)\,dx \geq \int_a^b g(x)\,dx.$$

定理 16.5 閉区間 $[a, b]$ $(a < b)$ 上の連続関数は，$[a, b]$ 上で積分可能である．

命題 16.3，命題 16.4，定理 16.5 の証明は省略する．

定理 16.6 (積分の平均値の定理) $f(x)$ は閉区間 $[a, b]$ $(a < b)$ 上の連続関数とする．このとき

$$\int_a^b f(x)\,dx = f(\gamma)\,(b-a)$$

を満たす実数 $\gamma \in [a, b]$ が存在する．

証明． 定理 11.21 により，区間 I 上で $f(x)$ の最大値と最小値が存在する．最大値を $M = f(\alpha)$，最小値を $m = f(\beta)$ $(\alpha, \beta \in [a, b])$ とすると，$m \leq f(x) \leq M$ $(x \in [a, b])$ であるので，例 16.2 と命題 16.4 (2) により

$$m(b-a) = \int_a^b m\,dx \leq \int_a^b f(x)\,dx \leq \int_a^b M\,dx = M(b-a)$$

が成り立つ．したがって

$$f(\beta) = m \leq \frac{1}{b-a}\int_a^b f(x)\,dx \leq M = f(\alpha)$$

が得られる．よって，中間値の定理 (定理 11.20) により

$$f(\gamma) = \frac{1}{b-a}\int_a^b f(x)\,dx$$

を満たす実数 γ が α と β の間に存在する．この式の両辺に $(b-a)$ をかければ，求める等式が得られる． $\square$

次の定理は非常に基本的である．

定理 16.7 $f(x)$ は閉区間 $[a, b]$ $(a < b)$ 上の連続関数とし，$c \in [a, b]$ とする．

$$F(x) = \int_c^x f(t)\,dt$$

とおくと，$F(x)$ は開区間 (a, b) で微分可能であり，$F'(x) = f(x)$ が成り立つ．

180　第 16 章　1 変数関数の積分の基本事項

証明. $x \in (a, b)$ とする. $x + h \in (a, b)$ となるように実数 h を選ぶと

$$F(x+h) - F(x) = \int_c^{x+h} f(t)\,dt - \int_c^x f(t)\,dt = \int_x^{x+h} f(x)\,dx$$

が成り立つ. 定理 16.6 により

$$\int_x^{x+h} f(t)\,dt = h\,f(\gamma)$$

を満たす実数 γ が x と $x+h$ の間に存在する. このとき

$$\frac{F(x+h) - F(x)}{h} = \frac{1}{h}\int_x^{x+h} f(x)\,dx = f(\gamma)$$

が成り立つ (このことは $h < 0$ の場合でも成り立つことに注意する).

$h \to 0$ のとき, γ は x に近づくので, $f(x)$ が連続関数であることを用いれば

$$F'(x) = \lim_{h \to 0} \frac{F(x+h) - F(x)}{h} = \lim_{\gamma \to x} f(\gamma) = f(x)$$

が得られる. □

定義 16.8 $f(x)$ は閉区間 $[a, b]$ $(a < b)$ 上の連続関数とする. また, 区間 $[a, b]$ 上の連続関数 $F(x)$ は区間 (a, b) で微分可能であり

$$F'(x) = f(x) \qquad \big(x \in (a, b) \big)$$

を満たすとする. このとき, $F(x)$ を $f(x)$ の**原始関数**とよぶ.

次の命題と系の証明は省略する.

命題 16.9 $f(x)$ は閉区間 $[a, b]$ $(a < b)$ で定義された連続関数とする. $F(x)$, $G(x)$ がともに $f(x)$ の原始関数ならば

$$G(x) = F(x) + C \quad (C \text{ は定数}) \tag{16.2}$$

が成り立つ.

系 16.10 $f(x)$ は区間 $[a, b]$ $(a < b)$ で定義された連続関数とし, $F(x)$ は $f(x)$ の原始関数の 1 つとする. このとき

$$\int_a^b f(x)\,dx = F(b) - F(a) \tag{16.3}$$

が成り立つ.

高等学校で学んだように, 系 16.10 の式 (16.3) の右辺は, $\Big[F(x) \Big]_a^b$ と表される.

また，**不定積分** $\displaystyle\int f(x)\,dx$ を用いた式

$$\int f(x)\,dx = F(x) + C \quad (C \text{ は積分定数})$$

も高等学校で学んでいるので，これ以上の説明は省略する．

16.3 部分積分法

次の定理は，**部分積分法**とよばれる積分の計算方法を与える．

定理 16.11 閉区間 $[a, b]$ $(a < b)$ 上の連続関数 $f(x)$ は開区間 (a, b) で微分可能であるとする．$G(x)$ は連続関数 $g(x)$ の原始関数とする．このとき，次が成り立つ．

$$\int f(x)g(x)\,dx = f(x)G(x) - \int f'(x)G(x)\,dx + C \quad (C \text{ は積分定数}),$$

$$\int_a^b f(x)g(x)\,dx = \Big[\, f(x)G(x) \,\Big]_a^b - \int_a^b f'(x)G(x)\,dx.$$

問 16.12 定理 16.11 を証明せよ．

部分積分法については，すでに高等学校で学んでいる．ここでは，いくつか具体例を考えるにとどめる．

例題 16.13 $P(x) = \displaystyle\int_0^x e^t \sin t\,dt$, $Q(x) = \displaystyle\int_0^x e^t \cos t\,dt$ とする．

(1) 部分積分法を用いて，次の等式が成り立つことを示せ．

$$P(x) = e^x \sin x - Q(x), \quad Q(x) = e^x \cos x - 1 + P(x).$$

(2) $P(x)$, $Q(x)$ を求めよ．

[解答] (1) $f(t) = \sin t$, $g(t) = e^t$ とおくと，$G(t) = e^t$ は $g(t)$ の原始関数であり，$f'(t) = \cos t$ である．これらの関数に対して，定理 16.11 を適用すれば

$$P(x) = \int_0^x f(t)g(t)\,dt = \Big[\, e^t \sin t \,\Big]_0^x - \int_0^x e^t \cos t\,dt = e^x \sin x - Q(x)$$

が得られる．同様に，$f(t) = \cos t$, $g(t) = e^t$, $G(t) = e^t$ とおけば，次が得られる．

$$Q(x) = \Big[\, e^t \cos t \,\Big]_0^x + \int_0^x e^t \sin t\,dt = e^x \cos x - 1 + P(x).$$

(2) 小問 (1) の第 2 式を第 1 式に代入すれば

182　第 16 章　1 変数関数の積分の基本事項

$$P(x) = e^x \sin x - \left(e^x \cos x - 1 + P(x) \right)$$

となる. このことより

$$P(x) = \frac{1}{2} \left(e^x \sin x - e^x \cos x + 1 \right), \quad Q(x) = \frac{1}{2} \left(e^x \sin x + e^x \cos x - 1 \right)$$

が得られる (詳細な検討は読者にゆだねる).　　　　　　　　　　　　□

問 16.14　$f(t) = \log t$, $g(t) = 1$ に対して定理 16.11 を適用することにより

$$\int_1^x \log t \, dt$$

を求めよ. ただし, $x > 0$ とする.

問 16.15　$\displaystyle\int_0^x t^3 c^t \, dt$ を求めよ.

16.4　置換積分法

次の定理は, **置換積分法**とよばれる積分の計算方法を与える.

定理 16.16　$\psi(t)$ は閉区間 $[a, b]$ $(a < b)$ 上の連続関数で, 開区間 (a, b) で C^1 級であるとする. $f(x)$ は集合 $\{\psi(t) \mid a \le t \le b\}$ 上の連続関数とする.

(1) 次の等式が成り立つ. ただし, この式の左辺は x の関数であるが, これに $x = \psi(t)$ を代入することによって, t の関数とみる.

$$\int f(x) \, dx = \int f\big(\psi(t)\big)\psi'(t) \, dt + C \quad (C \text{ は積分定数}). \tag{16.4}$$

(2) $\displaystyle\int_{\psi(a)}^{\psi(b)} f(x) \, dx = \int_a^b f\big(\psi(t)\big)\psi'(t) \, dt$ が成り立つ.

証明.　(1) $F(x)$ を $f(x)$ の原始関数とし, $G(t) = F\big(\psi(t)\big)$ とおくと

$$G'(t) = F'\big(\psi(t)\big)\psi'(t) = f\big(\psi(t)\big)\psi'(t)$$

が成り立つ (命題 12.6 参照). この式の両辺の不定積分をとれば

$$\int f\big(\psi(t)\big)\psi'(t) \, dt = G(t) + C_1 \quad (C_1 \text{ は定数}) \tag{16.5}$$

が得られる. 一方

$$\int f(x) \, dx = F(x) + C_2 \quad (C_2 \text{ は定数})$$

であり, この式に $x = \psi(t)$ を代入した関数は

$$F\big(\psi(t)\big) + C_2 = G(t) + C_2$$

であるので，求める等式が得られる ($C = C_2 - C_1$ とすればよい).

(2) 式 (16.5) に $t = b$ を代入した値から $t = a$ を代入した値を辺々引けば

$$\int_a^b f\big(\psi(t)\big)\psi'(t)\,dt = G(b) - G(a) = F\big(\psi(b)\big) - F\big(\psi(a)\big) = \int_{\psi(a)}^{\psi(b)} f(x)\,dx$$

が得られる. □

注意 16.17 (1) 不定積分を表す際に，積分定数を省略することがある. その場合の等式は，「定数の差を無視すれば両辺が一致する」ことを意味する.

(2) 定理 16.16 の状況において，$y = f(x)$ とおき，$x = \psi(t)$ によって x を t の関数とみれば，式 (16.4) は

$$\int y\,dx = \int y\frac{dx}{dt}\,dt$$

と書き直すことができる (積分定数は省略). また，このとき，$\dfrac{dx}{dt} = \psi'(t)$ であるが，これを形式的に

$$dx = \psi'(t)\,dt$$

と書き直し，それを $\int y\,dx$ に「代入」することにより

$$\int y\,dx = \int y\psi'(t)\,dt$$

が得られる，と考えることもできる.

置換積分法についても，すでに高等学校で学んでいる. ここでは，多変数関数の積分への拡張を視野に入れつつ，若干の例と考察を述べる.

例 16.18 C^1 級関数 $f(x)$ に対して，$z = f(x)$ と変数変換すれば

$$dz = f'(x)dx$$

であるので

$$\int \frac{f'(x)}{f(x)}\,dx = \int \frac{dz}{z} = \log|z| = \log\big|f(x)\big|$$

が得られる (積分定数は省略).

例 16.19 $I = \displaystyle\int_0^{\frac{1}{2}} \sqrt{1 - x^2}\,dx$ とする. 次の変換を用いて，I を求めよう.

$$x = \sin\theta \quad \left(0 \le \theta \le \frac{\pi}{6}\right).$$

いまの場合，$\cos\theta \geq 0$ であるので，$\sqrt{1-x^2} = \sqrt{1-\sin^2\theta} = \cos\theta$ が成り立つ．また，$\theta = 0$ のとき $x = 0$ であり，$\theta = \dfrac{\pi}{6}$ のとき $x = \dfrac{1}{2}$ であるので

$$I = \int_0^{\frac{\pi}{6}} \cos\theta \frac{dx}{d\theta} d\theta = \int_0^{\frac{\pi}{6}} \cos^2\theta \, d\theta \tag{16.6}$$

が成り立つ．ここで，$\cos^2\theta = \dfrac{1+\cos 2\theta}{2}$ を用いれば，次が得られる．

$$I = \int_0^{\frac{\pi}{6}} \frac{1+\cos 2\theta}{2} d\theta = \left[\frac{\theta}{2} + \frac{1}{4}\sin 2\theta\right]_0^{\frac{\pi}{6}} = \frac{\pi}{12} + \frac{\sqrt{3}}{8}.$$

ここで，式 (16.6) の意味をもう少し考えてみよう．まず，積分値 I は，図 1 の斜線の部分の面積を表すことに注意する．一方，式 (16.6) の最右辺は，図 2 の斜線の部分の面積と等しい．

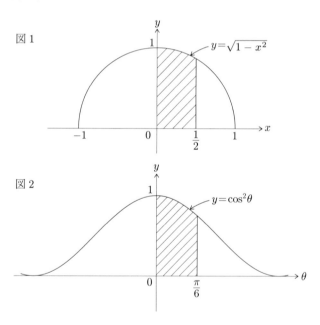

$n \in \mathbb{N}$ とし，図 2 において，$(n-1)$ 本の直線

$$\theta = \frac{k\pi}{6n} \quad (1 \leq k \leq n-1)$$

によって図形を n 個の部分に分割する．

この図において，左から k 番目の部分の面積を S_k とする $(1 \leq k \leq n)$．S_k は縦の長さが $\cos^2\dfrac{k\pi}{6n}$，横の長さが $\dfrac{\pi}{6n}$ の長方形の面積とほぼ等しい．よって

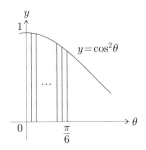

$$S_k \approx \frac{\pi}{6n} \cos^2 \frac{k\pi}{6n} \tag{16.7}$$

が成り立つ．ここで，記号「$\approx$」は「ほぼ等しい」ことを表す．

一方，変換 $x = \sin\theta$ によって，直線 $\theta = \dfrac{k\pi}{6n}$ に対応する直線は

$$x = \sin \frac{k\pi}{6n} \quad (1 \le k \le n-1)$$

である．これらの直線によって，図1の図形を n 個の部分に分割する．

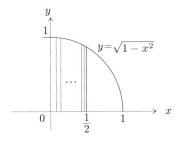

この図において，左から k 番目の部分の面積を $\tilde{S}_k$ とする ($1 \le k \le n$). $\tilde{S}_k$ は，縦の長さが $\sqrt{1 - \sin^2 \dfrac{k\pi}{6n}} = \cos \dfrac{k\pi}{6n}$，横の長さが $\sin \dfrac{k\pi}{6n} - \sin \dfrac{(k-1)\pi}{6n}$ の長方形の面積とほぼ等しい．ところで

$$(\sin\theta)' = \cos\theta, \quad \frac{k\pi}{6n} - \frac{(k-1)\pi}{6n} = \frac{\pi}{6n}$$

が成り立つことに注意して，平均値の定理 (系 13.2) を用いれば

$$\sin \frac{k\pi}{6n} - \sin \frac{(k-1)\pi}{6n} = \frac{\pi}{6n} \cos\alpha, \quad \frac{(k-1)\pi}{6n} < \alpha < \frac{k\pi}{6n}$$

を満たす α が存在することがわかる．n が十分大きければ

$$\alpha \approx \frac{k\pi}{6n}, \quad \sin \frac{k\pi}{6n} - \sin \frac{(k-1)\pi}{6n} \approx \frac{\pi}{6n} \cos \frac{k\pi}{6n}$$

186　第 16 章　1 変数関数の積分の基本事項

であるので，結局

$$\tilde{S}_k \approx \left(\cos \frac{k\pi}{6n} \right) \cdot \frac{\pi}{6n} \cos \frac{k\pi}{6n} = \frac{\pi}{6n} \cos^2 \frac{k\pi}{6n} \tag{16.8}$$

が得られる．式 (16.7) と式 (16.8) を比較すれば

$$S_k \approx \tilde{S}_k \quad (1 \le k \le n)$$

が成り立つことが見てとれる．したがって，図 1 の斜線の部分の面積と図 2 の斜線の部分の面積は等しく

$$\int_0^{\frac{1}{2}} \sqrt{1-x^2}\, dx = \int_0^{\frac{\pi}{6}} \cos^2 \theta\, d\theta$$

が成り立つことが直観的に理解できる．

　ここで，$\psi(\theta) = \sin \theta$ とおくと，$\psi'(\theta) = \cos \theta$ である．上の議論のポイントは，平均値の定理を用いた次の近似式にあったことに注意しよう．

$$\psi(\theta + h) - \psi(\theta) \approx \psi'(\theta)h.$$

問 16.20　$x + \sqrt{x^2 + 1} = t$ と変換することにより，$I = \displaystyle\int_0^1 \frac{dx}{\sqrt{x^2+1}}$ を求めよ．

問 16.21　$\tan \dfrac{\theta}{2} = t$ と変換することにより，$I = \displaystyle\int_{\frac{\pi}{3}}^{\frac{\pi}{2}} \frac{d\theta}{\sin \theta}$ を求めよ．

第 17 章

1変数関数の積分の計算と広義積分

原始関数の具体的な形を求めることは，一般にはむずかしい．ここでは，原始関数の計算例を述べ，その後，「広義積分」という概念についても触れる．

17.1　いくつかの関数の原始関数の具体例

原始関数が具体的に求められる関数の例をまとめる．積分定数はすべて省略する．

例 17.1　(1) x^n $(n \neq -1)$ の原始関数は $\dfrac{1}{n+1}x^{n+1}$ である．

(2) x^{-1} の原始関数は $\log|x|$ である．正確にいえば，$x > 0$ の範囲では $\log x$ が原始関数であり，$x < 0$ の範囲では $\log(-x)$ が原始関数である．

(3) $\sin x$ の原始関数は $-\cos x$ である．

(4) $\cos x$ の原始関数は $\sin x$ である．

(5) $\tan x$ の原始関数は $-\log|\cos x|$ である ($\cos x = t$ と変換して置換積分)．

(6) e^x の原始関数は e^x である．

(7) $\log x$ の原始関数は $x\log x - x$ である (問 16.14 参照)．

(8) $\dfrac{1}{1+x^2}$ の原始関数は $\arctan x$ である (例 12.18，例題 12.19 参照)．

(9) $\dfrac{1}{\sqrt{1-x^2}}$ の原始関数は $\arcsin x$ である (例 12.15 参照)．

(10) $\arcsin x$ の原始関数は $x\arcsin x + \sqrt{1-x^2}$ である．実際

$$\int \arcsin x \, dx = x\arcsin x - \int x(\arcsin x)' \, dx = x\arcsin x - \int \frac{x}{\sqrt{1-x^2}} \, dx$$

であるが ($\arcsin x = 1 \cdot \arcsin x$ に対して部分積分)，ここで

$$1 - x^2 = t$$

と変換すれば，$-2x\,dx = dt$ であるので，置換積分法により

$$\int \frac{x}{\sqrt{1-x^2}} \, dx = \int -\frac{1}{2}t^{-\frac{1}{2}} \, dt = -t^{\frac{1}{2}} = -\sqrt{1-x^2}$$

が得られる．

187

188　第 17 章　1 変数関数の積分の計算と広義積分

(11) $\arccos x$ の原始関数は $x \arccos x - \sqrt{1-x^2}$ である (問 17.2).

(12) $\arctan x$ の原始関数は $x \arctan x - \dfrac{1}{2} \log(1+x^2)$ である (問 17.2).

問 17.2　部分積分法と置換積分法を用いて，次の等式を導け (積分定数は省略).

(1) $\displaystyle \int \arccos x \, dx = x \arccos x - \sqrt{1-x^2}$.

(2) $\displaystyle \int \arctan x \, dx = x \arctan x - \dfrac{1}{2} \log(1+x^2)$

17.2　有理関数の不定積分

$\dfrac{P(x)}{Q(x)}$ ($P(x)$, $Q(x)$ は多項式) の形に表される関数を**有理関数**とよぶ．まず，いくつかの典型的な有理関数の不定積分の例を述べよう．

例 17.3　$a \in \mathbb{R}$, $n \in \mathbb{N}$ とするとき，次が成り立つ．

$$\int \frac{dx}{(x-a)^n} = \begin{cases} \log|x-a| & (n = 1 \text{ のとき}), \\ -\frac{1}{(n-1)(x-a)^{n-1}} & (n \geq 2 \text{ のとき}). \end{cases}$$

例 17.4　$a, b \in \mathbb{R}$, $b > 0$, $n \in \mathbb{N}$ とする．このとき

$$\int \frac{x-a}{\left((x-a)^2 + b^2\right)^n} \, dx = \begin{cases} \frac{1}{2} \log\left((x-a)^2 + b^2\right) & (n = 1 \text{ のとき}) \\ -\frac{1}{2(n-1)\left((x-a)^2 + b^2\right)^{n-1}} & (n \geq 2 \text{ のとき}) \end{cases}$$

が成り立つ．実際，$(x-a)^2 + b^2 = t$ とおけば，$2(x-a)\,dx = dt$ であるので

$$\int \frac{x-a}{\left\{(x-a)^2 + b^2\right\}^n} \, dx = \int \frac{1}{2} t^{-n} \, dt$$

が成り立つ．右辺を計算すれば，求める等式が得られる．

例 17.5　$a, b \in \mathbb{R}$, $b > 0$ とする．このとき

$$\int \frac{dx}{(x-a)^2 + b^2} = \frac{1}{b} \arctan \frac{x-a}{b}$$

が成り立つ．実際，$x - a = bt$ とおけば，$dx = b\,dt$ であるので

$$\int \frac{dx}{(x-a)^2 + b^2} = \int \frac{b\,dt}{b^2(t^2+1)} = \frac{1}{b} \int \frac{dt}{1+t^2}$$

が成り立つ．例 17.1 (8) により

$$\int \frac{dt}{1+t^2} = \arctan t = \arctan \frac{x-a}{b}$$

であるので，求める等式が得られる．

17.2 有理関数の不定積分　189

例 17.6 $a, b \in \mathbb{R},\ b > 0,\ n \in \mathbb{N}$ とする. 例 17.5 と同様に, $x - a = bt$ とおくと

$$\int \frac{dx}{\left((x-a)^2 + b^2\right)^n} = \int \frac{b\,dt}{b^{2n}(1+t^2)^n} = b^{1-2n} \int \frac{dt}{(1+t^2)^n}$$

が成り立つ. そこで

$$I_n = \int \frac{dt}{(1+t^2)^n}$$

とおき, この I_n を考察しよう. 部分積分法を用いると

$$I_n = t \cdot \frac{1}{(1+t^2)^n} + \int t \cdot \frac{2nt}{(1+t^2)^{n+1}}\,dt$$

$$= \frac{t}{(1+t^2)^n} + 2n \int \frac{(1+t^2) - 1}{(1+t^2)^{n+1}}\,dt = \frac{t}{(1+t^2)^n} + 2nI_n - 2nI_{n+1}$$

という式が導かれる. したがって

$$I_{n+1} = \frac{2n-1}{2n}I_n + \frac{t}{2n(1+t^2)^n} \tag{17.1}$$

が成り立つ. $I_1 = \arctan t$ であるので, 上の漸化式 (17.1) をくり返し用いれば, I_2, $I_3, \dots$ が順次計算できる.

　実は, 任意の有理関数は次の形の関数の和として表される (証明は省略する).

- 多項式.
- $\dfrac{c}{(x-a)^n}$ $(a, c \in \mathbb{R},\ n \in \mathbb{N})$.
- $\dfrac{c(x-a)}{\left((x-a)^2 + b^2\right)^n}$ $(a, b, c \in \mathbb{R},\ b > 0,\ n \in \mathbb{N})$.
- $\dfrac{c}{\left((x-a)^2 + b^2\right)^n}$ $(a, b, c \in \mathbb{R},\ b > 0,\ n \in \mathbb{N})$.

以上のことを用いれば, 有理関数の不定積分を計算することができる.

例題 17.7 次のような多項式 $P(x),\ Q(x)$ を考える.

$P(x) = x^4 + 2x^3 + 4x^2 + x - 3$,
$Q(x) = x^3 + x^2 - 2 = (x-1)(x^2 + 2x + 2) = (x-1)\left((x+1)^2 + 1\right)$.

(1) 次の 2 つの条件 (a), (b) を同時に満たす多項式 $S(x),\ R(x)$ を求めよ.

(a) $P(x) = S(x)Q(x) + R(x)$ が成り立つ.

(b) $R(x)$ の次数は 2 以下である.

190 第 17 章 1 変数関数の積分の計算と広義積分

(2) 小問 (1) で求めた多項式 $R(x)$ に対し
$$\frac{R(x)}{Q(x)} = \frac{A}{x-1} + \frac{Bx+C}{(x+1)^2+1} \tag{17.2}$$
が成り立つように定数 A, B, C を定めよ.

(3) 小問 (2) で定めた定数 B, C に対し, 不定積分
$$\int \frac{Bx+C}{(x+1)^2+1}\,dx$$
を求めよ.

(4) 不定積分 $\displaystyle\int \frac{P(x)}{Q(x)}\,dx$ を求めよ.

[解答] (1) $P(x)$ を $Q(x)$ で割って余りを出すことにより, 次が得られる.
$$S(x) = x+1, \quad R(x) = 3x^2 + 3x - 1.$$

(2) 式 (17.2) の分母を払えば
$$3x^2 + 3x - 1 = A(x^2 + 2x + 2) + (x-1)(Bx+C)$$
となる. 係数を比較すれば, A, B, C が
$$A + B = 3, \quad 2A - B + C = 3, \quad 2A - C = -1$$
を満たすことがわかる. これを解いて, $A = 1, B = 2, C = 3$.

(3) $\displaystyle\int \frac{2x+3}{(x+1)^2+1}\,dx = \int \frac{2(x+1)}{(x+1)^2+1}\,dx + \int \frac{dx}{(x+1)^2+1}$. が成り立つ. この式の右辺の第 1 項の不定積分を I_1, 第 2 項を I_2 とすると
$$I_1 = \log\Big((x+1)^2 + 1\Big), \quad I_2 = \arctan(x+1)$$
であるので (詳細な検討は読者にゆだねる), 次が得られる.
$$\int \frac{2x+3}{(x+1)^2+1}\,dx = \log\Big((x+1)^2+1\Big) + \arctan(x+1).$$

(4) $\displaystyle\int \frac{P(x)}{Q(x)}\,dx = \int S(x)\,dx + \int \frac{dx}{x-1} + \int \frac{2x+3}{(x+1)^2+1}\,dx$
$$= \frac{1}{2}x^2 + x + \log|x-1| + \log\Big((x+1)^2+1\Big) + \arctan(x+1). \qquad \square$$

問 17.8 (1) $\displaystyle I_1 = \int \frac{dx}{x^2+2x+2}$, $\displaystyle I_2 = \int \frac{dx}{\left(x^2+2x+2\right)^2}$ とおくとき
$$2I_2 = \frac{x+1}{x^2+2x+2} + I_1$$
が成り立つことを示せ.

17.3 $f(\sin\theta, \cos\theta)$ という形の関数の不定積分　191

(2) I_1, I_2 を求めよ.

(3) $I = \displaystyle\int \frac{2x+3}{\left(x^2+2x+2\right)^2}\, dx$ を求めよ.

17.3　$f(\sin\theta, \cos\theta)$ という形の関数の不定積分

$f(\sin\theta, \cos\theta)$ という形の関数の不定積分を考えるときは

$$\tan\frac{\theta}{2} = t$$

と変換することがしばしば有効である (問 16.21 参照). ただし

$$f(\sin\theta, \cos\theta) = g(\sin\theta)\cos\theta \quad \text{あるいは} \quad f(\sin\theta, \cos\theta) = h(\cos\theta)\sin\theta$$

という形の関数の不定積分を求める場合は

$$\sin\theta = t \quad \text{あるいは} \quad \cos\theta = t$$

という変換によって, t の関数の不定積分に帰着させることができる.

例題 17.9 次の不定積分を求めよ.

(1) $I_1 = \displaystyle\int \frac{\cos\theta}{\sin\theta+2}\, d\theta$ 　　(2) $I_2 = \displaystyle\int \frac{d\theta}{3\sin\theta+4\cos\theta}$

[解答]　(1) $\sin\theta = t$ とおくと, $\cos\theta\, d\theta = dt$ であるので

$$I_1 = \int \frac{dt}{t+2} = \log|t+2| = \log(\sin\theta+2)$$

が得られる (ここで, $\sin\theta+2 > 0$ であることを用いた).

(2) $\tan\dfrac{\theta}{2} = t$ とおくと, $\dfrac{dt}{d\theta} = \dfrac{1}{2\cos^2\frac{\theta}{2}}$, $d\theta = \left(2\cos^2\dfrac{\theta}{2}\right)dt$ であるので

$$I_2 = \int \frac{2\cos^2\frac{\theta}{2}}{3\sin\theta+4\cos\theta}\, dt$$

が成り立つ. ここで

$$\sin\theta = 2\sin\frac{\theta}{2}\cos\frac{\theta}{2}, \quad \cos\theta = 2\cos^2\frac{\theta}{2}-1, \quad \frac{1}{\cos^2\frac{\theta}{2}} = 1+\tan^2\frac{\theta}{2}$$

を用いると

$$\frac{2\cos^2\frac{\theta}{2}}{3\sin\theta+4\cos\theta} = \frac{2\cos^2\frac{\theta}{2}}{6\sin\frac{\theta}{2}\cos\frac{\theta}{2}+8\cos^2\frac{\theta}{2}-4}$$

$$= \frac{2}{6\tan\frac{\theta}{2}+8-4\left(1+\tan^2\frac{\theta}{2}\right)}$$

$$= \frac{2}{6t+8-4(1+t^2)} = -\frac{1}{2t^2-3t-2} = \frac{1}{5\left(t+\frac{1}{2}\right)} - \frac{1}{5(t-2)}$$

192　第 17 章　1 変数関数の積分の計算と広義積分

が得られる．よって

$$I_2 = \frac{1}{5} \log \left| t + \frac{1}{2} \right| - \frac{1}{5} \log |t - 2| = \frac{1}{5} \log \left| \tan \frac{\theta}{2} + \frac{1}{2} \right| - \frac{1}{5} \log \left| \tan \frac{\theta}{2} - 2 \right|$$

である．　　　　　　　　　　　　　　　　　　　　　　　　　　　　　　□

問 17.10　次の不定積分を求めよ．

(1)　$I_1 = \displaystyle\int \frac{\cos \theta}{\cos 2\theta} \, d\theta$　　　　(2)　$I_2 = \displaystyle\int \frac{d\theta}{1 - \cos \theta}$

17.4　特別な形の無理関数の不定積分

特別な形の無理関数の不定積分についてコメントしておく．

$a \in \mathbb{R}, a > 0$ とする．

- $\sqrt{a^2 - x^2}$ という形を含む関数の不定積分については

$$x = a \sin \theta \quad (x = a \cos \theta)$$

　という変換がしばしば有効である．

- $\sqrt{x^2 - a^2}$ という形を含む関数の不定積分については

$$x = \frac{a}{\sin \theta} \quad \left(x = \frac{a}{\cos \theta} \right)$$

　という変換がしばしば有効である．

- $\sqrt{x^2 + a^2}$ という形を含む関数の不定積分については

$$x = a \tan \theta \quad \left(x = \frac{a}{\tan \theta} \right)$$

　という変換がしばしば有効である．

例題 17.11　(1) $x = \sin \theta \, (-\frac{\pi}{2} < \theta < \frac{\pi}{2})$ と変換することにより

$$I_1 = \int \sqrt{1 - x^2} \, dx \qquad (-1 < x < 1)$$

を求めよ．

(2) $x = \tan \theta \, (-\frac{\pi}{2} < \theta < \frac{\pi}{2})$ と変換することにより

$$I_2 = \int \frac{dx}{\sqrt{x^2 + 1}}$$

を求めよ．

　[解答]　(1) $x = \sin \theta \, (-\frac{\pi}{2} < \theta < \frac{\pi}{2})$ と変換すると

$$dx = \cos\theta\, d\theta, \quad \sqrt{1-x^2} = \cos\theta$$

が成り立つ．したがって

$$I_1 = \int \cos^2\theta\, d\theta = \int \frac{1+\cos 2\theta}{2}\, d\theta = \frac{1}{2}\theta + \frac{1}{4}\sin 2\theta$$

$$= \frac{1}{2}\theta + \frac{1}{2}\sin\theta\cos\theta = \frac{1}{2}\arcsin x + \frac{1}{2}x\sqrt{1-x^2}.$$

(2) $x = \tan\theta$ $(-\dfrac{\pi}{2} < \theta < \dfrac{\pi}{2})$ と変換すると

$$dx = \frac{d\theta}{\cos^2\theta}, \quad \frac{1}{\sqrt{x^2+1}} = \frac{1}{\sqrt{\tan^2\theta+1}} = \cos\theta$$

が成り立つ．したがって

$$I_2 = \int \frac{d\theta}{\cos\theta}$$

となる．さらに，$\tan\dfrac{\theta}{2} = t$ と変換すると，$|t| < 1$ であり

$$d\theta = \Big(2\cos^2\frac{\theta}{2}\Big)dt, \quad \cos^2\frac{\theta}{2} = \frac{1}{1+t^2}, \quad \cos\theta = 2\cos^2\frac{\theta}{2} - 1 = \frac{1-t^2}{1+t^2}$$

であるので

$$I_2 = \int \frac{1+t^2}{1-t^2}\cdot\frac{2}{1+t^2}\, dt = \int \frac{2}{1-t^2}\, dt$$

$$= \int\Big(\frac{1}{t+1} - \frac{1}{t-1}\Big)\, dt = \log|t+1| - \log|t-1|$$

$$= \log(1+t) - \log(1-t) = \log\Big(\frac{1+t}{1-t}\Big) \tag{17.3}$$

が得られる．ここで，$|t| < 1$ であることを用いた．いま

$$x = \tan\Big(2\cdot\frac{\theta}{2}\Big) = \frac{2t}{1-t^2}$$

である．これを t について解けば，$t = \dfrac{-1\pm\sqrt{1+x^2}}{x}$ であるが，$|t| < 1$ より

$$t = \frac{\sqrt{1+x^2}-1}{x} \tag{17.4}$$

である．これを式 (17.3) に代入すれば，多少複雑な計算ののち

$$I_2 = \log\big(x + \sqrt{x^2+1}\big)$$

が得られる． □

注意 17.12 (1) 例題 17.3 (2) については，$t = x + \sqrt{x^2+1}$ という変換を用いることもできる (問 16.20 参照)．

194　第 17 章　1 変数関数の積分の計算と広義積分

(2) 例題 17.3 (2) の解答の中の式 (17.4) は $x = 0$ のときには意味を持たないが，ここでは考察を省略する．

問 17.13　$x = \dfrac{1}{\sin\theta}$ $(0 < \theta < \dfrac{\pi}{2})$ と変換することにより

$$I_3 = \int \frac{dx}{\sqrt{x^2-1}} \quad (x > 1)$$

を求めよ．

例題 17.14　$I_4 = \displaystyle\int \sqrt{x^2+1}\,dx$ とする．

(1) $I_4 = x\sqrt{x^2+1} - \displaystyle\int \dfrac{x^2}{\sqrt{x^2+1}}\,dx$ が成り立つことを示せ．

(2) $I_4 = \dfrac{1}{2}\left(x\sqrt{x^2+1} + \displaystyle\int \dfrac{dx}{\sqrt{x^2+1}}\right)$ が成り立つことを示せ．

(3) I_4 を求めよ．

[解答]　(1) 部分積分法により，次のように導かれる．

$$I_4 = \int 1\cdot\sqrt{x^2+1}\,dx = x\sqrt{x^2+1} - \int x\left(\sqrt{x^2+1}\right)'dx$$

$$= x\sqrt{x^2+1} - \int \frac{x^2}{\sqrt{x^2+1}}\,dx.$$

(2) $\displaystyle\int \dfrac{x^2}{\sqrt{x^2+1}}dx = \int \dfrac{x^2+1-1}{\sqrt{x^2+1}}dx = \int \sqrt{x^2+1}\,dx - \int \dfrac{dx}{\sqrt{x^2+1}}$ であるので，小問 (1) とあわせれば

$$I_4 = x\sqrt{x^2+1} - I_4 + \int \frac{dx}{\sqrt{x^2+1}}$$

が得られる．この式を整理すれば，求める等式が導かれる．

(3) 例題 17.11 (2) より，$\displaystyle\int \dfrac{dx}{\sqrt{x^2+1}} = \log\left(x + \sqrt{x^2+1}\right)$ であるので

$$I_4 = \frac{1}{2}\left(x\sqrt{x^2+1} + \log\left(x+\sqrt{x^2+1}\right)\right). \qquad \square$$

問 17.15　$I_5 = \displaystyle\int \sqrt{x^2-1}\,dx$ $(x > 1)$ とする．例題 17.14 と同様の方法を用いて，I_5 を求めよ．

17.5　広義積分

定積分 $\int_a^b f(x)\,dx$ は，閉区間 $[a, b]$ 上の関数 $f(x)$ に対して定義されていたことに注意しよう．いま，たとえば

$$f(x) = \frac{1}{\sqrt{x}} \quad (x > 0)$$

に対して $\int_0^1 f(x)\,dx$ を考えようとすると，$f(x)$ は $x=0$ において値を持たないので，いままでのような定積分は定義できない．そこで，正の実数 ε に対して

$$\int_\varepsilon^1 f(x)\,dx$$

を考え，$\varepsilon \to +0$ としたときの極限を $\int_0^1 f(x)\,dx$ と定める．いまの場合

$$\int_\varepsilon^1 f(x)\,dx = \Big[2\sqrt{x}\,\Big]_\varepsilon^1 = 2 - 2\sqrt{\varepsilon}$$

であるので，次のように極限値が求められる．

$$\int_0^1 f(x)\,dx = \lim_{\varepsilon \to +0} \int_\varepsilon^1 f(x)\,dx = 2.$$

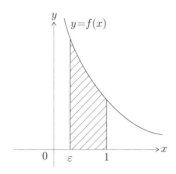

このように，有限閉区間上の定積分の極限値として定義される「積分」を**広義積分**とよぶ．極限値 α が存在するとき，広義積分は「α に**収束**する」という．

同様に，上の関数 $f(x)$ に対して

$$\int_1^\infty f(x)\,dx$$

を考えることもできる．∞ という数は存在しないので，これも広義積分である．い

まの場合
$$\int_1^\infty f(x)\,dx = \lim_{c\to\infty}\int_1^c f(x)\,dx = \lim_{c\to\infty}(2\sqrt{c}-1) = \infty$$
である．このようなとき，「広義積分 $\int_1^\infty f(x)\,dx$ は**発散**する」という．

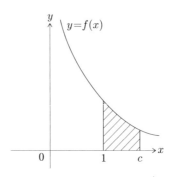

例 17.16 $a>0$ とする．次が成り立つことに注意しよう．
$$\int\frac{dx}{x^a} = \begin{cases} \frac{1}{1-a}x^{1-a} & (a\neq 1 \text{ のとき}), \\ \log x & (a=1 \text{ のとき}). \end{cases}$$

(1) 広義積分 $\int_0^1 \frac{dx}{x^a}$ を考える．$0<a<1$ のとき
$$\int_0^1 \frac{dx}{x^a} = \lim_{\varepsilon\to+0}\int_\varepsilon^1 \frac{dx}{x^a} = \lim_{\varepsilon\to+0}\frac{1}{1-a}\bigl(1-\varepsilon^{1-a}\bigr) = \frac{1}{1-a}$$
となり，この広義積分は収束する．$a=1$ のとき
$$\int_0^1 \frac{dx}{x} = \lim_{\varepsilon\to+0}\int_\varepsilon^1 \frac{dx}{x} = \lim_{\varepsilon\to+0}(-\log\varepsilon) = \infty$$
となり，この広義積分は発散する．$a>1$ のとき
$$\int_0^1 \frac{dx}{x^a} = \lim_{\varepsilon\to+0}\int_\varepsilon^1 \frac{dx}{x^a} = \lim_{\varepsilon\to+0}\frac{1}{1-a}\bigl(1-\varepsilon^{1-a}\bigr)$$
$$= \lim_{\varepsilon\to+0}\frac{1}{a-1}\Bigl(\frac{1}{\varepsilon^{a-1}}-1\Bigr) = \infty$$
となり，この広義積分は発散する．

(2) 広義積分 $\int_1^\infty \frac{dx}{x^a}$ を考える．$0<a<1$ のとき
$$\int_1^\infty \frac{dx}{x^a} = \lim_{c\to\infty}\int_1^c \frac{dx}{x^a} = \lim_{c\to\infty}\frac{1}{1-a}\bigl(c^{1-a}-1\bigr) = \infty$$

となり，この広義積分は発散する．$a = 1$ のとき

$$\int_1^\infty \frac{dx}{x} = \lim_{c \to \infty} \int_1^c \frac{dx}{x} = \lim_{c \to \infty} \log c = \infty$$

となり，この広義積分は発散する．$a > 1$ のとき

$$\int_1^\infty \frac{dx}{x^a} = \lim_{c \to \infty} \int_1^c \frac{dx}{x^a} = \lim_{c \to \infty} \frac{1}{1-a} \left(c^{1-a} - 1 \right)$$

$$= \lim_{c \to \infty} \frac{1}{a-1} \left(1 - \frac{1}{c^{a-1}} \right) = \frac{1}{a-1}$$

となり，この広義積分は収束する．

例題 17.17 広義積分 $I = \displaystyle\int_0^1 \log x \, dx$ が収束するならば，その値を求めよ．

[解答] $\displaystyle\int \log x \, dx = x \log x - x$ であるので

$$I = \lim_{\varepsilon \to +0} \int_\varepsilon^1 \log x \, dx = \lim_{\varepsilon \to +0} \left[x \log x - x \right]_\varepsilon^1 = -1 - \lim_{\varepsilon \to +0} \varepsilon \log \varepsilon$$

である．ここで，$\log \varepsilon = -t$ とおくと $\varepsilon = e^{-t}$ であり

$$I = -1 + \lim_{t \to \infty} \frac{t}{e^t} = -1$$

が得られる．よって，この広義積分は収束し，その値は -1 である． $\square$

問 17.18 広義積分 $I = \displaystyle\int_1^2 \frac{dx}{\sqrt{x^2 - 1}}$ が収束するならば，その値を求めよ．

第 18 章

1 変数関数の積分の応用

1 変数の積分を利用して，平面図形の面積や曲線の長さ，回転体の体積や表面積を求める方法について述べる．

18.1　平面図形の面積

$f(x)$ は閉区間 $[a, b]$ $(a < b)$ 上の連続関数で，つねに 0 以上の値をとるものとする．xy 平面において，曲線 $y = f(x)$ $(a \leq x \leq b)$ と x 軸と 2 つの直線 $x = a, x = b$ で囲まれた部分の面積を S とすると，$S = \int_a^b f(x)\,dx$ が成り立つ．

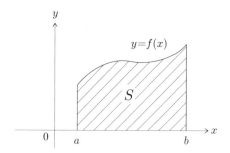

例 18.1　$R > 0$ とし，$f(x) = \sqrt{R^2 - x^2}$ とする．曲線 $y = f(x)$ $(0 \leq x \leq R)$ と x 軸と y 軸で囲まれた部分の面積を S とする．このとき

$$S = \int_0^R f(x)\,dx = \int_0^R \sqrt{R^2 - x^2}\,dx$$

である．$x = R\sin\theta$ $(0 \leq \theta \leq \dfrac{\pi}{2})$ と変換すると

$$dx = R\cos\theta\,d\theta, \quad \sqrt{R^2 - x^2} = R\cos\theta$$

であるので

$$S = \int_0^{\frac{\pi}{2}} R^2 \cos^2\theta \, d\theta = R^2 \int_0^{\frac{\pi}{2}} \frac{1+\cos 2\theta}{2} d\theta = R^2 \left[\frac{\theta}{2} + \frac{\sin 2\theta}{4}\right]_0^{\frac{\pi}{2}} = \frac{\pi R^2}{4}$$

が得られる．このことより，半径 R の円の面積が πR^2 であることがわかる．

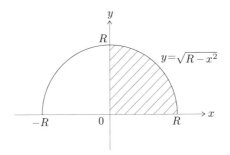

18.2　曲線の長さ

曲線の長さについては，次の定理が成り立つ．

定理 18.2　$f(x)$ は閉区間 $[a, b]$ $(a < b)$ 上の連続関数で，開区間 (a, b) において C^1 級であるとする．xy 平面における曲線 $y = f(x)$ $(a \leq x \leq b)$ の長さを l とすると，次の式が成り立つ．
$$l = \int_a^b \sqrt{1 + \bigl(f'(x)\bigr)^2} \, dx.$$

証明．$n \in \mathbb{N}$ とする．$a = x_0 < x_1 < x_2 < \cdots < x_{n-1} < x_n = b$ を満たす実数 x_k $(0 \leq k \leq n)$ を選び，曲線上に $(n+1)$ 個の点 $\mathrm{P}_k = \bigl(x_k, f(x_k)\bigr)$ をとる．

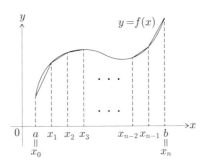

点 P_{k-1} と点 P_k を結ぶ線分の長さを L_k $(1 \leq k \leq n)$ とすると

200　第 18 章　1 変数関数の積分の応用

$$L_k = \sqrt{(x_k - x_{k-1})^2 + \big(f(x_k) - f(x_{k-1})\big)^2}$$

$$= (x_k - x_{k-1})\sqrt{1 + \left(\frac{f(x_k) - f(x_{k-1})}{x_k - x_{k-1}}\right)^2}$$

が成り立つ．このとき，平均値の定理 (系 13.2) により

$$\frac{f(x_k) - f(x_{k-1})}{x_k - x_{k-1}} = f'(z_k)$$

を満たす z_k が x_{k-1} と x_k の間に存在する．したがって

$$g(x) = \sqrt{1 + \big(f'(x)\big)^2}$$

とおけば

$$\sum_{k=1}^{n} L_k = \sum_{k=1}^{n} g(z_k)(x_k - x_{k-1}) \tag{18.1}$$

が成り立つ．いま，n を大きくし，$\max\{x_k - x_{k-1} \,|\, 1 \le k \le n\}$ を 0 に近づけると，式 (18.1) の左辺は曲線 $y = f(x)$ $(a \le x \le b)$ の長さ l に近づき，右辺は積分

$$\int_a^b g(x)\,dx = \int_a^b \sqrt{1 + \big(f'(x)\big)^2}\,dx$$

に近づく．よって，求める等式が得られる．　　　　□

例題 18.3　曲線 $y = \dfrac{1}{2}x^2$ $(0 \le x \le 1)$ の長さ l を求めよ．

[解答]　$f(x) = \dfrac{1}{2}x^2$ とおくと

$$l = \int_0^1 \sqrt{1 + \big(f'(x)\big)^2}\,dx = \int_0^1 \sqrt{1 + x^2}\,dx$$

である．例題 17.14 の結果を用いれば

$$l = \frac{1}{2}\left[x\sqrt{x^2 + 1} + \log\big(x + \sqrt{x^2 + 1}\big) \right]_0^1 = \frac{1}{2}\left(\sqrt{2} + \log\big(1 + \sqrt{2}\big)\right)$$

が得られる．　　　　□

問 18.4　$R > 0$ とする．曲線 $y = \sqrt{R^2 - x^2}$ $(0 \le x \le \dfrac{R}{\sqrt{2}})$ の長さ l を求めよ．

18.3　回転体の体積

$f(x)$ は閉区間 $[a, b]$ $(a < b)$ 上の連続関数で，つねに 0 以上の値をとるものとする．曲線 $y = f(x)$ $(a \le x \le b)$ と x 軸と直線 $x = a$, $x = b$ で囲まれた部分を x 軸

の回りに 1 回転させてできる立体の体積を V とすると，$V = \pi \int_a^b \bigl(f(x)\bigr)^2 dx$ が成り立つ．

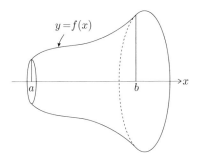

例 18.5 $R > 0$ とし，$f(x) = \sqrt{R^2 - x^2}$ とする．$y = f(x)$ $(0 \leq x \leq R)$ と x 軸と y 軸で囲まれた部分を x 軸の回りに 1 回転させてできる立体の体積を V とする．

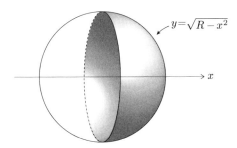

このとき，$V = \pi \int_0^R \bigl(f(x)\bigr)^2 dx = \pi \int_0^R (R^2 - x^2)\, dx = \dfrac{2}{3}\pi R^3$ である．このことより，半径 R の球の体積が $\dfrac{4}{3}\pi R^3$ であることがわかる．

18.4 回転体の表面積

まず，次頁の図のような図形の面積 Q を求めよう．

線分 AB の長さを l，AB の中点を通る弧 (点線部分) の長さを L とすると
$$l = r_1 - r_2, \quad L = \left(\dfrac{r_1 + r_2}{2}\right)\theta$$
である．半径 r，中心角 θ の扇形の面積が $\dfrac{1}{2}r^2\theta$ であることに注意すれば

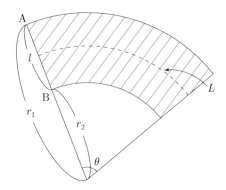

$$Q = \frac{1}{2}r_1^2\theta - \frac{1}{2}r_2^2\theta = (r_1 - r_2)\left(\frac{r_1 + r_2}{2}\right)\theta = lL$$

が得られる.

このことから，次のような立体の側面部分の表面積は $\tilde{l}\tilde{L}$ であることがわかる．ここで，$\tilde{l}$ は，図に示すとおり，母線に沿ってはかった側面部分の幅を表し，$\tilde{L}$ は点線で示した円の周の長さを表す．実際，この側面部分を母線に沿って切り開いて展開すれば，上述の図形と同様の図形が得られる．

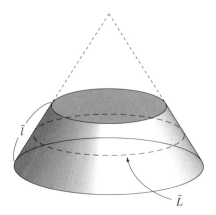

定理 18.6 $f(x)$ は閉区間 $[a, b]$ $(a < b)$ 上の連続関数で，開区間 (a, b) 上で C^1 級であり，つねに 0 以上の値をとるものとする．曲線 $y = f(x)$ $(a \leq x \leq b)$ を x 軸の回りに 1 回転させてできる曲面の表面積を S とすると，次の式が成り立つ．

$$S = 2\pi \int_a^b f(x)\sqrt{1 + \bigl(f'(x)\bigr)^2}\, dx.$$

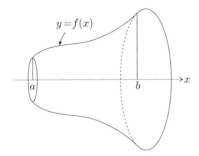

定理 18.6 が成り立つ理由の直観的な説明. $n \in \mathbb{N}$ とする.

$$a = x_0 < x_1 < x_2 < \cdots < x_{n-1} < x_n = b$$

を満たす実数 x_k $(0 \leq k \leq n)$ を選び,平面 $x = x_k$ $(1 \leq k \leq n-1)$ によって,上の曲面を n 個の部分に切り分ける.

このとき,$x = x_{k-1}$ と $x = x_k$ の間の部分の表面積を $\tilde{S}_k$ とすれば

$$\tilde{S}_k \approx \tilde{l}_k \tilde{L}_k$$

が成り立つと考えられる $(1 \leq k \leq n)$. ここで,記号「$\approx$」は「ほぼ等しい」ことを表す. また, $\tilde{l}_k, \tilde{L}_k$ は下図に示す長さを表す.

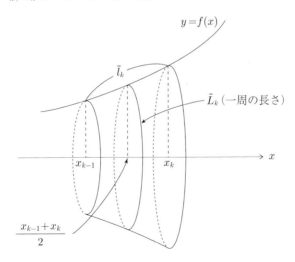

いま

204 第 18 章 1 変数関数の積分の応用

$$\tilde{l}_k = \sqrt{(x_k - x_{k-1})^2 + \big(f(x_k) - f(x_{k-1})\big)^2}$$

であるが，定理 18.2 の証明と同様の論法により

$$\tilde{l}_k = \sqrt{1 + \big(f'(z_k)\big)^2}\,(x_k - x_{k-1})$$

を満たす z_k が x_{k-1} と x_k の間に存在することがわかる．また

$$\tilde{L}_k = 2\pi\, f\Big(\frac{x_{k-1} + x_k}{2}\Big)$$

である．よって

$$\sum_{k=1}^{n} \tilde{S}_k \approx \sum_{k=1}^{n} 2\pi\, f\Big(\frac{x_{k-1} + x_k}{2}\Big)\sqrt{1 + \big(f'(z_k)\big)^2}\,(x_k - x_{k-1}) \tag{18.2}$$

が得られる．そこで，n を大きくし，$\max\{x_k - x_{k-1}\,|\,1 \le k \le n\}$ を 0 に近づけると，式 (18.2) の左辺は回転体の表面積 S に近づき，右辺は積分

$$2\pi \int_a^b f(x)\sqrt{1 + \big(f'(x)\big)^2}\,dx$$

に近づく． □

例 18.7 $R > 0$ とし，$f(x) = \sqrt{R^2 - x^2}$ とする．$y = f(x)$ $(-R \le x \le R)$ を x 軸の回りに 1 回転させてできる球面の表面積を S とすれば，次の式が成り立つ．

$$S = 2\pi \int_{-R}^{R} f(x)\sqrt{1 + \big(f'(x)\big)^2}\,dx = 2\pi \int_{-R}^{R} \sqrt{R^2 - x^2}\cdot\frac{R}{\sqrt{R^2 - x^2}}\,dx = 4\pi R^2.$$

問 18.8 曲線 $y = \sqrt{x}$ $(0 \le x \le 1)$ を x 軸の回りに 1 回転させてできる立体の表面積 S を求めよ．

第 19 章

多変数関数の積分の定義と性質

この章からは，多変数関数の積分 (重積分) について述べる．簡単のため，主として 2 変数関数について考えることにする．

19.1 重積分の導入としての求積法

xy 平面において，不等式 $0 \leq x \leq 1, 0 \leq y \leq 1$ によって定まる図形 (正方形の周および内部) を D とする．

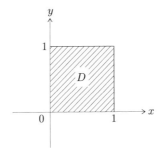

$f(x, y)$ は D 上の連続関数で，つねに 0 以上の値をとるものとする．xyz 空間において，不等式
$$0 \leq x \leq 1, \quad 0 \leq y \leq 1, \quad 0 \leq z \leq f(x, y)$$
によって定まる立体を $\tilde{D}$ とし，$\tilde{D}$ の体積を V とする．V を求める方法を考えよう．

$n \in \mathbb{N}$ とする．次頁の図のように，D を縦に n 等分，横に n 等分し，不等式
$$\frac{k-1}{n} \leq x \leq \frac{k}{n}, \quad \frac{l-1}{n} \leq y \leq \frac{l}{n}$$
の表す部分を $D(k, l)$ とする ($1 \leq k \leq n, 1 \leq l \leq n$)．
また，xyz 空間において，不等式
$$\frac{k-1}{n} \leq x \leq \frac{k}{n}, \quad \frac{l-1}{n} \leq y \leq \frac{l}{n}, \quad 0 \leq z \leq f(x, y)$$

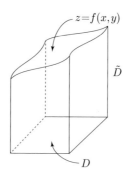

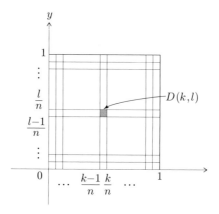

の表す部分を $\tilde{D}(k,l)$ とし,その体積を $V(k,l)$ とする.

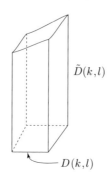

n が十分大きいとき,$V(k,l)$ は,1 辺の長さが $\dfrac{1}{n}$ の正方形を底面とし,高さが $f\left(\dfrac{k}{n}, \dfrac{l}{n}\right)$ の四角柱の体積とほぼ等しいので

$$V(k,l) \approx \frac{1}{n^2} f\left(\frac{k}{n}, \frac{l}{n}\right)$$

が成り立つ.

ところで, 求める体積 V については, 次のような式が成り立つ.

$$V = \sum_{k=1}^{n} \left(\sum_{l=1}^{n} V(k,l) \right) = \sum_{l=1}^{n} \left(\sum_{k=1}^{n} V(k,l) \right). \tag{19.1}$$

式 (19.1) が成り立つ理由を考えてみよう. いま, 次のような表を作る.

$V(1,n)$	$V(2,n)$	$\cdots$	$V(k,n)$	$\cdots$	$V(n,n)$
$\vdots$	$\vdots$	$\vdots$	$\vdots$	$\vdots$	$\vdots$
$V(1,l)$	$V(2,l)$	$\cdots$	$V(k,l)$	$\cdots$	$V(n,l)$
$\vdots$	$\vdots$	$\vdots$	$\vdots$	$\vdots$	$\vdots$
$V(1,2)$	$V(2,2)$	$\cdots$	$V(k,2)$	$\cdots$	$V(n,2)$
$V(1,1)$	$V(2,1)$	$\cdots$	$V(k,1)$	$\cdots$	$V(n,1)$

この表は, 領域 D の分割に対して, 各区画上に乗っている部分の体積の分布を表している. このとき, $\sum_{l=1}^{n} V(1,l)$ は, 表のいちばん左の列 (縦の並び) の小計を表し, $\sum_{l=1}^{n} V(2,l)$ は左から 2 番目の列の小計を表す. 一般に, $\sum_{l=1}^{n} V(k,l)$ は左から k 番目の列の小計を表す. したがって, $\sum_{k=1}^{n} \left(\sum_{l=1}^{n} V(k,l) \right)$ は, そのようにして得られた列の小計の合計を表す. これはすべての $V(k,l)$ $(1 \leq k \leq n, \, 1 \leq l \leq n)$ の総和, すなわち, 立体 $\tilde{D}$ の体積 V にほかならない.

一方, $1 \leq l \leq n$ とするとき, $\sum_{k=1}^{n} V(k,l)$ は, 下から l 番目の行 (横の並び) の小計を表す. したがって, $\sum_{l=1}^{n} \left(\sum_{k=1}^{n} V(k,l) \right)$ は, それらの行の小計の総和であり, これも V と等しい. こうして, 式 (19.1) が成り立つことがわかる.

同様の考察により

$$V_n = \sum_{k=1}^{n} \left(\sum_{l=1}^{n} \frac{1}{n^2} f\left(\frac{k}{n}, \frac{l}{n}\right) \right)$$

とおくと

$$V_n = \sum_{k=1}^{n} \left(\sum_{l=1}^{n} \frac{1}{n^2} f\left(\frac{k}{n}, \frac{l}{n}\right) \right) = \sum_{l=1}^{n} \left(\sum_{k=1}^{n} \frac{1}{n^2} f\left(\frac{k}{n}, \frac{l}{n}\right) \right)$$

が成り立つこともわかる.

208　第 19 章　多変数関数の積分の定義と性質

このとき，厳密な論証はさておき，直観的には
$$V = \lim_{n \to \infty} V_n$$
が成り立つと考えられるであろう．

例 19.1　$f(x, y) = x + y$ のとき，V_n は次のように計算される．
$$V_n = \sum_{k=1}^{n} \left(\sum_{l=1}^{n} \frac{1}{n^2} f\left(\frac{k}{n}, \frac{l}{n}\right) \right) = \frac{1}{n^3} \sum_{k=1}^{n} \left(\sum_{l=1}^{n} (k + l) \right)$$
$$= \frac{1}{n^3} \sum_{k=1}^{n} \left(nk + \frac{n(n+1)}{2} \right) = \frac{n+1}{n}.$$
したがって，この場合，$V = \lim_{n \to \infty} V_n = 1$ である．

一般的な考察を続けよう．まず
$$V_n = \sum_{k=1}^{n} \left(\frac{1}{n} \sum_{l=1}^{n} \frac{1}{n} f\left(\frac{k}{n}, \frac{l}{n}\right) \right)$$
であることに注意する．次に，$0 \le a \le 1$ とし，$\sum_{l=1}^{n} \frac{1}{n} f\left(a, \frac{l}{n}\right)$ を調べよう．いま，y の関数 $g(y)$ を $g(y) = f(a, y)$ と定めると
$$\sum_{l=1}^{n} \frac{1}{n} f\left(a, \frac{l}{n}\right) = \sum_{l=1}^{n} \frac{1}{n} g\left(\frac{l}{n}\right) \approx \int_0^1 g(y)\, dy = \int_0^1 f(a, y)\, dy \tag{19.2}$$
が成り立つ．そこで，x の関数 $H(x)$ を
$$H(x) = \int_0^1 f(x, y)\, dy$$
とおくと，式 (19.2) において，$a = \dfrac{k}{n}$ $(1 \le k \le n)$ とすれば
$$\sum_{l=1}^{n} \frac{1}{n} f\left(\frac{k}{n}, \frac{l}{n}\right) \approx H\left(\frac{k}{n}\right)$$
が成り立つことがわかる．したがって
$$V_n \approx \sum_{k=1}^{n} \frac{1}{n} H\left(\frac{k}{n}\right) \approx \int_0^1 H(x)\, dx = \int_0^1 \left(\int_0^1 f(x, y)\, dy \right) dx$$
となる．$n \to \infty$ とすれば
$$V = \int_0^1 \left(\int_0^1 f(x, y)\, dy \right) dx$$
が成り立つと考えられる．

また，等式 $V_n = \sum_{l=1}^{n} \left(\dfrac{1}{n} \sum_{k=1}^{n} \dfrac{1}{n} f\left(\dfrac{k}{n}, \dfrac{l}{n}\right) \right)$ を用いて，同様の議論をおこなえば

$$V = \int_0^1 \left(\int_0^1 f(x,y)\,dx \right) dy$$

も導かれる.

例 19.2 $f(x,y) = x + y$ のとき

$$\int_0^1 f(x,y)\,dy = \int_0^1 (x+y)\,dy = \left[xy + \frac{1}{2}y^2 \right]_{y=0}^{y=1} = x + \frac{1}{2},$$

$$V = \int_0^1 \left(\int_0^1 f(x,y)dy \right) dx = \int_0^1 \left(x + \frac{1}{2} \right) dx = 1$$

となり, 例 19.1 で求めた V の値と一致する. また

$$V = \int_0^1 \left(\int_0^1 f(x,y)dx \right) dy = \int_0^1 \left(y + \frac{1}{2} \right) dy = 1$$

も成り立つ.

注意 19.3 例 19.2 において, 記号 $\left[xy + \dfrac{1}{2}y^2 \right]_{y=0}^{y=1}$ は, $xy + \dfrac{1}{2}y^2$ に $y=1$ を代入した値から $y=0$ を代入した値を差し引いた結果を表す.

19.2 有界な関数

これから, 2 変数関数の積分について, 順を追って述べていこう.

定義 19.4 D は $\mathbb{R}^2$ の空集合でない部分集合とし, $f(x,y)$ は D 上の関数とする. ある正の実数 M が存在して, D に属する任意の点 (a,b) に対して

$$|f(a,b)| \leq M$$

が成り立つとき, $f(x,y)$ は D 上で**有界**であるという.

例 19.5 $D = \{(x,y) \in \mathbb{R}^2 \,|\, x^2 + y^2 < 1\}$ とする (次頁の 1 番目の図参照).
D 上の関数 $f(x,y),\, g(x,y)$ を

$$f(x,y) = x + y, \quad g(x,y) = \frac{1}{1-x}$$

と定める. D 上で $|f(x,y)| \leq \sqrt{2}$ が成り立つので, $f(x,y)$ は D 上有界である. 一方, $g(x,y)$ は D 上有界でない (詳細な検討は読者にゆだねる).

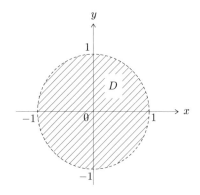

19.3 長方形上の 2 重積分

実数 a, b, c, d $(a < b, c < d)$ に対して，次頁の 2 番目の図のような長方形を考える．

$$R = \{(x,y) \in \mathbb{R}^2 \mid a \leq x \leq b,\ c \leq y \leq d\}.$$

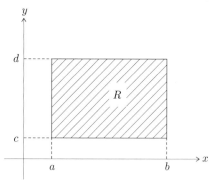

R 上で有界な関数 $f(x,y)$ に対して，$f(x,y)$ の R 上での積分を考えよう．いま，$m, n \in \mathbb{N}$ とし，実数 x_i, y_j $(0 \leq i \leq m, 0 \leq j \leq n)$ を

$$a = x_0 < x_1 < \cdots < x_{m-1} < x_m = b, \quad c = y_0 < y_1 < \cdots < y_{n-1} < y_n = d$$

が成り立つように選ぶ．直線 $x = x_i, y = y_j$ $(0 \leq i \leq m, 0 \leq j \leq n)$ で区切ることにより，長方形 R は mn 個の小さな長方形に分割される．

$1 \leq i \leq m, 1 \leq j \leq n$ を満たす i, j の組合せに対して，上の分割の左から i 番目，下から j 番目の小さな長方形に属する点 (ξ_{ij}, η_{ij}) を 1 つずつ選ぶ．すなわち

$$x_{i-1} \leq \xi_{ij} \leq x_i, \quad y_{j-1} \leq \eta_{ij} \leq y_j$$

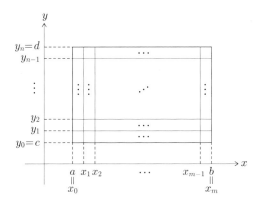

が成り立つように実数 ξ_{ij}, η_{ij} を選ぶ.

定義 19.6 上述の状況において, m, n を大きくし

$$\max\{x_i - x_{i-1} \,|\, 1 \leq i \leq m\}, \quad \max\{y_j - y_{j-1} \,|\, 1 \leq j \leq n\}$$

を 0 に近づけるとき, 長方形の区切り方や ξ_{ij}, η_{ij} の選び方によらずに

$$\sum_{i=1}^{m} \sum_{j=1}^{n} f(\xi_{ij}, \eta_{ij})(x_i - x_{i-1})(y_j - y_{j-1})$$

が一定の値 I に収束するとする. このとき, 関数 $f(x, y)$ は R 上で**積分可能**であるという. また, この値 I を $f(x, y)$ の R 上の **2 重積分**とよび, 次のように表す.

$$I = \iint_R f(x, y)\,dxdy.$$

注意 19.7 (1) $f(x, y) \geq 0$ のとき, 定義 19.6 の 2 重積分 I は, xyz 空間における立体

$$W = \{(x, y, z) \in \mathbb{R}^3 \,|\, (x, y) \in R,\, 0 \leq z \leq f(x, y)\}$$

の体積であると考えられる

(2) 3 変数関数の 3 **重積分**や, より一般に, n 変数関数の n **重積分**も考えることができる. これらを総称して, **重積分**とよぶ.

19.4　有界集合上の 2 重積分

定義 19.8　$\mathbb{R}^2$ の部分集合 D に対して，D を含む長方形
$$R = \{(x,y) \in \mathbb{R}^2 \,|\, a \leq x \leq b,\ c \leq y \leq d\} \quad (a < b,\ c < d)$$
が存在するとき，D は**有界集合**である (**有界**である) という．

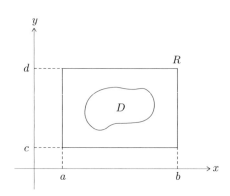

いま，$f(x,y)$ は $\mathbb{R}^2$ の有界集合 D 上で有界な関数とする．$f(x,y)$ の D 上での積分を考えるために，まず D を含む長方形
$$R = \{(x,y) \in \mathbb{R}^2 \,|\, a \leq x \leq b,\ c \leq y \leq d\} \quad (a < b,\ c < d)$$
を選び，R 上の関数 $\tilde{f}(x,y)$ を次のように定める．
$$\tilde{f}(x,y) = \begin{cases} f(x,y) & ((x,y) \in D \text{ のとき}), \\ 0 & ((x,y) \notin D \text{ のとき}). \end{cases}$$

定義 19.9　上述の状況において，関数 $\tilde{f}(x,y)$ が R 上で積分可能であるとき，関数 $f(x,y)$ は D 上で**積分可能**であるという．また，$\iint_R \tilde{f}(x,y)\,dxdy$ を $\iint_D f(x,y)\,dxdy$ と表し，この値を $f(x,y)$ の D 上の **2 重積分**とよぶ．

定義 19.9 において，D の外では $\tilde{f}(x,y)$ の値は 0 であるので，$\iint_D f(x,y)\,dxdy$ の値は D を含む長方形 R の選び方によらずに定まることに注意しよう．

19.5　有界な集合の面積

$\mathbb{R}^2$ の有界な部分集合 D 上で有界な関数 $f(x,y)$ が D 上で積分可能であるかどうかについては，D の形も関係する．たとえば，重積分 $\iint_D dxdy$ の値は D の「面積」であると考えられるが，D の形によっては，この値が確定しないこともある．

定義 19.10　D は $\mathbb{R}^2$ の有界集合とする．定数関数 1 が D 上で積分可能であるとき，D は**面積確定**であるといい，$\iint_D dxdy$ の値を D の**面積**とよぶ．

$\mathbb{R}^2$ の有界集合 D がどのような形のときに面積確定であるか，ということについては，次の命題を述べるにとどめる (証明は省略する)．

命題 19.11　$\mathbb{R}^2$ 内の区分的に C^1 級の単一閉曲線 C で囲まれた部分の内部を D とし，$\bar{D} = D \cup C$ とすると，$D, \bar{D}$ は面積確定であり，それらは同一の面積を持つ．

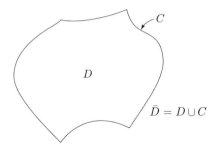

ここで，「区分的に C^1 級の単一閉曲線」の定義は次の通りである．

定義 19.12　関数 $\varphi_1(t), \varphi_2(t)$ は $\mathbb{R}$ の閉区間 $[0,1]$ 上の連続関数であって，次の性質を持つものとする．

(a) 区間 $[0,1]$ 上の有限個の点を除けば $\varphi_i(t)$ は微分可能であって，導関数 $\varphi_i'(t)$ は連続である $(1 \leq i \leq 2)$．

(b) $\varphi_i(0) = \varphi_i(1)$ が成り立つ $(1 \leq i \leq 2)$．

(c) 実数 a, b が $0 \leq a < b < 1$ を満たすならば
$$\bigl(\varphi_1(a), \varphi_2(a)\bigr) \neq \bigl(\varphi_1(b), \varphi_2(b)\bigr)$$
が成り立つ．

このような関数 $\varphi_1(t), \varphi_2(t)$ を用いて
$$C = \left\{ (\varphi_1(t), \varphi_2(t)) \in \mathbb{R}^2 \,\middle|\, t \in [0,1] \right\}$$
と表される曲線 C を，**区分的に C^1 級の単一閉曲線**とよぶ．

例 19.13 (1) $C = \{(x,y) \in \mathbb{R}^2 \,|\, x^2 + y^2 = 1\}$ は区分的に C^1 級の単一閉曲線である．実際，定義 19.12 の関数 $\varphi_1(t), \varphi_2(t)$ を
$$\varphi_1(t) = \cos(2\pi t), \quad \varphi_2(t) = \sin(2\pi t)$$
と定めればよい．

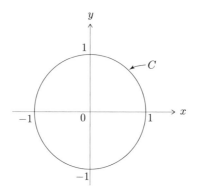

(2) 4 点 $(0,0)$, $(1,0)$, $(1,1)$, $(0,1)$ を順次線分で結んだ折れ線 (正方形の 4 つの辺をつなげたもの) は，区分的に C^1 級の単一閉曲線である (問 19.14)．

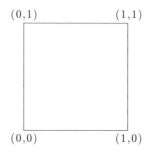

問 19.14 例 19.13 (2) で述べたことを確かめよ．

19.6 重積分の性質

重積分の性質を命題の形でまとめておく. 証明は省略する.

命題 19.15 D は $\mathbb{R}^2$ の有界集合とする. $f(x,y)$, $g(x,y)$ は D 上有界な関数であって, D 上で積分可能であるとする.

(1) $c \in \mathbb{R}$ とするとき, $c\,f(x,y)$ も D 上で積分可能であり, 次が成り立つ.
$$\iint_D c\,f(x,y)\,dxdy = c \iint_D f(x,y)\,dxdy.$$

(2) $f(x,y) + g(x,y)$ も D 上で積分可能であり, 次が成り立つ.
$$\iint_D \big(f(x,y) + g(x,y)\big)\,dxdy = \iint_D f(x,y)\,dxdy + \iint_D g(x,y)\,dxdy$$
が成り立つ.

(3) 任意の $(a,b) \in D$ に対して $f(a,b) \le g(a,b)$ ならば, 次が成り立つ.
$$\iint_D f(x,y)\,dxdy \le \iint_D g(x,y)\,dxdy.$$

命題 19.16 D は $\mathbb{R}^2$ の面積 0 の有界集合とし, $f(x,y)$ は D 上で有界な関数とすると, $f(x,y)$ は D 上で積分可能であり, $\displaystyle\iint_D f(x,y)\,dxdy = 0$ が成り立つ.

命題 19.17 D_1, D_2 は $\mathbb{R}^2$ の有界集合であって, 面積確定であるとする.

(1) $D_1 \cup D_2$, $D_1 \cap D_2$ も面積確定である.

(2) $f(x,y)$ は $D_1 \cup D_2$ 上で有界な関数であって, D_1 上, D_2 上で積分可能であるとする. このとき, $f(x,y)$ は $D_1 \cup D_2$ 上, $D_1 \cap D_2$ 上で積分可能であり
$$\iint_D f(x,y)\,dxdy$$
$$= \iint_{D_1} f(x,y)\,dxdy + \iint_{D_2} f(x,y)\,dxdy - \iint_{D_1 \cap D_2} f(x,y)\,dxdy$$
が成り立つ. 特に $D_1 \cap D_2$ の面積が 0 ならば, 次が成り立つ.
$$\iint_D f(x,y)\,dxdy = \iint_{D_1} f(x,y)\,dxdy + \iint_{D_2} f(x,y)\,dxdy.$$

第 20 章

多変数関数の積分の計算 ── 累次積分・変数変換

ここでは，重積分をどのように計算するか，という観点から，累次積分と変数変換について述べる．

20.1 累次積分

まず，重積分の計算を 1 変数の積分に帰着する方法について述べる．

定義 20.1 (1) $\varphi_1(x)$, $\varphi_2(x)$ は $\mathbb{R}$ の閉区間 $[a,b]$ $(a<b)$ 上の連続関数とし，$a<x<b$ を満たすすべての実数 x に対して $\varphi_1(x)<\varphi_2(x)$ が成り立つとする．このような関数 $\varphi_1(x)$, $\varphi_2(x)$ を用いて

$$D = \{(x,y) \in \mathbb{R}^2 \,|\, a \leq x \leq b, \ \varphi_1(x) \leq y \leq \varphi_2(x)\}$$

と表される集合 D を**縦線集合**という．

(2) $\psi_1(y)$, $\psi_2(y)$ は $\mathbb{R}$ の閉区間 $[c,d]$ $(c<d)$ 上の連続関数とし，$c<y<d$ を満たすすべての実数 y に対して $\psi_1(y)<\psi_2(y)$ が成り立つとする．このような関数 $\psi_1(y)$, $\psi_2(y)$ を用いて

$$\tilde{D} = \{(x,y) \in \mathbb{R}^2 \,|\, c \leq y \leq d, \ \psi_1(y) \leq x \leq \psi_2(y)\}$$

と表される集合 $\tilde{D}$ を**横線集合**という．

例 20.2 (1) 例 19.13 (1) の曲線 C が囲む部分 (C を含む) を D_1 とすると

$$D_1 = \{(x,y) \in \mathbb{R}^2 \,|\, x^2 + y^2 \leq 1\}$$

である．$\varphi_1(x) = -\sqrt{1-x^2}$, $\varphi_2(x) = \sqrt{1-x^2}$ $(-1 \leq x \leq 1)$ とおけば

$$D_1 = \{(x,y) \in \mathbb{R}^2 \,|\, -1 \leq x \leq 1, \ \varphi_1(x) \leq y \leq \varphi_2(x)\}$$

と表されるので，D_1 は縦線集合である．同様にして，D_1 は横線集合でもあることがわかる．

(2) 例 19.13 (2) の曲線が囲む部分 (周を含む) を D_2 とすれば，D_2 は縦線集合でもあり，横線集合でもある (問 20.3 参照).

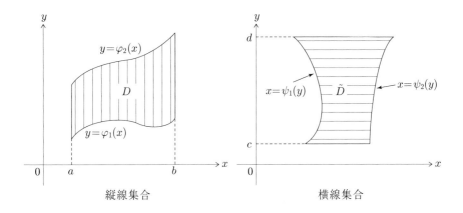

縦線集合　　　　　　　　　　横線集合

問 20.3 例 20.2 (2) の集合 D_2 が縦線集合であることを示せ．

縦線集合上の連続関数の重積分については，次の定理が成り立つ．

定理 20.4 $\varphi_1(x), \varphi_2(x)$ は $\mathbb{R}$ の閉区間 $[a, b]$ $(a < b)$ 上の連続関数とし，$a < x < b$ を満たすすべての実数 x に対して $\varphi_1(x) < \varphi_2(x)$ が成り立つとする．
$$D = \{(x,y) \in \mathbb{R}^2 \,|\, a \leq x \leq b,\ \varphi_1(x) \leq y \leq \varphi_2(x)\}$$
とし，$f(x,y)$ は D 上で定義された連続関数とする．このとき，$f(x,y)$ は D 上で積分可能であり，次が成り立つ．
$$\iint_D f(x,y)\,dxdy = \int_a^b \left(\int_{\varphi_1(x)}^{\varphi_2(x)} f(x,y)\,dy \right) dx. \tag{20.1}$$

定理 20.4 が成り立つ理由の直観的な説明． $f(x,y)$ が D 上積分可能であることの証明は省略し，式 (20.1) が成り立つ理由を直観的に説明する．

区間 $[a,b]$ における関数 $\varphi_1(x)$ の最小値を c とし，$\varphi_2(x)$ の最大値を d とする．xy 平面における長方形
$$R = \{(x,y) \in \mathbb{R}^2 \,|\, a \leq x \leq b,\ c \leq y \leq d\}$$
を考えると，$D \subset R$ が成り立つ．

R 上の関数 $\tilde{f}(x,y)$ を
$$\tilde{f}(x,y) = \begin{cases} f(x,y) & ((x,y) \in D \text{ のとき}) \\ 0 & ((x,y) \notin D \text{ のとき}) \end{cases}$$

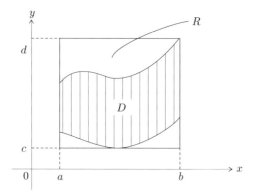

と定める. 次に
$$a = x_0 < x_1 < \cdots < x_m = b, \quad c = y_0 < y_1 < \cdots < y_n = d$$
を満たす実数 $x_0, x_1, \ldots, x_m, y_0, y_1, \ldots, y_n$ を選び, 直線
$$x = x_i \ (1 \leq i \leq m-1), \quad y = y_j \ (1 \leq j \leq n-1)$$
によって, 長方形 R を分割する. いま
$$A = \sum_{\substack{1 \leq i \leq m \\ 1 \leq j \leq n}} \tilde{f}(x_i, y_j)(x_i - x_{i-1})(y_j - y_{j-1})$$
とおく. 分割を細かくし, m, n を大きくして
$$\max\{|x_i - x_{i-1}| \mid 1 \leq i \leq m\}, \quad \max\{|y_j - y_{j-1}| \mid 1 \leq j \leq n\}$$
を 0 に近づけると, A の値は
$$\iint_R \tilde{f}(x,y)\,dxdy = \iint_D f(x,y)\,dxdy$$
に近づく. 一方
$$g(x) = \int_c^d \tilde{f}(x,y)\,dy = \int_{\varphi_1(x)}^{\varphi_2(x)} f(x,y)\,dy, \quad h(x) = \sum_{j=1}^n \tilde{f}(x, y_j)(y_j - y_{j-1})$$
とおく. このとき
$$A = \sum_{i=1}^m \Big(\sum_{j=1}^n \tilde{f}(x_i, y_j)(y_j - y_{j-1})\Big)(x_i - x_{i-1}) = \sum_{i=1}^m h(x_i)(x_i - x_{i-1})$$
が成り立つことに注意する. n を大きくして, $\max\{|y_j - y_{j-1}| \mid 1 \leq j \leq n\}$ を 0 に近づけると, $h(x)$ は $g(x)$ に近づくので, A の値は

$$\sum_{i=1}^{m} g(x_i)(x_i - x_{i-1})$$

に近づく．さらに m を大きくして，$\max\{|x_i - x_{i-1}| \mid 1 \leq i \leq m\}$ を 0 に近づけると，この値は

$$\int_a^b g(x)\,dx = \int_a^b \left(\int_{\varphi_1(x)}^{\varphi_2(x)} f(x, y)\,dy \right) dx$$

に近づく．したがって，式 (20.1) が成り立つ． $\square$

定理 20.4 は，$f(x, y)$ を y の関数とみて積分し，さらにその積分値を x の関数とみて積分することによって，重積分が計算できることを示している．このような方法を**累次積分**とよぶ．

注意 20.5 式 (20.1) の右辺を

$$\int_a^b dx \int_{\varphi_1(x)}^{\varphi_2(x)} f(x, y)\,dy$$

と表すこともある．

定理 20.4 から次の系がしたがう．これは，累次積分において，一定の条件のもとで，積分の順序を変更することができることを示している．

系 20.6 $\mathbb{R}^2$ の部分集合 D は縦線集合でもあり，横線集合でもあるとする．すなわち，区間 $[a, b]$ $(a < b)$ 上の連続関数 $\varphi_1(x)$, $\varphi_2(x)$ と，区間 $[c, d]$ $(c < d)$ 上の連続関数 $\psi_1(y)$, $\psi_2(y)$ であって

$$\varphi_1(x) < \varphi_2(x) \quad (a < x < b), \qquad \psi_1(y) < \psi_2(y) \quad (c < y < d)$$

を満たすものが存在し，D は

$$D = \{(x, y) \in \mathbb{R}^2 \mid a \leq x \leq b,\ \varphi_1(x) \leq y \leq \varphi_2(x)\}$$

$$= \{(x, y) \in \mathbb{R}^2 \mid c \leq y \leq d,\ \psi_1(y) \leq x \leq \psi_2(y)\}$$

と表されるとする．このとき，D 上の連続関数 $f(x, y)$ に対して，次が成り立つ．

$$\iint_D f(x, y)\,dxdy = \int_a^b \left(\int_{\varphi_1(x)}^{\varphi_2(x)} f(x, y)\,dy \right) dx = \int_c^d \left(\int_{\psi_1(y)}^{\psi_2(y)} f(x, y)\,dx \right) dy.$$

証明． x と y の役割を入れかえて定理 20.4 を適用すれば，$f(x, y)$ の D 上の重積分が 2 通りに計算できる． $\square$

定理 20.4 を用いて，実際に重積分を計算してみよう．

例 20.7 $f(x,y) = (x+y)^2$ とし，D_1 は次の図のような集合とする．このとき，$I_1 = \iint_{D_1} f(x,y)\,dxdy$ を求めてみよう．

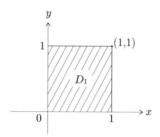

$$D_1 = \{(x,y) \in \mathbb{R}^2 \mid 0 \leq x \leq 1,\ 0 \leq y \leq 1\}$$

と表されることに注意し

$$g(x) = \int_0^1 f(x,y)\,dy = \int_0^1 (x+y)^2\,dy$$

とおくと

$$g(x) = \left[\frac{1}{3}(x+y)^3\right]_{y=0}^{y=1} = \frac{1}{3}(x+1)^3 - \frac{1}{3}x^3 = x^2 + x + \frac{1}{3}$$

である．したがって，次が得られる．

$$I_1 = \int_0^1 dx \int_0^1 f(x,y)\,dy = \int_0^1 g(x)\,dx = \int_0^1 \left(x^2 + x + \frac{1}{3}\right)dx = \frac{7}{6}.$$

例 20.8 $f(x,y) = (x+y)^2$ とし，D_2 は次のような集合とする．

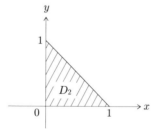

$I_2 = \iint_{D_2} f(x,y)\,dxdy$ を求めてみよう．いまの場合

$$D_2 = \{(x,y) \in \mathbb{R}^2 \mid 0 \leq x \leq 1,\ 0 \leq y \leq 1-x\}$$

と表されるので，$I_2 = \int_0^1 \left(\int_0^{1-x} (x+y)^2 \, dy \right) dx$ が成り立つ．
$$\int_0^{1-x} (x+y)^2 \, dy = \left[\frac{1}{3}(x+y)^3 \right]_{y=0}^{y=1-x} = \frac{1}{3} - \frac{1}{3}x^3$$
であるので，$I_2 = \int_0^1 \left(\frac{1}{3} - \frac{1}{3}x^3 \right) dx = \frac{1}{4}$ が得られる．

問 20.9 $f(x,y) = (x+y)^2$ とし，D_3 は次のような集合とする．

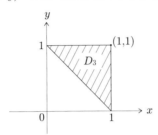

定理 20.4 を用いて，$I_3 = \iint_{D_3} f(x,y) \, dxdy$ を求めよ．また，例 20.7 と例 20.8 で求めた I_1, I_2 に対して，$I_1 = I_2 + I_3$ が成り立つことを確かめよ．

例題 20.10 $R > 0$ とし，$D = \{(x,y) \in \mathbb{R}^2 \mid x^2 + y^2 \leq R^2\}$ とする．定理 20.4 を用いて，重積分 $I = \iint_D \sqrt{R^2 - x^2 - y^2} \, dxdy$ を求めよ．

［解答］ D は原点を中心とする半径 R の円板であり
$$D = \left\{ (x,y) \in \mathbb{R}^2 \mid -R \leq x \leq R, \, -\sqrt{R^2 - x^2} \leq y \leq \sqrt{R^2 - x^2} \right\}$$
と表される．いま
$$g(x) = \int_{-\sqrt{R^2 - x^2}}^{\sqrt{R^2 - x^2}} \sqrt{R^2 - x^2 - y^2} \, dy$$
とおく．この式の右辺において，x は定数と考え，変数 y を
$$y = \sqrt{R^2 - x^2} \sin \theta \quad \left(-\frac{\pi}{2} \leq \theta \leq \frac{\pi}{2} \right)$$
と変換する．このとき
$$dy = \sqrt{R^2 - x^2} \cos \theta \, d\theta, \quad \sqrt{R^2 - x^2 - y^2} = \sqrt{R^2 - x^2} \cos \theta$$
であるので

222　第 20 章　多変数関数の積分の計算 — 累次積分・変数変換

$$g(x) = \int_{-\frac{\pi}{2}}^{\frac{\pi}{2}} (R^2 - x^2) \cos^2 \theta \, d\theta = \frac{\pi}{2}(R^2 - x^2)$$

となる．したがって

$$I = \int_{-R}^{R} g(x) \, dx = \int_{-R}^{R} \frac{\pi}{2}(R^2 - x^2) \, dx = \frac{2}{3}\pi R^3$$

が得られる．　　　　　　　　　　　　　　　　　　　　　　　　　　　　　□

注意 20.11　例題 20.10 によれば，半径 R の球の体積が $\dfrac{4}{3}\pi R^3$ であることがわかる．実際，それは例題 20.10 で求めた重積分 I の値の 2 倍である．

問 20.12　$D = \{(x, y) \in \mathbb{R}^2 \mid x \geq 0, \ x^2 + y^2 \leq 1\}$ とする．定理 20.4 を用いて，重積分 $I = \displaystyle\iint_D x \, dx dy$ を求めよ．

20.2　変数変換

重積分において，変数を変換することを考えよう．これは，1 変数関数の積分における置換積分法に対応するものである．

まず，予備的な考察を行う．D は $\mathbb{R}^2$ の開集合とし，$(u_0, v_0) \in U$ とする．$\varphi(u, v)$，$\psi(u, v)$ は U 上の C^1 級関数とし，写像 $\Phi : U \to \mathbb{R}^2$ を次のように定める．

$$\Phi : U \ni (u, v) \mapsto \Phi(u, v) = \big(\varphi(u, v), \psi(u, v)\big) \in \mathbb{R}^2.$$

平均値の定理 (系 15.3) によれば，点 $(u, v) \in U$ が点 (u_0, v_0) に十分近いとき

$$\varphi(u, v) = \varphi(u_0, v_0) + \varphi_u(\tilde{u}, \tilde{v})(u - u_0) + \varphi_v(\tilde{u}, \tilde{v})(v - v_0)$$

が成り立つ．ここで，$\tilde{u}$ は u と u_0 の間，$\tilde{v}$ は v と v_0 の間の実数である．よって，(u_0, v_0) の近くでは，次の近似式が成り立つ．

$$\varphi(u, v) - \varphi(u_0, v_0) \approx \varphi_u(u_0, v_0)(u - u_0) + \varphi_v(u_0, v_0)(v - v_0).$$

同様に，$\psi(u, v)$ についても次の近似式が成り立つ．

$$\psi(u, v) - \psi(u_0, v_0) \approx \psi_u(u_0, v_0)(u - u_0) + \psi_v(u_0, v_0)(v - v_0).$$

したがって，関数を成分とする行列 $J(u, v)$ を

$$J(u, v) = \begin{pmatrix} \varphi_u(u, v) & \varphi_v(u, v) \\ \psi_u(u, v) & \psi_v(u, v) \end{pmatrix} \tag{20.2}$$

と定めると，(u_0, v_0) の近くでは，次の近似式が成り立つことがわかる．

$$\begin{pmatrix} \varphi(u,v) \\ \psi(u,v) \end{pmatrix} - \begin{pmatrix} \varphi(u_0,v_0) \\ \psi(u_0,v_0) \end{pmatrix} \approx J(u_0,v_0) \begin{pmatrix} u-u_0 \\ v-v_0 \end{pmatrix}. \tag{20.3}$$

やや不正確ないい方であるが，「(u_0,v_0) のまわりでは，写像 Φ は行列 $J(u_0,v_0)$ の定める線形写像によって近似される」と考えることができる．

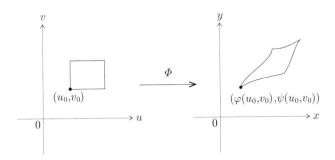

定義 20.13 上述の状況において，$J(u,v)$ を写像 Φ の**ヤコビ行列**とよぶ．また，その行列式 $\det J(u,v)$ を**ヤコビ行列式 (ヤコビアン)** とよび

$$\frac{\partial(\varphi,\psi)}{\partial(u,v)}$$

と表す．$x=\varphi(u,v), y=\psi(u,v)$ とおいて，Φ のヤコビ行列式を

$$\frac{\partial(x,y)}{\partial(u,v)}$$

と表すこともある．

ここで，2 次正方行列 A に対して，その行列式 $\det A$ は，「A をかけることによって生ずる図形の面積の拡大率に正または負の符号をつけたもの」であったことに注意すれば (第 6 章，第 7 章参照)，次の考察が導かれる．

考察． (u_0,v_0) の近くでは，写像 Φ による図形の面積の拡大率は，(u_0,v_0) におけるヤコビ行列式の値の絶対値

$$\left| \frac{\partial(\varphi,\psi)}{\partial(u,v)}(u_0,v_0) \right|$$

で近似される．

この節では，次の定理を紹介し，実際にそれを用いた計算を述べる．

定理 20.14 Ω は uv 平面内の有界集合とし，D は xy 平面内の有界集合とする．$\varphi(u,v), \psi(u,v)$ は Ω 上の連続関数であり，Ω の内部で C^1 級とし，変数変換

$$x = \varphi(u,v), \quad y = \psi(u,v)$$

によって，Ω は D に 1 対 1 にうつされるとする．すなわち，全単射写像

$$\Phi : \Omega \ni (u,v) \mapsto \big(\varphi(u,v), \psi(u,v)\big) \in D$$

が定まっているとする．また，Ω の内部において，つねに $\dfrac{\partial(\varphi,\psi)}{\partial(u,v)} \neq 0$ であるとする．このとき，D 上で有界かつ連続な積分可能関数 $f(x,y)$ に対して

$$\iint_D f(x,y)\,dxdy = \iint_\Omega f\big(\varphi(u,v), \psi(u,v)\big) \left|\frac{\partial(\varphi,\psi)}{\partial(u,v)}\right| dudv \tag{20.4}$$

が成り立つ．

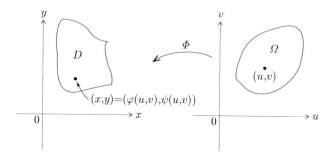

定理 20.14 が成り立つ理由の直観的な説明． 簡単のため，Ω が長方形の場合を考える．すなわち

$$\Omega = \{(u,v) \in \mathbb{R}^2 \,|\, a \leq u \leq b,\ c \leq v \leq d\} \quad (a<b,\ c<d)$$

と表されるとする．$a = u_0 < u_1 < \cdots < u_m = b,\ c = v_0 < v_1 < \cdots < v_n = d$ を満たす実数 $u_0, u_1, \ldots, u_m, v_0, v_1, \ldots, v_n$ を選び

$$\Omega_{ij} = \{(u,v) \in \mathbb{R}^2 \,|\, u_{i-1} \leq u \leq u_i,\ v_{j-1} \leq v \leq v_j\} \quad (1 \leq i \leq m,\ 1 \leq j \leq n)$$

とおいて，Ω を分割する．Ω_{ij} の面積を S_{ij} とし，像 $\Phi(\Omega_{ij})$ の面積を $\hat{S}_{ij}$ とすると，次の近似式が成り立つ．

$$\hat{S}_{ij} \approx \left|\frac{\partial(\varphi,\psi)}{\partial(u,v)}(u_i, v_j)\right| S_{ij}. \tag{20.5}$$

この状況において

$$A = \sum_{\substack{1 \leq i \leq m \\ 1 \leq j \leq n}} f\big(\varphi(u_i, v_j), \psi(u_i, v_j)\big)\, \hat{S}_{ij} \tag{20.6}$$

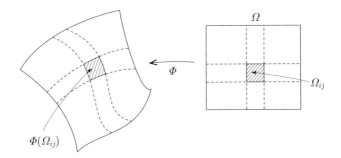

とおく. このとき, 分割を細かくすれば, A の値は $\iint_D f(x,y)\,dxdy$ に近づく.

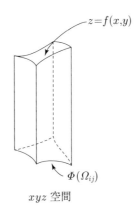

xyz 空間

一方, 式 (20.5) と式 (20.6) により

$$A \approx \sum_{\substack{1 \leq i \leq m \\ 1 \leq j \leq n}} f\bigl(\varphi(u_i, v_j), \psi(u_i, v_j)\bigr) \left| \frac{\partial(\varphi, \psi)}{\partial(u, v)}(u_i, v_j) \right| S_{ij} \qquad (20.7)$$

が得られる. いま, u, v を変数とする関数 $g(u, v)$ を

$$g(u, v) = f\bigl(\varphi(u, v), \psi(u, v)\bigr) \left| \frac{\partial(\varphi, \psi)}{\partial(u, v)} \right|$$

によって定めると, 式 (20.7) は次のように書き直される.

$$A \approx \sum_{\substack{1 \leq i \leq m \\ 1 \leq j \leq n}} g(u_i, v_j) S_{ij}$$

したがって, 分割を細かくすれば, A の値は

に近づく. よって, 式 (20.4) が成り立つ.

$$\iint_\Omega g(u,v)\,dudv = \iint_\Omega f(\varphi(u,v),\psi(u,v)) \left|\frac{\partial(\varphi,\psi)}{\partial(u,v)}\right| dudv$$

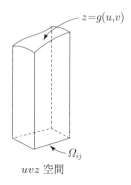

uvz 空間 □

実際に定理 20.14 を用いて, 重積分を計算してみよう.

例 20.15 $D = \{(x,y) \in \mathbb{R}^2 \mid x \geq 0,\ 1 \leq x^2 + y^2 \leq 4\}$ とし

$$f(x,y) = \frac{1}{\sqrt{x^2+y^2}}$$

とするとき, $I = \iint_D f(x,y)\,dxdy$ を求めよう. いま, 変数変換

$$x = r\cos\theta,\ y = r\sin\theta \quad \left(1 \leq r \leq 2,\ -\frac{\pi}{2} \leq \theta \leq \frac{\pi}{2}\right) \tag{20.8}$$

をほどこし, D に対応する $r\theta$ 平面内の集合を Ω とすれば

$$\Omega = \left\{(r,\theta) \in \mathbb{R}^2 \ \middle|\ 1 \leq r \leq 2,\ -\frac{\pi}{2} \leq \theta \leq \frac{\pi}{2}\right\}$$

と表される (次頁の図参照). このとき

$$\frac{\partial(x,y)}{\partial(r,\theta)} = \begin{vmatrix} \frac{\partial x}{\partial r} & \frac{\partial x}{\partial \theta} \\ \frac{\partial y}{\partial r} & \frac{\partial y}{\partial \theta} \end{vmatrix} = \begin{vmatrix} \cos\theta & -r\sin\theta \\ \sin\theta & r\cos\theta \end{vmatrix} = r, \quad f(r\cos\theta, r\sin\theta) = \frac{1}{r}$$

であるので

$$I = \iint_\Omega \frac{1}{r} r\,drd\theta = \int_1^2 dr \int_{-\frac{\pi}{2}}^{\frac{\pi}{2}} d\theta = \int_1^2 \pi dr = \pi$$

が得られる.

注意 20.16 式 (20.8) の形の変数変換は, **極座標変換**とよばれる.

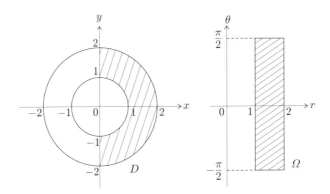

例題 20.17 極座標変換を用いて，例題 20.10 の重積分 I を求めよ．

［解答］ $E = \{(x, 0) \,|\, 0 \leq x \leq 1\}$ とし，D から E を取り除いた部分を D_0 とする．変数変換 $x = r\cos\theta, y = r\sin\theta \ (0 < r \leq R, \ 0 < \theta < 2\pi)$ をほどこし，D_0 に対応する $r\theta$ 平面内の集合を Ω とすれば

$$\Omega = \{(r, \theta) \in \mathbb{R}^2 \,|\, 0 < r \leq R, \ 0 < \theta < 2\pi\}$$

と表される (下の図参照)．このとき

$$\frac{\partial(x, y)}{\partial(r, \theta)} = r, \quad f(r\cos\theta, r\sin\theta) = \sqrt{R^2 - r^2}$$

である．ここで，E の面積が 0 であることに注意すれば

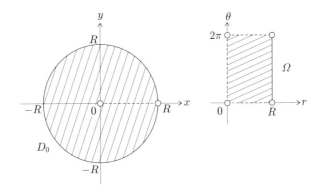

228 第 20 章 多変数関数の積分の計算 — 累次積分・変数変換

$$I = \iint_{D_0} f(x, y)\, dxdy = \iint_{\Omega} f(r\cos\theta, r\sin\theta) \left| \frac{\partial(x, y)}{\partial(r, \theta)} \right| drd\theta$$

$$= \iint_{\Omega} r\sqrt{R^2 - r^2}\, drd\theta = \int_0^R \left(\int_0^{2\pi} r\sqrt{R^2 - r^2}\, d\theta \right) dr$$

$$= \int_0^R 2\pi r(R^2 - r^2)^{\frac{1}{2}}\, dr = \left[-\frac{2\pi}{3}(R^2 - r^2)^{\frac{3}{2}} \right]_0^R = \frac{2}{3}\pi R^3$$

が得られる.

問 20.18 極座標変換を用いて，問 20.12 の重積分 I を求めよ．

第 21 章

多変数関数の積分の発展と応用

2 変数関数の広義積分や 3 変数関数の積分について簡単に触れる．次に，重積分を利用して，立体の体積や表面積を求める方法を述べる．

21.1　広義重積分

重積分に関しても広義積分を考えることができるが，少し準備が必要である．

まず，**閉集合**という概念を導入する．正確な定義は述べないが，$\mathbb{R}^2$ の部分集合 A が境界をすべて含むとき，A は閉集合であるという (「境界」の定義は述べない)．A が有界かつ閉集合であるとき，A は**有界閉集合**であるという．

例 21.1　$\mathbb{R}^2$ の部分集合 A_1, A_2 を次のように定める．
$$A_1 = \{(x,y) \in \mathbb{R}^2 \,|\, x^2 + y^2 \leq 1\}, \quad A_2 = \{(x,y) \in \mathbb{R}^2 \,|\, x^2 + y^2 < 1\}.$$
A_1 は境界をすべて含むので，閉集合である．一方，A_2 は閉集合でない．

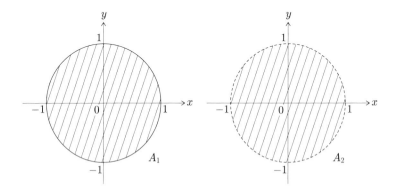

有界閉集合上の連続関数については，次の定理が知られている (証明は省略する)．

定理 21.2　$\mathbb{R}^2$ の有界閉集合 D 上の連続関数 $f(x,y)$ は D 上で有界である．

定義 21.3 D は $\mathbb{R}^2$ の空集合でない部分集合とする. $\mathbb{R}^2$ の部分集合の列
$$K_1, K_2, K_3, \ldots$$
が次の 3 つの条件を満たすとき，これを D の**近似列**とよぶ.
 (a) $K_1 \subset K_2 \subset K_3 \subset \cdots \subset D$.
 (b) K_n はすべて有界閉集合である $(n \in \mathbb{N})$.
 (c) D に含まれる任意の有界閉集合 K に対して
$$K \subset K_m$$
を満たす自然数 m が存在する.

例 21.4 A_2 は例 21.1 の集合とする.
$$K_n = \left\{ (x,y) \in \mathbb{R}^2 \ \middle| \ x^2 + y^2 \leq \left(1 - \frac{1}{n}\right)^2 \right\}, \quad n = 1, 2, 3, \ldots$$
は A_2 の近似列である (証明は省略).

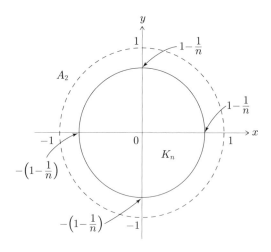

定義 21.5 D は $\mathbb{R}^2$ の空集合でない部分集合とし，$f(x,y)$ は D 上の関数とする. D に含まれる任意の有界閉集合上で $f(x,y)$ が積分可能であるとき，$f(x,y)$ は**局所的に積分可能**であるという.

定義 21.6 $\mathbb{R}^2$ の部分集合 D は近似列を持つとし，D 上の関数 $f(x,y)$ は局所的に積分可能であるとする. D の任意の近似列

$$K_1,\ K_2,\ K_3,\dots$$

に対して，数列

$$\iint_{K_1} f(x,y)\,dxdy,\quad \iint_{K_2} f(x,y)\,dxdy,\quad \iint_{K_3} f(x,y)\,dxdy,\dots$$

が有限の値 I に収束し，かつ，その値 I が近似列の選び方によらないとき，広義
(重) 積分 $\iint_D f(x,y)\,dxdy$ は I に**収束する**といい，

$$\iint_D f(x,y)\,dxdy = I$$

と表す．また，このとき，$f(x,y)$ は D 上で**広義積分可能**であるという．

　広義重積分の取り扱いは，1 変数の場合と比べて，やや複雑である．まず，非負
の値を持つ関数については，次の定理が成り立つ (証明は述べない)．

　定理 21.7　$\mathbb{R}^2$ の部分集合 D は近似列を持つとし，D 上の関数 $f(x,y)$ は局所的
に積分可能であり，つねに 0 以上の値をとるとする．いま，D のある近似列

$$K_1,\ K_2,\ K_3,\dots$$

に対して，数列

$$\iint_{K_1} f(x,y)\,dxdy,\quad \iint_{K_2} f(x,y)\,dxdy,\quad \iint_{K_3} f(x,y)\,dxdy,\dots$$

が有限の値 I に収束すると仮定する．このとき，D の任意の近似列

$$L_1,\ L_2,\ L_3,\dots$$

に対して，

$$\iint_{L_1} f(x,y)\,dxdy,\quad \iint_{L_2} f(x,y)\,dxdy,\quad \iint_{L_3} f(x,y)\,dxdy,\dots$$

は同じ値 I に収束する．特に，$f(x,y)$ は広義積分可能であり，次が成り立つ．

$$\iint_D f(x,y)\,dxdy = I.$$

　一般の関数 $f(x,y)$ については，次のような関数 $f^+(x,y)$, $f^-(x,y)$ を考える．

$$f^+(x,y) = \begin{cases} f(x,y) & (f(x,y) \geq 0\ \text{のとき}) \\ 0 & (f(x,y) \leq 0\ \text{のとき}), \end{cases}$$

$$f^-(x,y) = \begin{cases} 0 & (f(x,y) \geq 0\ \text{のとき}) \\ |f(x,y)| & (f(x,y) \leq 0\ \text{のとき}). \end{cases}$$

$f^+(x,y), f^-(x,y)$ はつねに非負の値をとり，次が成り立つ．
$$f(x,y) = f^+(x,y) - f^-(x,y).$$

次の定理も証明は省略する．

定理 21.8 $\mathbb{R}^2$ の部分集合 D は近似列を持つとし，D 上の関数 $f(x,y)$ は局所的に積分可能であるとする．$f^+(x,y), f^-(x,y)$ がともに D 上で広義積分可能ならば，$f(x,y)$ も D 上で広義積分可能であり
$$\iint_D f(x,y)\,dxdy = \iint_D f^+(x,y) - \iint_D f^-(x,y)$$
が成り立つ．

理論的な説明はこの程度にとどめ，実際に広義重積分を計算してみよう．

例 21.9 $D = \{(x,y) \in \mathbb{R}^2 \mid 0 < x \leq 1,\ 0 \leq y < x\}$ とし，広義重積分
$$I = \iint_D \frac{dxdy}{\sqrt{x-y}}$$
を考える．この場合
$$K_n = \left\{(x,y) \in \mathbb{R}^2 \;\middle|\; \frac{1}{n} \leq x \leq 1,\ 0 \leq y \leq x - \frac{1}{n}\right\}, \quad n = 1, 2, 3, \ldots$$
は D の近似列である．

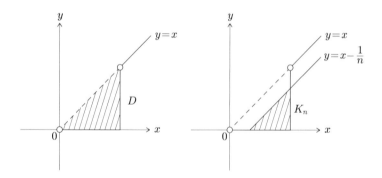

そこで，$I_n = \iint_{K_n} \dfrac{dxdy}{\sqrt{x-y}}$ とおくと
$$I_n = \int_{\frac{1}{n}}^1 dx \int_0^{x-\frac{1}{n}} \frac{dy}{\sqrt{x-y}} = \int_{\frac{1}{n}}^1 \left[-2(x-y)^{\frac{1}{2}}\right]_{y=0}^{y=x-\frac{1}{n}} dx$$
$$= \int_{\frac{1}{n}}^1 \left(2\sqrt{x} - \frac{2}{\sqrt{n}}\right) dx = \frac{4}{3} - 2n^{-\frac{1}{2}} + \frac{2}{3}n^{-\frac{3}{2}}$$

が得られる. したがって, この広義重積分は $\dfrac{4}{3}$ に収束する.

$$I = \lim_{n \to \infty} I_n = \frac{4}{3}.$$

問 21.10 $D = \{(x, y) \in \mathbb{R}^2 \,|\, 0 < x \le 1, \, 0 \le y \le x\}$ とする.

$$I = \iint_D \frac{dxdy}{\sqrt{x^2 + y^2}}$$

を求めよ.

変数変換を利用して, 次の例題を解いてみよう.

例題 21.11 $I = \displaystyle\int_0^\infty e^{-x^2} dx$ とする. また

$$D = \{(x, y) \in \mathbb{R}^2 \,|\, x \ge 0, \, y \ge 0\}, \quad J = \iint_D e^{-(x^2 + y^2)} dxdy$$

とする. $n \in \mathbb{N}$ とする.

(1) $K_n = \{(x, y) \in \mathbb{R}^2 \,|\, x \ge 0, \, y \ge 0, \, x^2 + y^2 \le n^2\}$ とし

$$J_n = \iint_{K_n} e^{-(x^2 + y^2)} dxdy$$

とする. 極座標変換を用いて, J_n の値を求めよ.

(2) $I_n = \displaystyle\int_0^n e^{-x^2} dx$ とする. また

$$L_n = \{(x, y) \in \mathbb{R}^2 \,|\, 0 \le x \le n, \, 0 \le y \le n\}, \quad \tilde{J}_n = \iint_{L_n} e^{-(x^2 + y^2)} dxdy$$

とする. このとき, $\tilde{J}_n = I_n{}^2$ が成り立つことを示せ.

(3) I の値を求めよ.

[解答] (1) $x = r\cos\theta, \, y = r\sin\theta \ (r > 0, 0 \le \theta \le \frac{\pi}{2})$ と変換すると

$$\frac{\partial(x, y)}{\partial(r, \theta)} = r, \quad e^{-(x^2 + y^2)} = e^{-r^2}$$

であるので

$$J_n = \int_0^n dr \int_0^{\frac{\pi}{2}} re^{-r^2} d\theta = \int_0^n \frac{\pi}{2} re^{-r^2} dr = \left[-\frac{\pi}{4} e^{-r^2} \right]_0^n = \frac{\pi}{4} - \frac{\pi}{4} e^{-n^2}.$$

(2) 累次積分を用いることにより

234　第 21 章　多変数関数の積分の発展と応用

$$\tilde{J}_n = \int_0^n \left(\int_0^n e^{-(x^2+y^2)} dy \right) dx = \int_0^n e^{-x^2} \left(\int_0^n e^{-y^2} dy \right) dx$$

が得られる．ここで，$\displaystyle\int_0^n e^{-y^2} dy$ は x に無関係であるので

$$\tilde{J}_n = \left(\int_0^n e^{-y^2} dy \right) \left(\int_0^n e^{-x^2} dx \right) = I_n^2$$

が示される．

(3)　$\displaystyle J = \lim_{n\to\infty} J_n = \frac{\pi}{4}$ である．一方

$$J = \lim_{n\to\infty} \tilde{J}_n = \lim_{n\to\infty} I_n^2 = \left(\lim_{n\to\infty} I_n \right)^2 = I^2$$

であるので，$I^2 = \dfrac{\pi}{4}$ が成り立つ．したがって，$I = \dfrac{\sqrt{\pi}}{2}$ が得られる．　　　□

21.2　3 重積分

$\mathbb{R}^3$ の有界集合 D 上の有界な関数 $f(x,y,z)$ に対しても，「$f(x,y,z)$ が D 上で積分可能である」ということを定義し，3 重積分

$$\iiint_D f(x,y,z)\, dxdydz$$

を考えることができる．また，一定の条件のもと，累次積分によって重積分を計算することができる．理論の詳細は省略し，例をあげて説明しよう．

例 21.12　$R > 0$ とし，$D = \{(x,y,z) \in \mathbb{R}^3 \,|\, x^2 + y^2 + z^2 \leq R^2\}$ とする．D は半径 R の球体である．その体積を V とすれば

$$V = \iiint_D dxdydz$$

である．$(x,y,z) \in D$ のとき，x は $-R \leq x \leq R$ を満たす．そのような x を 1 つ選んで固定すれば，y は $-\sqrt{R^2 - x^2} \leq y \leq \sqrt{R^2 - x^2}$ を満たす．さらに，そのような x, y を固定すれば，z は $-\sqrt{R^2 - x^2 - y^2} \leq z \leq \sqrt{R^2 - x^2 - y^2}$ を満たす．したがって

$$V = \int_{-R}^R \left(\int_{-\sqrt{R^2-x^2}}^{\sqrt{R^2-x^2}} \left(\int_{-\sqrt{R^2-x^2-y^2}}^{\sqrt{R^2-x^2-y^2}} dz \right) dy \right) dx$$

$$= \int_{-R}^R \left(\int_{-\sqrt{R^2-x^2}}^{\sqrt{R^2-x^2}} 2\sqrt{R^2 - x^2 - y^2}\, dy \right) dx$$

が成り立つ．このとき，例題 20.10 の解答と同様の計算によって
$$V = \frac{4}{3}\pi R^3$$
が得られる (詳細な検討は読者にゆだねる)．

よく使われる変数変換の例を 2 つ述べよう．

例 21.13 $x = r\cos\theta,\ y = r\sin\theta,\ z = w\ (r > 0, 0 \leq \theta < 2\pi)$ という変換によって，変数 x, y, z は変数 r, θ, w に変換される．この変数の組合せ (r, θ, w) は**円柱座標**とよばれる．

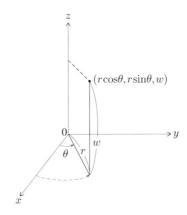

この場合，ヤコビ行列式は次のようなものである．

$$\frac{\partial(x,y,z)}{\partial(r,\theta,w)} = \begin{vmatrix} \frac{\partial x}{\partial r} & \frac{\partial x}{\partial \theta} & \frac{\partial x}{\partial w} \\ \frac{\partial y}{\partial r} & \frac{\partial y}{\partial \theta} & \frac{\partial y}{\partial w} \\ \frac{\partial z}{\partial r} & \frac{\partial z}{\partial \theta} & \frac{\partial z}{\partial w} \end{vmatrix} = \begin{vmatrix} \cos\theta & -r\sin\theta & 0 \\ \sin\theta & r\cos\theta & 0 \\ 0 & 0 & 1 \end{vmatrix} = r.$$

例 21.14 $x = r\sin\theta\cos\varphi,\ y = r\sin\theta\sin\varphi,\ z = r\cos\theta\ (r > 0, 0 \leq \theta < \pi, 0 \leq \varphi < 2\pi)$ という変換によって，変数 x, y, z は変数 r, θ, φ に変換される．この変数の組合せ (r, θ, φ) は**極座標 (球座標)** とよばれる．

この座標は次のような意味を持つ．いま，地球儀の中心を原点に置き，北極と南極を結ぶ直線を z 軸に重ねる．このとき，北極からはかった「緯度」が θ であり，x 軸からはかった「経度」が φ である．r は中心からの距離である (次頁の図参照)．

この場合，ヤコビ行列式は次のようなものである．

236 第 21 章 多変数関数の積分の発展と応用

$$\frac{\partial(x,y,z)}{\partial(r,\theta,w)} = \begin{vmatrix} \sin\theta\cos\varphi & r\cos\theta\cos\varphi & -r\sin\theta\sin\varphi \\ \sin\theta\sin\varphi & r\cos\theta\sin\varphi & r\sin\theta\cos\varphi \\ \cos\theta & -r\sin\theta & 0 \end{vmatrix} = r^2\sin\theta.$$

例題 21.15 極座標に変換することによって，例 21.12 の V を求めよ．

[解答] $x = r\sin\theta\cos\varphi,\ y = r\sin\theta\sin\varphi,\ z = r\cos\theta$ と変換すると，D から原点を除いた部分が

$$0 < r \leq R,\ 0 \leq \theta < \pi,\ 0 \leq \varphi < 2\pi$$

という範囲に対応する．したがって

$$V = \int_0^R \left(\int_0^\pi \left(\int_0^{2\pi} r^2\sin\theta\,d\varphi \right) d\theta \right) dr$$
$$= \int_0^R \left(\int_0^\pi 2\pi r^2\sin\theta\,d\theta \right) dr = \int_0^R 4\pi r^2\,dr = \frac{4}{3}\pi R^3$$

が得られる． □

21.3 立体の体積

重積分を利用して立体の体積を求める方法をまとめておく．

- D は $\mathbb{R}^3$ の部分集合とする．

$$V = \iiint_D dxdydz$$

が定まれば，この V の値が D の体積である．

- D は $\mathbb{R}^2$ の有界閉集合とする．$\varphi(x, y), \psi(x, y)$ は D 上の連続関数であり，D の内部で C^1 級関数であって，D 上でつねに $\varphi(x, y) \leq \psi(x, y)$ が成り立つものとする．いま

$$\tilde{D} = \{(x, y, z) \in \mathbb{R}^3 \,|\, (x, y) \in D, \ \varphi(x, y) \leq z \leq \psi(x, y)\}$$

とする．このとき

$$V = \iint_D \Big(\psi(x, y) - \varphi(x, y)\Big) dxdy$$

が定まれば，この V の値が $\tilde{D}$ の体積である．

21.4 曲面積

重積分を用いて曲面の面積 (**曲面積**) を求める方法を直観的に考えてみよう．

$\mathbb{R}^2$ 内の区分的に C^1 級の単一閉曲線 C で囲まれた部分 (C を含む) を D とする．$f(x, y)$ は D 上の連続関数であって，D の内部で C^1 級であるとする．$\mathbb{R}^3$ 内の曲面 $\varGamma$ を

$$\varGamma = \{(x, y, z) \in \mathbb{R}^3 \,|\, (x, y) \in D, \ z = f(x, y)\}$$

により定め，曲面 $\varGamma$ の面積を A とおく．

いま，$(a, b) \in D$ とし，h, k は十分 0 に近い正の実数とする．xy 平面上の点 P, Q, R, S を

$$\mathrm{P} = (a, b), \ \mathrm{Q} = (a+h, b), \ \mathrm{R} = (a+h, b+k), \ \mathrm{S} = (a, b+k)$$

と定め，この 4 点を結んでできる長方形の内部を $\varDelta$ とする．

次に，xyz 空間内の点 P′, Q′, R′, S′ を

$$\mathrm{P}' = \Big(a, b, f(a, b)\Big), \ \mathrm{Q}' = \Big(a+h, b, f(a+h, b)\Big),$$

$$\mathrm{R}' = \Big(a+h, b+k, f(a+h, b+k)\Big), \ \mathrm{S}' = \Big(a, b+k, f(a, b+k)\Big)$$

と定める．曲面

$$\{(x, y, z) \in \mathbb{R}^3 \,|\, (x, y) \in \varDelta, \ z = f(x, y)\}$$

の面積を $A_\varDelta$ とする．

さて，$A_\varDelta$ は 2 つのベクトル $\overrightarrow{\mathrm{P}'\mathrm{Q}'}$, $\overrightarrow{\mathrm{P}'\mathrm{S}'}$ の作る平行四辺形の面積とほぼ等しいと考えられる．さらに，平均値の定理 (系 15.3) を用いれば

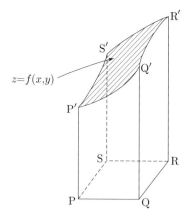

$$\overrightarrow{\mathrm{P'Q'}} = \begin{pmatrix} h \\ 0 \\ f(a+h,b) - f(a,b) \end{pmatrix} \approx \begin{pmatrix} h \\ 0 \\ h\,f_x(a,b) \end{pmatrix} = h \begin{pmatrix} 1 \\ 0 \\ f_x(a,b) \end{pmatrix},$$

$$\overrightarrow{\mathrm{P'S'}} = \begin{pmatrix} 0 \\ k \\ f(a,b+k) - f(a,b) \end{pmatrix} \approx \begin{pmatrix} 0 \\ k \\ k\,f_y(a,b) \end{pmatrix} = k \begin{pmatrix} 0 \\ 1 \\ f_y(a,b) \end{pmatrix}$$

という近似式が成り立つことがわかる．したがって

$$\boldsymbol{u} = h \begin{pmatrix} 1 \\ 0 \\ f_x(a,b) \end{pmatrix}, \quad \boldsymbol{v} = k \begin{pmatrix} 0 \\ 1 \\ f_y(a,b) \end{pmatrix}$$

とおけば

$$A_\Delta \approx \sqrt{\left\|\overrightarrow{\mathrm{P'Q'}}\right\|^2 \left\|\overrightarrow{\mathrm{P'S'}}\right\|^2 - \left(\overrightarrow{\mathrm{P'Q'}}, \overrightarrow{\mathrm{P'S'}}\right)^2}$$
$$\approx \sqrt{\|\boldsymbol{u}\|^2 \|\boldsymbol{v}\|^2 - (\boldsymbol{u}, \boldsymbol{v})^2}$$
$$= hk\sqrt{1 + \bigl(f_x(a,b)\bigr)^2 + \bigl(f_y(a,b)\bigr)^2}$$

という近似式が得られる (詳細な検討は読者にゆだねる)．ここで，hk は Δ の面積であることに注意する．

いま，D を小さな長方形に分割し，それぞれの長方形 Δ に対して上のような A_Δ を考え，それらの総和をとれば，A の近似が得られる．したがって

$$A = \iint_D \sqrt{1 + \left(f_x(x,y)\right)^2 + \left(f_y(x,y)\right)^2} \, dxdy \tag{21.1}$$

が成り立つと考えられる.

例 21.16 上述の式 (21.1) を用いて,半径 R の球の表面積を計算してみよう.

$$D = \{(x,y) \in \mathbb{R}^2 \mid x^2 + y^2 \leq R\}, \quad f(x,y) = \sqrt{R^2 - x^2 - y^2}$$

とすると,$\{(x,y,z) \in \mathbb{R}^3 \mid (x,y) \in D, \, z = f(x,y)\}$ は半径 R の半球である.この半球の表面積を A とする.

$$f_x(x,y) = -\frac{x}{\sqrt{R^2 - x^2 - y^2}}, \quad f_y(x,y) = -\frac{y}{\sqrt{R^2 - x^2 - y^2}}$$

であるので

$$\sqrt{1 + \left(f_x(x,y)\right)^2 + \left(f_y(x,y)\right)^2} = \frac{R}{\sqrt{R^2 - x^2 - y^2}}$$

となる.したがって

$$A = \iint_D \frac{R}{\sqrt{R^2 - x^2 - y^2}} \, dxdy$$

が成り立つ.ここで,極座標変換

$$x = r\cos\theta, \, y = r\sin\theta \quad (r > 0, \, 0 \leq \theta < 2\pi)$$

を用いると

$$\frac{\partial(x,y)}{\partial(r,\theta)} = r, \quad \sqrt{R^2 - x^2 - y^2} = \sqrt{R^2 - r^2}$$

より

$$\begin{aligned}
I &= \int_0^R dr \int_0^{2\pi} \frac{Rr}{\sqrt{R^2 - r^2}} \, d\theta \\
&= 2\pi R \int_0^R \frac{r}{\sqrt{R^2 - r^2}} \, dr = 2\pi R \left[-\sqrt{R^2 - r^2} \right]_0^R = 2\pi R^2
\end{aligned}$$

が得られる.半径 R の球の表面積は,その 2 倍の $4\pi R^2$ である.

問 21.17 $D = \{(x,y) \in \mathbb{R}^2 \mid x^2 + y^2 \leq 1\}$ とする.曲面

$$\varGamma = \{(x,y,z) \in \mathbb{R}^3 \mid (x,y) \in D, \, z = x^2 + y^2\}$$

の面積を求めよ.

問の解答

問 2.1 $A + B = \begin{pmatrix} 1 & 3 & 3 \\ 3 & 1 & 0 \\ 0 & 2 & 4 \end{pmatrix}$, $3A = \begin{pmatrix} 6 & 3 & 9 \\ 3 & 0 & 6 \\ -3 & 0 & 3 \end{pmatrix}$.

問 2.3 (1) $\begin{pmatrix} x_1 + x_2 + 3x_3 \\ 5x_1 + 2x_3 \end{pmatrix}$.　(2) $\begin{pmatrix} 7x_1 + 2x_2 + 8x_3 \\ 19x_1 + 4x_2 + 18x_3 \end{pmatrix}$.

(3) $C = \begin{pmatrix} 7 & 2 & 8 \\ 19 & 4 & 18 \end{pmatrix}$ とすればよい.

問 2.5 AB の $(2,1)$ 成分は $2 \cdot 4 + 4 \cdot 2 + 1 \cdot 3 = 19$ である.

AB の $(2,2)$ 成分は $2 \cdot 1 + 4 \cdot 5 + 1 \cdot 0 = 22$ である.

問 2.7 $AB = \begin{pmatrix} -7 & 22 \\ 4 & 6 \end{pmatrix}$, $BA = \begin{pmatrix} 11 & -1 \\ 2 & -12 \end{pmatrix}$.

問 2.8 $(AB)C = A(BC) = \begin{pmatrix} 18 & 11 \\ 40 & 25 \end{pmatrix}$.

問 2.9 省略.

問 2.15 $A_{11}B_{11} + A_{12}B_{21} = \begin{pmatrix} 19 & 22 \\ 19 & 16 \end{pmatrix}$, $A_{21}B_{11} + A_{22}B_{21} = \begin{pmatrix} 38 & 38 \end{pmatrix}$ であ

る. 一方, $AB = \begin{pmatrix} 19 & 22 \\ 19 & 16 \\ 38 & 38 \end{pmatrix} = \begin{pmatrix} A_{11}B_{11} + A_{12}B_{21} \\ A_{21}B_{11} + A_{22}B_{21} \end{pmatrix}$ である.

問 2.18 $A = \begin{pmatrix} a_{11} & a_{12} \\ a_{21} & a_{22} \end{pmatrix}$, $B = \begin{pmatrix} b_{11} & b_{12} \\ b_{21} & b_{22} \end{pmatrix}$ に対して

$$^t(AB) = \begin{pmatrix} a_{11}b_{11} + a_{12}b_{21} & a_{21}b_{11} + a_{22}b_{21} \\ a_{11}b_{12} + a_{12}b_{22} & a_{21}b_{12} + a_{22}b_{22} \end{pmatrix} = {}^tB\,{}^tA.$$

問 3.2 階段行列は A と C である.

問 3.8 (1) 拡大係数行列を次のように変形する.

$$\begin{pmatrix} 1 & -2 & 0 & 2 \\ 2 & -4 & 1 & 7 \\ -1 & 2 & 2 & 4 \end{pmatrix} \xrightarrow[R_3+R_1]{R_2-2R_1} \begin{pmatrix} 1 & -2 & 0 & 2 \\ 0 & 0 & 1 & 3 \\ 0 & 0 & 2 & 6 \end{pmatrix}$$

$$\xrightarrow{R_3-2R_2} \begin{pmatrix} 1 & -2 & 0 & 2 \\ 0 & 0 & 1 & 3 \\ 0 & 0 & 0 & 0 \end{pmatrix}.$$

一般解は次のように表される.

$$x_1 = 2 + 2\alpha, \quad x_2 = \alpha, \quad x_3 = 3 \quad (\alpha \text{ は任意定数}).$$

(2) 拡大係数行列を次のように変形する.

$$\begin{pmatrix} 1 & 1 & 1 & 9 \\ 2 & 3 & 1 & 22 \\ 1 & 3 & 0 & 16 \end{pmatrix} \xrightarrow[R_3-R_1]{R_2-2R_1} \begin{pmatrix} 1 & 1 & 1 & 9 \\ 0 & 1 & -1 & 4 \\ 0 & 2 & -1 & 7 \end{pmatrix}$$

$$\xrightarrow[R_3-2R_2]{R_1-R_2} \begin{pmatrix} 1 & 0 & 2 & 5 \\ 0 & 1 & -1 & 4 \\ 0 & 0 & 1 & -1 \end{pmatrix} \xrightarrow[R_2+R_3]{R_1-2R_3} \begin{pmatrix} 1 & 0 & 0 & 7 \\ 0 & 1 & 0 & 3 \\ 0 & 0 & 1 & -1 \end{pmatrix}.$$

解は $x_1 = 7$, $x_2 = 3$, $x_3 = -1$.

問 3.10 $A^{-1} = \begin{pmatrix} -1 & 0 & 2 & -2 \\ 4 & 1 & -2 & 0 \\ -3 & 1 & 2 & -1 \\ 1 & -1 & -1 & 1 \end{pmatrix}$.

問 3.13 $\begin{pmatrix} 1 & 2 & 0 & 3 & 0 \\ 0 & 0 & 1 & 2 & 0 \\ 0 & 0 & 0 & 0 & 1 \\ 0 & 0 & 0 & 0 & 0 \end{pmatrix} \xrightarrow{C_2 \leftrightarrow C_3} \begin{pmatrix} 1 & 0 & 2 & 3 & 0 \\ 0 & 1 & 0 & 2 & 0 \\ 0 & 0 & 0 & 0 & 1 \\ 0 & 0 & 0 & 0 & 0 \end{pmatrix}$

$$\xrightarrow{C_3 \leftrightarrow C_5} \begin{pmatrix} 1 & 0 & 0 & 3 & 2 \\ 0 & 1 & 0 & 2 & 0 \\ 0 & 0 & 1 & 0 & 0 \\ 0 & 0 & 0 & 0 & 0 \end{pmatrix} \xrightarrow[C_5-2C_1]{C_4-3C_1} \begin{pmatrix} 1 & 0 & 0 & 0 & 0 \\ 0 & 1 & 0 & 2 & 0 \\ 0 & 0 & 1 & 0 & 0 \\ 0 & 0 & 0 & 0 & 0 \end{pmatrix}$$

$$\xrightarrow{C_4-2C_2} \begin{pmatrix} 1 & 0 & 0 & 0 & 0 \\ 0 & 1 & 0 & 0 & 0 \\ 0 & 0 & 1 & 0 & 0 \\ 0 & 0 & 0 & 0 & 0 \end{pmatrix}.$$

問 4.5 $A \cdot \boldsymbol{0} = \boldsymbol{0}$ より，$\boldsymbol{0} \in V$ である．また，$\boldsymbol{a}, \boldsymbol{b} \in V, c \in \mathbb{R}$ とすると

$$A(\boldsymbol{a} + \boldsymbol{b}) = A\boldsymbol{a} + A\boldsymbol{b} = \boldsymbol{0} + \boldsymbol{0} = \boldsymbol{0}, \quad A(c\boldsymbol{a}) = cA\boldsymbol{a} = c \cdot \boldsymbol{0} = \boldsymbol{0}$$

より，$\boldsymbol{a} + \boldsymbol{b} \in V, c\boldsymbol{a} \in V$ であるので，V は $\mathbb{R}^n$ の線形部分空間である．

問 4.15 (1) $\alpha \boldsymbol{c}_1 + \beta \boldsymbol{c}_2 = \boldsymbol{0}$ が成り立つとする．このとき，左辺が $\begin{pmatrix} \alpha \\ \beta \end{pmatrix}$ であること

とより，$\alpha = \beta = 0$ が得られる．よって，$\boldsymbol{c}_1, \boldsymbol{c}_2$ は線形独立である．

(2) $\boldsymbol{c}_1 + \boldsymbol{c}_2 - \boldsymbol{c}_3 = \boldsymbol{0}$ が成り立つので，$\boldsymbol{c}_1, \boldsymbol{c}_2, \boldsymbol{c}_3$ は線形従属である．

問 4.16 $\alpha \boldsymbol{a} + \beta \boldsymbol{b} = \boldsymbol{0}$ とすると，$\begin{pmatrix} 2\alpha + 4\beta \\ \alpha \\ \beta \end{pmatrix} = \begin{pmatrix} 0 \\ 0 \\ 0 \end{pmatrix}$ である．第 2 成分，第

3 成分に着目すれば $\alpha = \beta = 0$ が得られるので，$\boldsymbol{a}, \boldsymbol{b}$ は線形独立である．

問 4.19 実数 $c_1, c_2, \ldots, c_n$ が $c_1 \boldsymbol{e}_1 + c_2 \boldsymbol{e}_2 + \cdots + c_n \boldsymbol{e}_n = \boldsymbol{0}$ を満たすとき，両辺のベクトルの第 i 成分を比較すれば，$c_i = 0$ が得られる ($1 \le i \le n$)．よって，$\boldsymbol{e}_1, \boldsymbol{e}_2, \ldots, \boldsymbol{e}_n$ は線形独立である．

また，任意の n 次元ベクトル $\boldsymbol{a} = \begin{pmatrix} a_1 \\ \vdots \\ a_n \end{pmatrix}$ は

$$\boldsymbol{a} = a_1 \boldsymbol{e}_1 + a_2 \boldsymbol{e}_2 + \cdots + a_n \boldsymbol{e}_n$$

と表すことができるので，$\mathbb{R}^n$ は $\boldsymbol{e}_1, \boldsymbol{e}_2, \ldots, \boldsymbol{e}_n$ で生成される．

よって，$\boldsymbol{e}_1, \boldsymbol{e}_2, \ldots, \boldsymbol{e}_n$ は $\mathbb{R}^n$ の基底である．

問 4.28 (1) 次のような行基本変形により，$\mathrm{rank}(A) = 2$ が得られる．

$$\begin{pmatrix} 1 & 1 & -1 & 0 & 2 \\ 1 & 1 & 0 & 2 & 3 \\ 3 & 3 & -1 & 4 & 8 \end{pmatrix} \xrightarrow[R_3-3R_1]{R_2-R_1} \begin{pmatrix} 1 & 1 & -1 & 0 & 2 \\ 0 & 0 & 1 & 2 & 1 \\ 0 & 0 & 2 & 4 & 2 \end{pmatrix}$$

$$\xrightarrow[R_3-2R_2]{R_1+R_2} \begin{pmatrix} 1 & 1 & 0 & 2 & 3 \\ 0 & 0 & 1 & 2 & 1 \\ 0 & 0 & 0 & 0 & 0 \end{pmatrix}.$$

(2) 連立 1 次方程式 $A\boldsymbol{x} = \boldsymbol{0}$ の一般解は

$$x_1 = -\alpha - 2\beta - 3\gamma, \ x_2 = \alpha, \ x_3 = -2\beta - \gamma, \ x_4 = \beta, \ x_5 = \gamma$$

(α, β, γ は任意定数) と表される. したがって

$$\boldsymbol{a}_1 = \begin{pmatrix} -1 \\ 1 \\ 0 \\ 0 \\ 0 \end{pmatrix}, \quad \boldsymbol{a}_2 = \begin{pmatrix} -2 \\ 0 \\ -2 \\ 1 \\ 0 \end{pmatrix}, \quad \boldsymbol{a}_3 = \begin{pmatrix} -3 \\ 0 \\ -1 \\ 0 \\ 1 \end{pmatrix}$$

とおけば, V に属する任意のベクトルは

$$\alpha\boldsymbol{a}_1 + \beta\boldsymbol{a}_2 + \gamma\boldsymbol{a}_3 \quad (\alpha, \beta, \gamma \text{ は実数})$$

という形に表される. よって, V は $\boldsymbol{a}_1, \boldsymbol{a}_2, \boldsymbol{a}_3$ で生成される. また, $\boldsymbol{a}_1, \boldsymbol{a}_2,$ $\boldsymbol{a}_3$ は線形独立であるので (証明は省略), $\boldsymbol{a}_1, \boldsymbol{a}_2, \boldsymbol{a}_3$ は V の基底である. したがって, $\dim V = 3$ である.

問 5.1 $\begin{pmatrix} \cos\frac{\pi}{6} & -\sin\frac{\pi}{6} \\ \sin\frac{\pi}{6} & \cos\frac{\pi}{6} \end{pmatrix} \begin{pmatrix} 1 \\ 1 \end{pmatrix} = \begin{pmatrix} \frac{\sqrt{3}}{2} - \frac{1}{2} \\ \frac{1}{2} + \frac{\sqrt{3}}{2} \end{pmatrix}.$

問 5.6 $T_A(\boldsymbol{e}_1) = \begin{pmatrix} a_{11} \\ a_{21} \end{pmatrix}, T_A(\boldsymbol{e}_2) = \begin{pmatrix} a_{12} \\ a_{22} \end{pmatrix}, T_A(\boldsymbol{e}_1 + \boldsymbol{e}_2) = \begin{pmatrix} a_{11} + a_{12} \\ a_{21} + a_{22} \end{pmatrix}.$

問 5.8 $\boldsymbol{x} \in \mathbb{R}^n$ を 1 つ選ぶと, $T(\boldsymbol{0}) = T(0 \cdot \boldsymbol{x}) = 0 \cdot T(\boldsymbol{x}) = \boldsymbol{0}$ が成り立つ.

問 5.13 (1) まず, $\boldsymbol{0} = T(\boldsymbol{0}) \in \mathrm{Im}(T)$ である. 次に, $\boldsymbol{x}, \boldsymbol{y} \in \mathrm{Im}(T), c \in \mathbb{R}$ とする. このとき, ある $\boldsymbol{z}, \boldsymbol{w} \in V$ に対して $\boldsymbol{x} = T(\boldsymbol{z}), \boldsymbol{y} = T(\boldsymbol{w})$ となり

$$\boldsymbol{x} + \boldsymbol{y} = T(\boldsymbol{z}) + T(\boldsymbol{w}) = T(\boldsymbol{z} + \boldsymbol{w}) \in \mathrm{Im}(T), \ c\boldsymbol{x} = c\,T(\boldsymbol{z}) = T(c\boldsymbol{z}) \in \mathrm{Im}(T)$$

が得られる. よって, $\mathrm{Im}(T)$ は V' の線形部分空間である.

(2) まず, $T(\boldsymbol{0}) = \boldsymbol{0}$ より, $\boldsymbol{0} \in \mathrm{Ker}(\boldsymbol{0})$ である. 次に, $\boldsymbol{a}, \boldsymbol{b} \in \mathrm{Ker}(T), c \in \mathbb{R}$ とする. このとき, $T(\boldsymbol{a}) = \boldsymbol{0}, T(\boldsymbol{b}) = \boldsymbol{0}$ より

$$T(\boldsymbol{a} + \boldsymbol{b}) = T(\boldsymbol{a}) + T(\boldsymbol{b}) = \boldsymbol{0} + \boldsymbol{0} = \boldsymbol{0}, \quad T(c\boldsymbol{a}) = c\,T(\boldsymbol{a}) = c \cdot \boldsymbol{0} = \boldsymbol{0}$$

が得られるので, $\boldsymbol{a} + \boldsymbol{b} \in \mathrm{Ker}(T), c\boldsymbol{a} \in \mathrm{Ker}(T)$ である. よって, $\mathrm{Ker}(T)$ は V

244 問の解答

の線形部分空間である.

問 5.21 A に次のような行基本変形をほどこす.

$$\begin{pmatrix} 1 & 1 & 1 \\ 2 & 3 & 4 \\ 5 & 7 & 9 \end{pmatrix} \xrightarrow[R_3-5R_1]{R_2-2R_1} \begin{pmatrix} 1 & 1 & 1 \\ 0 & 1 & 2 \\ 0 & 2 & 4 \end{pmatrix} \xrightarrow[R_3-2R_2]{R_1-R_2} \begin{pmatrix} 1 & 0 & -1 \\ 0 & 1 & 2 \\ 0 & 0 & 0 \end{pmatrix}.$$

このことより, $A\boldsymbol{x} = \boldsymbol{0}$ を満たす $\boldsymbol{x} \in \mathbb{R}^3$ は

$$\boldsymbol{x} = \begin{pmatrix} \alpha \\ -2\alpha \\ \alpha \end{pmatrix} = \alpha \begin{pmatrix} 1 \\ -2 \\ 1 \end{pmatrix} \quad (\alpha \text{ は任意定数})$$

と表されるので, たとえば, $\begin{pmatrix} 1 \\ -2 \\ 1 \end{pmatrix}$ は $\mathrm{Ker}(T_A)$ の基底である.

また, A に次のような列基本変形をほどこす.

$$\begin{pmatrix} 1 & 1 & 1 \\ 2 & 3 & 4 \\ 5 & 7 & 9 \end{pmatrix} \xrightarrow[C_3-C_1]{C_2-C_1} \begin{pmatrix} 1 & 0 & 0 \\ 2 & 1 & 2 \\ 5 & 2 & 4 \end{pmatrix} \xrightarrow[C_3-2C_2]{C_1-2C_2} \begin{pmatrix} 1 & 0 & 0 \\ 0 & 1 & 0 \\ 1 & 2 & 0 \end{pmatrix}.$$

たとえば, $\begin{pmatrix} 1 \\ 0 \\ 1 \end{pmatrix}, \begin{pmatrix} 0 \\ 1 \\ 2 \end{pmatrix}$ は $\mathrm{Im}(T_A)$ の基底である.

問 6.3 (1) 7. (2) -7.

問 6.7 $\det A \det B = (a_{11}a_{22} - a_{21}a_{12})(b_{11}b_{22} - b_{21}b_{12})$

$$= a_{11}a_{22}b_{11}b_{22} - a_{21}a_{12}b_{11}b_{22} - a_{11}a_{22}b_{21}b_{12} + a_{21}a_{12}b_{21}b_{12}$$

である. 一方

$$\det(AB)$$

$$= (a_{11}b_{11} + a_{12}b_{21})(a_{21}b_{12} + a_{22}b_{22}) - (a_{21}b_{11} + a_{22}b_{21})(a_{11}b_{12} + a_{12}b_{22})$$

である. この式を展開して, 前の式と比較すればよい.

問 6.10 4.

245

問 6.14 (1)
$$\text{左辺} = a_{11}a_{22}a_{33} + a_{21}a_{32} \cdot 0 + a_{31} \cdot 0 \cdot a_{23}$$
$$- a_{11}a_{32}a_{23} - a_{21} \cdot 0 \cdot a_{33} - a_{31}a_{22} \cdot 0$$
$$= a_{11}(a_{22}a_{33} - a_{32}a_{23}) = \text{右辺}.$$

(2) 省略.

問 7.4 (1) 36. (2) 18.

問 7.7 $\det A = -12$, $\Delta_{12} = 1$, $\Delta_{22} = -4$, $\Delta_{32} = 1$ である.

$$a_{12}\Delta_{12} + a_{22}\Delta_{22} + a_{32}\Delta_{32} = 3 \cdot 1 + 4 \cdot (-4) + 1 \cdot 1 = -12 = \det A$$

が成り立つ. ここで, a_{ij} は A の (i,j) 成分を表す.

問 7.12 $\tilde{A} = \begin{pmatrix} \Delta_{11} & \Delta_{21} & \Delta_{31} \\ \Delta_{12} & \Delta_{22} & \Delta_{32} \\ \Delta_{13} & \Delta_{23} & \Delta_{33} \end{pmatrix} = \begin{pmatrix} 10 & -4 & -14 \\ 1 & -4 & 1 \\ -7 & 4 & 5 \end{pmatrix}$, $\det A = -12$,

$A\tilde{A} = \tilde{A}A = -12E_3 = (\det A)E_3$ が成り立つことが計算によって確かめられる.

問 7.15 解は

$$x_1 = \frac{c_1 a_{22} - c_2 a_{12}}{a_{11}a_{22} - a_{21}a_{12}}, \quad x_2 = \frac{a_{11}c_2 - a_{21}c_1}{a_{11}a_{22} - a_{21}a_{12}}$$

である. 実際にこれが解であることの確認は省略.

問 7.19 A の第 1 行と第 2 行, 第 1 列と第 3 列を選んでできる 2 次の小行列式
$\begin{vmatrix} 1 & 3 \\ 3 & 1 \end{vmatrix}$ は 0 でない. したがって, A の階数は 2 である.

問 8.3 $(\boldsymbol{w}, \boldsymbol{w}) = (1+2i)(1-2i) + (4+5i)(4-5i) = 46$.

問 8.5 (1) $z = x + \sqrt{-1}y$, $w = u + \sqrt{-1}v$ $(x, y, u, v \in \mathbb{R})$ とする.

(a) $\overline{\overline{z}} = \overline{x - \sqrt{-1}y} = x + \sqrt{-1}y = z$.

$\overline{z} + \overline{w} = (x - \sqrt{-1}y) + (u - \sqrt{-1}v) = (x+u) - \sqrt{-1}(y+v) = \overline{z+w}$.

$\overline{z}\,\overline{w} = (x - \sqrt{-1}y)(u - \sqrt{-1}v) = (xu - yv) - \sqrt{-1}(xv + yu) = \overline{zw}$.

(b) $z\overline{z} = (x + \sqrt{-1}y)(x - \sqrt{-1}y) = x^2 + y^2$ であり, これは 0 以上の実数である. また

$$z\overline{z} = 0 \iff x = y = 0 \iff z = 0$$

である.

(2) $\boldsymbol{z} = \begin{pmatrix} z_1 \\ \vdots \\ z_n \end{pmatrix}$, $\boldsymbol{w} = \begin{pmatrix} w_1 \\ \vdots \\ w_n \end{pmatrix}$ とする.

246 問の解答

(P4) $(\boldsymbol{z}, c\boldsymbol{w}) = \sum_{k=1}^{n} z_k \overline{(cw_k)} = \sum_{k=1}^{n} z_k \overline{c}\,\overline{w_k} = \overline{c} \sum_{k=1}^{n} z_k \overline{w_k} = \overline{c}(\boldsymbol{z}, \boldsymbol{w}).$

(P5) $(\boldsymbol{w}, \boldsymbol{z}) = \sum_{k=1}^{n} w_k \overline{z_k} = \sum_{k=1}^{n} \overline{\overline{w_k}}\,\overline{z_k} = \sum_{k=1}^{n} \overline{\overline{z_k}\,\overline{w_k}} = \overline{\sum_{k=1}^{n} z_k \overline{w_k}} = \overline{(\boldsymbol{z}, \boldsymbol{w})}.$

(P6) $(\boldsymbol{z}, \boldsymbol{z}) = \sum_{k=1}^{n} z_k \overline{z_k}$ であるが，小問 (1) (b) より $z_k \overline{z_k}$ は 0 以上の実数であるので，$(\boldsymbol{z}, \boldsymbol{z})$ は 0 以上の実数である．また

$$(\boldsymbol{z}, \boldsymbol{z}) = 0 \iff \text{任意の } k\ (1 \le k \le n) \text{ に対して } z_k \overline{z_k} = 0$$
$$\iff \text{任意の } k\ (1 \le k \le n) \text{ に対して } z_k = 0$$
$$\iff \boldsymbol{z} = \boldsymbol{0}.$$

問 8.7 $\|\boldsymbol{z}\| = \sqrt{15},\ \|\boldsymbol{w}\| = \sqrt{46}.$

問 8.9 (1) $(\boldsymbol{x}, \boldsymbol{y}) = -3 - 16i,\ \|\boldsymbol{x}\|^2 = (1+i)(1-i) + (2-3i)(2+3i) = 15,$
$\|\boldsymbol{y}\|^2 = (2+i)(2-i) + (3+4i)(3-4i) = 30$ より

$$|(\boldsymbol{x}, \boldsymbol{y})| = \sqrt{3^2 + 16^2} = \sqrt{265}, \quad \|\boldsymbol{x}\| = \sqrt{15}, \quad \|\boldsymbol{y}\| = \sqrt{30}$$

である．したがって，$|(\boldsymbol{x}, \boldsymbol{y})| = \sqrt{265} \le \sqrt{450} = \|\boldsymbol{x}\|\,\|\boldsymbol{y}\|$ が成り立つ．

(2) $\|\boldsymbol{x} + \boldsymbol{y}\|^2 = (3+2i)(3-2i) + (5+i)(5-i) = 39$ である．

$$\|\boldsymbol{x} + \boldsymbol{y}\| = \sqrt{39} \le 7, \quad \|\boldsymbol{x}\| = \sqrt{15} \ge 3, \quad \|\boldsymbol{y}\| = \sqrt{30} \ge 5$$

であるので，$\|\boldsymbol{x} + \boldsymbol{y}\| \le 7 \le 3 + 5 \le \|\boldsymbol{x}\| + \|\boldsymbol{y}\|$ が成り立つ．

問 8.13 (1) $\boldsymbol{b}_1$ は W の元 $\boldsymbol{a}_1$ の定数倍であり，W は $\mathbb{R}^n$ の線形部分空間であるので，$\boldsymbol{b}_1' \in W$ である．また，$\boldsymbol{b}_2$ は W の元 $\boldsymbol{a}_2$, $\boldsymbol{b}_1'$ の線形結合であり，W は $\mathbb{R}^n$ の線形部分空間であるので，$\boldsymbol{b}_2 \in W$ である．

(2) $\boldsymbol{a}_1$, $\boldsymbol{a}_2$ は W の基底の一部であるので，これらは線形独立である．もし $\boldsymbol{b}_2 = \boldsymbol{0}$ ならば，$\boldsymbol{a}_2$ は $\boldsymbol{b}_1'$ の定数倍となり，したがって，$\boldsymbol{a}_2$ は $\boldsymbol{a}_1$ の定数倍となる．これは $\boldsymbol{a}_1$, $\boldsymbol{a}_2$ が線形独立であることに反する．よって，$\boldsymbol{b}_2 \neq \boldsymbol{0}$ である．

問 8.16 $\dfrac{1}{\sqrt{5}} \begin{pmatrix} 2 \\ 1 \\ 0 \\ 0 \end{pmatrix}$, $\dfrac{1}{\sqrt{255}} \begin{pmatrix} 1 \\ -2 \\ 15 \\ 5 \end{pmatrix}$.

問 8.24 第 1 列ベクトルと第 3 列ベクトルが直交し，第 2 列ベクトルと第 3 列ベクトルが直交する．また，第 3 列ベクトルのノルムは 1 である．これらの条件を満たす実数 a, b, c の組合せを求めればよい．

$$(a, b, c) = \left(\pm \frac{1}{\sqrt{6}}, \pm \frac{1}{\sqrt{6}}, \mp \frac{2}{\sqrt{6}}, \right) \quad (\text{複号同順}).$$

問 9.2 省略.

問 9.10 $P^{-1} = \begin{pmatrix} 0 & 0 & -1 \\ -2 & 3 & -2 \\ 1 & -1 & 1 \end{pmatrix}$ である. $P^{-1}AP$ の計算は省略.

問 9.11 (1) $\boldsymbol{p}_1 = \begin{pmatrix} 1 \\ 2 \end{pmatrix}$, $\boldsymbol{p}_2 = \begin{pmatrix} 1 \\ 3 \end{pmatrix}$ は A_1 の固有値 $2, 3$ に対する固有ベクトル

であり，これらは線形独立である. $P = (\boldsymbol{p}_1 \, \boldsymbol{p}_2) = \begin{pmatrix} 1 & 1 \\ 2 & 3 \end{pmatrix}$ は正則行列であっ

て，$P^{-1}A_1P = \text{Diag}(2, 3)$.

(2) $\boldsymbol{p}_1 = \begin{pmatrix} 1 \\ 1 \\ 1 \end{pmatrix}$, $\boldsymbol{p}_2 = \begin{pmatrix} 1 \\ 2 \\ 0 \end{pmatrix}$, $\boldsymbol{p}_3 = \begin{pmatrix} 2 \\ 0 \\ 1 \end{pmatrix}$ は A_2 の固有値 $-3, 0, 3$ に対

する固有ベクトルであり，これらは線形独立であるので，$P = (\boldsymbol{p}_1 \, \boldsymbol{p}_2 \, \boldsymbol{p}_3)$ は正
則行列であって，$P^{-1}A_2P = \text{Diag}(-3, 0, 3)$.

問 9.18 (1) 固有多項式は $t(t-1)^2$ である. 固有値 0 に対する固有ベクトルとして

$\boldsymbol{p}_1 = \begin{pmatrix} 1 \\ 0 \\ -1 \end{pmatrix}$ をとり，固有値 1 に対する線形独立な 2 つの固有ベクトルとし

て，たとえば $\boldsymbol{p}_2 = \begin{pmatrix} 0 \\ 1 \\ 0 \end{pmatrix}$, $\boldsymbol{p}_3 = \begin{pmatrix} 2 \\ 0 \\ -1 \end{pmatrix}$ をとる. $\boldsymbol{p}_1, \boldsymbol{p}_2, \boldsymbol{p}_3$ は線形独立で

あるので，$P = (\boldsymbol{p}_1 \, \boldsymbol{p}_2 \, \boldsymbol{p}_3)$ は正則行列であって，$P^{-1}A_1P = \text{Diag}(0, 1, 1)$.

(2) 固有多項式は $t(t-1)^2$ である. $A_2\boldsymbol{x} = \boldsymbol{x}$ を満たす 3 次元ベクトルは

$$\boldsymbol{x} = \begin{pmatrix} 0 \\ c \\ 0 \end{pmatrix} \quad (c \text{ は定数})$$

という形に限られるので，固有値 1 に対して 2 個の線形独立な固有ベクトルを
選ぶことができず，対角化は不可能である.

問 9.20 $A_1^k = \begin{pmatrix} 3 \cdot 2^k - 2 \cdot 3^k & -2^k + 3^k \\ 3 \cdot 2^{k+1} - 2 \cdot 3^{k+1} & -2^{k+1} + 3^{k+1} \end{pmatrix}$.

問 9.23 $a_k = \dfrac{1}{\sqrt{5}} \left(\dfrac{1 + \sqrt{5}}{2} \right)^k - \dfrac{1}{\sqrt{5}} \left(\dfrac{1 - \sqrt{5}}{2} \right)^k$.

問 10.8 $A\boldsymbol{z} = cA\boldsymbol{x} + c'A\boldsymbol{y} = c\alpha\boldsymbol{x} + c'\alpha\boldsymbol{y} = \alpha(c\boldsymbol{x} + c'\boldsymbol{y}) = \alpha\boldsymbol{z}$.

問 10.9 (1) A_1 の固有多項式は $(t-1)(t+1)$ である. 固有値 $1, -1$ に対するノルム 1 の固有ベクトルとして, たとえば

$$\boldsymbol{p}_1 = \frac{1}{\sqrt{2}} \begin{pmatrix} 1 \\ 1 \end{pmatrix}, \quad \boldsymbol{p}_2 = \frac{1}{\sqrt{2}} \begin{pmatrix} -1 \\ 1 \end{pmatrix}$$

を選ぶ. これらは互いに直交するので, $P = (\boldsymbol{p}_1\,\boldsymbol{p}_2)$ は直交行列であり, $P^{-1}A_1P = \mathrm{Diag}(1, -1)$.

(2) A_2 の固有多項式は $t(t-4)^2$ である. 固有値 0 に対するノルム 1 の固有ベクトルとして, たとえば

$$\boldsymbol{p}_1 = \frac{1}{2} \begin{pmatrix} 1 \\ \sqrt{3} \\ 0 \end{pmatrix}$$

を選ぶ. 固有値 4 に対するノルム 1 の固有ベクトルで, 互いに直交するものとして, たとえば

$$\boldsymbol{p}_2 = \frac{1}{2} \begin{pmatrix} -\sqrt{3} \\ 1 \\ 0 \end{pmatrix}, \quad \boldsymbol{p}_3 = \begin{pmatrix} 0 \\ 0 \\ 1 \end{pmatrix}$$

を選ぶ. $P = (\boldsymbol{p}_1\,\boldsymbol{p}_2\,\boldsymbol{p}_3)$ は直交行列であり, $P^{-1}A_2P = \mathrm{Diag}(0, 4, 4)$.

問 10.12 (1) $\begin{pmatrix} x_1 & x_2 & x_3 \end{pmatrix} \begin{pmatrix} a & b & c \\ b & d & e \\ c & e & f \end{pmatrix} \begin{pmatrix} x_1 \\ x_2 \\ x_3 \end{pmatrix}$

$= \begin{pmatrix} x_1 & x_2 & x_3 \end{pmatrix} \begin{pmatrix} ax_1 + bx_2 + cx_3 \\ bx_1 + dx_2 + ex_3 \\ cx_1 + ex_2 + fx_3 \end{pmatrix}$

$= x_1(ax_1 + bx_2 + cx_3) + x_2(bx_1 + dx_2 + ex_3) + x_3(cx_1 + ex_2 + fx_3)$

$$= ax_1^2 + dx_2^2 + fx_3^2 + 2bx_1x_2 + 2cx_1x_3 + 2ex_2x_3.$$

(2) $B = \begin{pmatrix} p & \frac{u}{2} & \frac{v}{2} \\ \frac{u}{2} & q & \frac{w}{2} \\ \frac{v}{2} & \frac{w}{2} & r \end{pmatrix}.$

問 10.14 ${}^tA = A$ であるので，${}^t({}^tPAP) = {}^tP\,{}^tA\,{}^t({}^tP) = {}^tPAP.$

問 10.20 2 次形式 $f(x_1, x_2)$ に対応する対称行列を A とすると，$A = \begin{pmatrix} 0 & 1 \\ 1 & 0 \end{pmatrix}$ で

ある．直交行列 $P = \begin{pmatrix} \frac{1}{\sqrt{2}} & -\frac{1}{\sqrt{2}} \\ \frac{1}{\sqrt{2}} & \frac{1}{\sqrt{2}} \end{pmatrix}$ に対して

$${}^tPAP = P^{-1}AP = \mathrm{Diag}(1, -1)$$

が成り立つ (問 10.9 (1) 参照)．したがって，変数変換

$$\begin{pmatrix} x_1 \\ x_2 \end{pmatrix} = P\begin{pmatrix} y_1 \\ y_2 \end{pmatrix} = \begin{pmatrix} \frac{1}{\sqrt{2}}y_1 - \frac{1}{\sqrt{2}}y_2 \\ \frac{1}{\sqrt{2}}y_1 + \frac{1}{\sqrt{2}}y_2 \end{pmatrix}$$

をほどこすことにより，直交標準形 $y_1^2 - y_2^2$ が得られる．

問 10.22 $P = \begin{pmatrix} \frac{1}{\sqrt{2}} & -\frac{1}{\sqrt{2}} \\ \frac{1}{\sqrt{2}} & \frac{1}{\sqrt{2}} \end{pmatrix}$ を用いた変換 $\begin{pmatrix} x_1 \\ x_2 \end{pmatrix} = P\begin{pmatrix} y_1 \\ y_2 \end{pmatrix}$ により

$$f(x_1, x_2) = 2y_1^2 + 8y_2^2$$

という直交標準形が得られる．したがって，x_1x_2 座標を反時計回りに角度 $\dfrac{\pi}{4}$ 回転させて y_1y_2 座標を作ったとき，この座標に関して

$$y_1^2 + 4y_2^2 = 4$$

と表される楕円が求める曲線である．この楕円は，x_1x_2 平面において，点 $\left(\sqrt{2}, \sqrt{2}\right)$ と点 $\left(-\sqrt{2}, -\sqrt{2}\right)$ を結ぶ線分を長軸とし，点 $\left(-\dfrac{1}{\sqrt{2}}, \dfrac{1}{\sqrt{2}}\right)$ と点 $\left(\dfrac{1}{\sqrt{2}}, -\dfrac{1}{\sqrt{2}}\right)$ を結ぶ線分を短軸とし，これら 4 点を通る (概形は次頁)．

問 10.24 $P = \begin{pmatrix} \frac{1}{\sqrt{2}} & 0 & 0 \\ 0 & 1 & 0 \\ 0 & 0 & \frac{1}{\sqrt{3}} \end{pmatrix}$ とすればよい．

問 10.30 $f(x_1, x_2) = 2u_1^2 + 2u_1u_2 = 2\left(u_1 + \dfrac{1}{2}u_2\right)^2 - \dfrac{1}{2}u_2^2.$ 符号は $(1, 1)$.

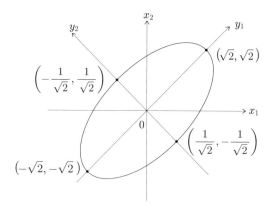

問 10.33 A の固有多項式は
$$\Phi_A(t) = (t-a)(t-b) - c^2 = t^2 - (a+b)t + ab - c^2$$
である．このとき

「$f(x_1, x_2)$ の符号が $(1,1)$」

$\iff$ 「$\Phi_A(t) = 0$ が正の根と負の根を 1 つずつ持つ」

$\iff \Phi_A(0) < 0 \iff ab - c^2 < 0$

が成り立つ．

問 11.9 $\displaystyle\lim_{x\to\infty} \frac{3x^2 + 5x + 6}{2x^2 + 1} = \lim_{x\to\infty} \frac{3 + 5(\frac{1}{x}) + 6(\frac{1}{x})^2}{2 + (\frac{1}{x})^2} = \frac{3}{2}$.

問 11.32 $p = 3a^2$, $q = a^3$.

問 11.34 $p = \displaystyle\lim_{x\to a} \frac{f(x,b) - f(a,b)}{x - a} = 2a$, $q = \displaystyle\lim_{y\to b} \frac{f(a,y) - f(a,b)}{y - b} = -2b$.

問 12.5 三角関数の加法定理により
$$\frac{\cos(x+h) - \cos x}{h} = \frac{\cos x \cos h - \sin x \sin h - \cos x}{h}$$
$$= -\cos x \frac{1 - \cos h}{h} - \sin x \frac{\sin h}{h}$$

が成り立つ．$\displaystyle\lim_{h\to 0} \frac{1 - \cos h}{h} = 0$, $\displaystyle\lim_{h\to 0} \frac{\sin h}{h} = 1$ であるので

$$(\cos x)' = \lim_{h\to 0} \frac{\cos(x+h) - \cos x}{h} = (-\cos x) \cdot 0 - (\sin x) \cdot 1 = -\sin x.$$

問 12.9 (1) $-2x\sin(x^2)$. (2) $-\dfrac{1}{x^2} e^{\frac{1}{x}}$.

問 12.11 $\varphi(x) = \log f(x)$ とおくと, $\varphi(x) = \log(x^a) = a \log x$, $\varphi'(x) = \dfrac{a}{x}$ であるので, $f'(x) = \varphi'(x)f(x) = \dfrac{a}{x} \cdot x^a = ax^{a-1}$.

問 12.17 $0 \leq x \leq \pi$ のとき, $\sin x \geq 0$ であるので, $\dfrac{dy}{dx} = -\sin x = -\sqrt{1-y^2}$ である. よって, $(\arccos y)' = \dfrac{dx}{dy} = \dfrac{1}{\frac{dy}{dx}} = -\dfrac{1}{\sqrt{1-y^2}}$ が成り立つ.

問 13.6 平均値の定理より

$$a < \alpha < b \quad \text{かつ} \quad \frac{g(b)-g(a)}{b-a} = g'(\alpha)$$

を満たす実数 α が存在する. $g'(\alpha) \neq 0$ であるので, $g(b) - g(a) \neq 0$ である.

問 13.12 (1) $f_1(x) = e^x - 1$, $g_1(x) = x$, $f_2(x) = e^x - (1+x)$, $g_2(x) = x^2$, $f_3(x) = e^x - \left(1 + x + \dfrac{1}{2}x^2\right)$, $g_3(x) = x^3$ とおくと

$$\lim_{x \to 0} \frac{f_1(x)}{g_1(x)} = \lim_{x \to 0} \frac{f_1'(x)}{g_1'(x)} = \lim_{x \to 0} e^x = 1,$$

$$\lim_{x \to 0} \frac{f_2(x)}{g_2(x)} = \lim_{x \to 0} \frac{f_2'(x)}{g_2'(x)} = \lim_{x \to 0} \frac{f_1(x)}{2g_1(x)} = \frac{1}{2},$$

$$\lim_{x \to 0} \frac{f_3(x)}{g_3(x)} = \lim_{x \to 0} \frac{f_3'(x)}{g_3'(x)} = \lim_{x \to 0} \frac{f_2(x)}{3g_2(x)} = \frac{1}{6}.$$

(4) $\displaystyle \lim_{x \to 0} \frac{e^x - \left(1 + x + \frac{1}{2}x^2 + \frac{1}{6}x^3\right)}{x^3} = \lim_{x \to 0} \frac{e^x - \left(1 + x + \frac{1}{2}x^2\right)}{x^3} - \frac{1}{6} = 0.$

問 13.14 $a = 1$, $b = 5$, $c = 11$, $d = 12$.

問 13.17 $\left((b-x)^j\right)' = -j(b-x)^{j-1}$ であることに注意すれば

$$g'(x) = -\sum_{j=0}^{n-1} \frac{f^{(j+1)}(x)}{j!}(b-x)^j - \sum_{j=0}^{n-1} \frac{f^{(j)}(x)}{j!} \cdot (-j) \cdot (b-x)^{j-1}$$

$$- \frac{r}{n!} \cdot (-n) \cdot (b-x)^{n-1}$$

$$= -\sum_{j=0}^{n-1} \frac{f^{(j+1)}(x)}{j!}(b-x)^j + \sum_{j=1}^{n-1} \frac{f^{(j)}(x)}{(j-1)!}(b-x)^{j-1}$$

$$+ \frac{r}{(n-1)!}(b-x)^{n-1}$$

が得られる. ここで, 最右辺の 2 番目の項において, $j - 1 = J$ とおき, その J をあらためて j と書き直せば

$$\sum_{j=1}^{n-1} \frac{f^{(j)}(x)}{(j-1)!}(b-x)^{j-1} = \sum_{j=0}^{n-2} \frac{f^{(j+1)}(x)}{j!}(b-x)^j$$

となるので

$$g'(x) = -\sum_{j=0}^{n-1} \frac{f^{(j+1)}(x)}{j!}(b-x)^j + \sum_{j=0}^{n-2} \frac{f^{(j+1)}(x)}{j!}(b-x)^j$$
$$+ \frac{r}{(n-1)!}(b-x)^{n-1}$$
$$= -\frac{f^{(n)}(x)}{(n-1)!}(b-x)^{n-1} + \frac{r}{(n-1)!}(b-x)^{n-1}$$
$$= \frac{r - f^{(n)}(x)}{(n-1)!}(b-x)^{n-1}$$

が得られる.

問 13.20 (1) $f'(x) = x(1+x^2)^{-1/2}$, $f''(x) = (1+x^2)^{-3/2}$,
$f^{(3)}(x) = -3x(1+x^2)^{-5/2}$, $f^{(4)}(x) = (-3+12x^2)(1+x^2)^{-7/2}$ であるので,
$f(0) = 1$, $f'(0) = 0$, $f''(0) = 1$, $f^{(3)}(0) = 0$, $f^{(4)}(c) = -\dfrac{3(1-4c^2)}{(1+c^2)^{7/2}}$. よって

$$f(b) = f(0) + f'(0)\,b + \frac{f''(0)}{2}b^2 + \frac{f^{(3)}(0)}{6}b^3 + \frac{f^{(4)}(c)}{24}b^4$$
$$= 1 + \frac{1}{2}b^2 - \frac{1-4c^2}{8(1+c^2)^{7/2}}b^4.$$

(2) $0 < c < b < \dfrac{1}{2}$ より, $1 - 4c^2 > 0$ である. また, $(1+c^2)^{7/2} > 0$ である.
よって, $R > 0$ である. 一方, $c > 0$ より, $8(1+c^2)^{7/2} > 8$, $1 - 4c^2 < 1$ であ
る. よって, $R < \dfrac{1}{8}b^4$ である.

問 13.22 $f^{(j)}(x) = e^x$ であるので, $f^{(j)}(0) = 1$ である. したがって, $f(x)$ のマク
ローリン級数は本文中のものと同じ形である.

また, $g^{(2j)}(x) = (-1)^j \sin x$, $g^{(2j+1)}(x) = (-1)^j \cos x$ であるので

$$g^{(2j)}(0) = 0, \quad g^{(2j+1)}(0) = (-1)^j$$

であり, $g(x)$ のマクローリン級数は本文中のものと同じ形である.

問 14.6 (1) $f_x(x, y) = ye^{xy}$, $f_y(x, y) = xe^{xy}$.

(2) $g_x(x, y) = -\dfrac{y}{x^2+y^2}$, $g_y(x, y) = \dfrac{x}{x^2+y^2}$.

問 14.8 $z = 2ax - 2by - a^2 + b^2$.

問 14.13 z を t の関数とみて, $z = F(t)$ とおくと

$$F(t) = \left(e^t\right)^2 + e^t \cdot e^{-t} = e^{2t} + 1, \quad \frac{dz}{dt} = F'(t) = 2e^{2t}$$

である. 一方, $\dfrac{\partial z}{\partial x}(x, y) = 2x + y$, $\dfrac{\partial z}{\partial y}(x, y) = x$ であり, これらに $x = e^t$,
$y = e^{-t}$ を代入すれば

$$\frac{\partial z}{\partial x}(e^t, e^{-t}) = 2e^t + e^{-t}, \qquad \frac{\partial z}{\partial y}(e^t, e^{-t}) = e^t$$

となる (これらを $\dfrac{\partial z}{\partial x}$, $\dfrac{\partial z}{\partial y}$ と略記する). さらに, $\dfrac{dx}{dt} = e^t$, $\dfrac{dy}{dt} = -e^{-t}$ であるので

$$\frac{\partial z}{\partial x}\frac{dx}{dt} + \frac{\partial z}{\partial y}\frac{dy}{dt} = (2e^t + e^{-t})e^t + e^t \cdot (-e^{-t}) = 2e^{2t}$$

が得られる. これは $\dfrac{dz}{dt}$ と一致している.

問 14.19 $f_{xx}(x,y) = (x^2 + 4x + 2 + y^3)e^{x-y}$, $f_{yy}(x,y) = (x^2 + y^3 - 6y^2 + 6y)e^{x-y}$.

問 14.20 $g_x(0,0) = g_y(0,0) = 0$, $g_{xx}(0,0) = 2a$, $g_{xy}(0,0) = g_{yx}(0,0) = b$,

$g_{yy}(0,0) = 2c$.

問 15.5 $\quad f(x,y) = f(a,b) + f_x(a,b)(x-a) + f_y(a,b)(y-b)$

$$+ \frac{f_{xx}(a,b)}{2}(x-a)^2 + f_{xy}(a,b)(x-a)(y-b)$$

$$+ \frac{f_{yy}(a,b)}{2}(y-b)^2 + \frac{f_{xxx}(a,b)}{6}(x-a)^3$$

$$+ \frac{f_{xxy}(a,b)}{2}(x-a)^2(y-b) + \frac{f_{xyy}(a,b)}{2}(x-a)(y-b)^2$$

$$+ \frac{f_{yyy}(a,b)}{6}(y-b)^3 + R_4.$$

問 15.6 (1) $f_x(x,y) = \sin 2x$, $f_y(x,y) = -\sin 2y$.

(2) $f_{xx}(x,y) = 2\cos 2x$, $f_{xy}(x,y) = 0$, $f_{yy}(x,y) = -2\cos 2y$.

(3) $f(x,y) = x^2 - y^2 + R_3$.

問 15.18 (1) 停留点は $(1,0)$ のみであり, $f(x,y)$ は $(x,y) = (1,0)$ において, 強い意味で極小である.

(2) 停留点は $(0,0)$ と $(-1,1)$ である. $g(x,y)$ は $(x,y) = (0,0)$ において, 強い意味で極小である. また, 点 $(-1,1)$ は $g(x,y)$ の鞍点である.

問 15.22 $f(\sqrt{2}, \sqrt{2}) = 0$ であるので, P は C 上の点である. また

$$f_x(\sqrt{2}, \sqrt{2}) = 4\sqrt{2}, \quad f_y(\sqrt{2}, \sqrt{2}) = 4\sqrt{2}$$

であるので, 求める接線の方程式は $4\sqrt{2}(x - \sqrt{2}) + 4\sqrt{2}(y - \sqrt{2}) = 0$, すなわち, $x + y = 2\sqrt{2}$ である.

問 15.23 $y = \varphi(x)$ を $f(x,y) = 0$ の陰関数とする. 点 (a,b) において $y = \varphi(x)$ が極値をとるとすると

$$f(a,b) = 4a^2 + 8ab + 5b^2 - 8a - 8b = 0, \quad f_x(a,b) = 8a + 8b - 8 = 0$$

が成り立つ．これを解けば，$(a, b) = (-1, 2)$ または $(a, b) = (3, -2)$ が得られる．
$$f(x, \varphi(x)) = 4x^2 + 8x\varphi(x) + 5(\varphi(x))^2 - 8x - 8\varphi(x)$$
が恒等的に 0 であることに注意し，これを x で 2 回微分すると
$$8 + 16\varphi'(x) + 8x\varphi''(x) + 10(\varphi'(x))^2 + 10\varphi(x)\varphi''(x) - 8\varphi''(x) = 0$$
となる．いま，$a = -1$ とする．$b = \varphi(a) = 2$ となるように $\varphi(x)$ を選ぶと，上の式より，$\varphi''(-1) = -2 < 0$ が得られる．よって，$y = \varphi(x)$ は $x = -1$ において極大値 2 をとる．次に，$a = 3$ とする．$b = \varphi(a) = -2$ となるように $\varphi(x)$ を選ぶと，$\varphi''(3) = 2 > 0$ となる．$y = \varphi(x)$ は $x = 3$ において極小値 -2 をとる．

問 15.28 $\Psi(x, y, \lambda) = h(x, y) - \lambda f(x, y)$ とおく．条件 $f(x, y) = 0$ のもとで，点 (a, b) が $h(x, y)$ の停留点であるとすると
$$\begin{cases} f(a, b) = 5a^2 - 6ab + 5b^2 - 8 = 0, \\ \Psi_x(a, b) = b - \lambda_1(10a - 6b) = 0, \\ \Psi_y(a, b) = a - \lambda_1(-6a + 10b) = 0 \end{cases}$$
を満たす実数 λ_1 が存在する．このとき，$b : a = (10a - 6b) : (-6a + 10b)$ より，$a = \pm b$ が得られる．これを第 1 式に代入することにより
$$(\sqrt{2}, \sqrt{2}),\ (-\sqrt{2}, -\sqrt{2}),\ \left(\frac{1}{\sqrt{2}}, -\frac{1}{\sqrt{2}}\right),\ \left(-\frac{1}{\sqrt{2}}, \frac{1}{\sqrt{2}}\right)$$
が停留点であることがわかる．

問 16.12 $(f(x)G(x))' = f'(x)G(x) + f(x)G'(x) = f'(x)G(x) + f(x)g(x)$ であるので
$$f(x)g(x) = (f(x)G(x))' - f'(x)G(x)$$
が成り立つ．両辺の不定積分と定積分をとれば，求める等式が得られる．

問 16.14 $\displaystyle\int_1^x \log t\, dt = \Big[t\log t\Big]_1^x - \int_1^x t \cdot \frac{1}{t}\, dt = x\log x - x + 1.$

問 16.15 $\displaystyle\int_0^x t^3 e^t\, dt = \Big[t^3 e^t\Big]_0^x - \int_0^x 3t^2 e^t\, dt = x^3 e^x - 3\int_0^x t^2 e^t\, dt,$

$\displaystyle\int_0^x t^2 e^t\, dt = \Big[t^2 e^t\Big]_0^x - \int_0^x 2t e^t\, dt = x^2 e^x - 2\int_0^x t e^t\, dt,$

$\displaystyle\int_0^x t e^t\, dt = \Big[t e^t\Big]_0^x - \int_0^x e^t\, dt = x e^x - e^x + 1$ であるので，

$\displaystyle\int_0^x t^3 e^t\, dt = (x^3 - 3x^2 + 6x - 6)e^x + 6.$

問 16.20 $\sqrt{x^2+1}=t-x$ の両辺を 2 乗して整理すれば，$x=\dfrac{t^2-1}{2t}$ が得られる．

このとき，$\dfrac{dx}{dt}=\dfrac{t^2+1}{2t^2}$，$\sqrt{x^2+1}=t-x=\dfrac{t^2+1}{2t}$ であるので

$$I=\int_1^{1+\sqrt{2}}\frac{2t}{t^2+1}\frac{t^2+1}{2t^2}\,dt=\int_1^{1+\sqrt{2}}\frac{dt}{t}=\log(1+\sqrt{2}).$$

問 16.21 $\tan\dfrac{\theta}{2}=t$ とおくと，$\dfrac{1}{2}\left(1+\tan^2\dfrac{\theta}{2}\right)d\theta=dt$ より，$d\theta=\dfrac{2}{1+t^2}dt$ であ

る．また，$\dfrac{1}{\sin\theta}=\dfrac{1}{2\sin\frac{\theta}{2}\cos\frac{\theta}{2}}=\dfrac{1}{2\tan\frac{\theta}{2}\cos^2\frac{\theta}{2}}=\dfrac{1+t^2}{2t}$ であるので

$$I=\int_{\frac{1}{\sqrt{3}}}^1\frac{1+t^2}{2t}\frac{2}{1+t^2}\,dt=\int_{\frac{1}{\sqrt{3}}}^1\frac{dt}{t}=\frac{1}{2}\log 3.$$

問 17.2 (1) 部分積分法により，$\displaystyle\int\arccos x\,dx=x\arccos x+\int\frac{x}{\sqrt{1-x^2}}\,dx$ が得

られる．$1-x^2=t$ と変換すると，$-2x\,dx=dt$ より

$$\int\frac{x}{\sqrt{1-x^2}}\,dx=-\frac{1}{2}\int t^{-\frac{1}{2}}\,dt=-t^{\frac{1}{2}}=-\sqrt{1-x^2}$$

が成り立つことがわかる．このことより，求める等式が得られる．

(2) 部分積分法により，$\displaystyle\int\arctan x\,dx=x\arctan x-\int\frac{x}{1+x^2}\,dx$ が得られ

る．$1+x^2=t$ と変換すると，$2x\,dx=dt$ より

$$\int\frac{x}{1+x^2}\,dx=\frac{1}{2}\int\frac{dt}{t}=\frac{1}{2}\log|t|=\frac{1}{2}\log(1+x^2)$$

が成り立つことがわかる．このことより，求める等式が得られる．

問 17.8 (1) $f(x)=\dfrac{1}{x^2+2x+2}$，$g(x)=1$，$G(x)=x+1$ とおくと，$G'(x)=g(x)$ である．部分積分法を用いれば

$$\begin{aligned}
I_1 &= \int f(x)g(x)\,dx = f(x)G(x)-\int f'(x)G(x)\,dx\\
&= \frac{x+1}{x^2+2x+2}+\int\frac{2(x+1)^2}{\left(x^2+2x+2\right)^2}\,dx\\
&= \frac{x+1}{x^2+2x+2}+\int\frac{2\left(x^2+2x+2\right)}{\left(x^2+2x+2\right)^2}\,dx-2\int\frac{dx}{\left(x^2+2x+2\right)^2}\\
&= \frac{x+1}{x^2+2x+2}+2I_1-2I_2
\end{aligned}$$

が成り立つことがわかる．この式を整理すれば，求める等式が得られる．

(2) $\displaystyle I_1=\int\frac{dx}{(x+1)^2+1}=\arctan(x+1)$,

$$I_2 = \frac{x+1}{2(x^2+2x+2)} + \frac{1}{2}\arctan(x+1).$$

(3) $\qquad$
$$I = \int \frac{2x+2}{(x^2+2x+2)^2}\,dx + \int \frac{dx}{(x^2+2x+2)^2}$$

$$= -\frac{1}{x^2+2x+2} + \frac{x+1}{2(x^2+2x+2)} + \frac{1}{2}\arctan(x+1)$$

$$= \frac{x-1}{2(x^2+2x+2)} + \frac{1}{2}\arctan(x+1).$$

問 17.10 (1) $\sin\theta = t$ とおくと, $\cos\theta\,d\theta = dt$ であるので

$$I_1 = \int \frac{\cos\theta}{1-2\sin^2\theta}\,d\theta = \int \frac{dt}{1-2t^2}$$

$$= \frac{1}{2\sqrt{2}}\int\Big(\frac{1}{t+\frac{1}{\sqrt{2}}} - \frac{1}{t-\frac{1}{\sqrt{2}}}\Big)\,dt$$

$$= \frac{1}{2\sqrt{2}}\log\Big|t+\frac{1}{\sqrt{2}}\Big| - \frac{1}{2\sqrt{2}}\log\Big|t-\frac{1}{\sqrt{2}}\Big|$$

$$= \frac{1}{2\sqrt{2}}\log\Big|\sin\theta+\frac{1}{\sqrt{2}}\Big| - \frac{1}{2\sqrt{2}}\log\Big|\sin\theta-\frac{1}{\sqrt{2}}\Big|.$$

(2) $\tan\dfrac{\theta}{2} = t$ とおくと, $d\theta = \Big(2\cos^2\dfrac{\theta}{2}\Big)dt$ であり

$$1-\cos\theta = 1 - \Big(2\cos^2\frac{\theta}{2}-1\Big) = 2\Big(1-\cos^2\frac{\theta}{2}\Big)$$

であるので

$$I_2 = \int \frac{2\cos^2\frac{\theta}{2}}{2\big(1-\cos^2\frac{\theta}{2}\big)}\,dt = \int \frac{dt}{\frac{1}{\cos^2\frac{\theta}{2}}-1}$$

$$= \int \frac{dt}{1+t^2-1} = \int t^{-2}\,dt = -\frac{1}{t} = -\frac{\cos\frac{\theta}{2}}{\sin\frac{\theta}{2}}.$$

問 17.13 $x = \dfrac{1}{\sin\theta}$ $(0<\theta<\dfrac{\pi}{2})$ と変換すると

$$dx = -\frac{\cos\theta}{\sin^2\theta}\,d\theta, \qquad \frac{1}{\sqrt{x^2-1}} = \frac{\sin\theta}{\cos\theta}$$

であるので, $I_3 = -\displaystyle\int \frac{d\theta}{\sin\theta}$ となる. さらに, $\tan\dfrac{\theta}{2} = t$ と変換すると

$$d\theta = \Big(2\cos^2\frac{\theta}{2}\Big)dt, \qquad \frac{1}{\sin\theta} = \frac{1}{2\sin\frac{\theta}{2}\cos\frac{\theta}{2}}$$

であるので

$$I_3 = -\int \frac{2\cos^2 \frac{\theta}{2}}{2\sin \frac{\theta}{2} \cos \frac{\theta}{2}}\, dt = -\int \frac{dt}{\tan \frac{\theta}{2}} = -\int \frac{dt}{t} = -\log t$$

となる. ここで

$$x = \frac{1}{\sin \theta} = \frac{1}{2\sin \frac{\theta}{2} \cos \frac{\theta}{2}} = \frac{1}{2\tan \frac{\theta}{2} \cos^2 \frac{\theta}{2}} = \frac{1 + t^2}{2t}$$

であるので, $t^2 - 2xt + 1 = 0$ が成り立つ. $0 < \dfrac{\theta}{2} < \dfrac{\pi}{4}$ より $0 < t < 1$ であ

るので, $t = x - \sqrt{x^2 - 1} = \dfrac{1}{x + \sqrt{x^2 - 1}}$ が得られる. よって

$$I_3 = -\log\big(x - \sqrt{x^2 - 1}\big) = \log\big(x + \sqrt{x^2 - 1}\big).$$

問 17.15 部分積分法により

$$I_5 = x\sqrt{x^2 - 1} - \int x\left(\sqrt{x^2 - 1}\right)' dx = x\sqrt{x^2 - 1} - \int \frac{x^2}{\sqrt{x^2 - 1}}\, dx$$

が成り立つ. ここで

$$\int \frac{x^2}{\sqrt{x^2 - 1}}\, dx = \int \frac{x^2 - 1 + 1}{\sqrt{x^2 - 1}}\, dx = \int \sqrt{x^2 - 1}\, dx + \int \frac{dx}{\sqrt{x^2 - 1}}$$

であるので, $I_5 = x\sqrt{x^2 - 1} - I_5 - \displaystyle\int \frac{dx}{\sqrt{x^2 - 1}}$ が成り立つことがわかる. こ

の式を整理すれば, $I_5 = \dfrac{1}{2}\left(x\sqrt{x^2 - 1} - \displaystyle\int \frac{dx}{\sqrt{x^2 - 1}}\right)$ が得られる. さらに

問 17.13 より, $\displaystyle\int \frac{dx}{\sqrt{x^2 - 1}} = \log\big(x + \sqrt{x^2 - 1}\big)$ であるので

$$I_5 = \frac{1}{2}\left(x\sqrt{x^2 - 1} - \log\big(x + \sqrt{x^2 - 1}\big)\right).$$

問 17.18 $\displaystyle\int \frac{dx}{\sqrt{x^2 - 1}} = \log\big(x + \sqrt{x^2 - 1}\big)$ であるので (問 17.13)

$$I = \lim_{\varepsilon \to 1+0} \left[\log\big(x + \sqrt{x^2 - 1}\big)\right]_\varepsilon^2 = \log\big(2 + \sqrt{3}\big)$$

である. この広義積分は収束し, その値は $\log\big(2 + \sqrt{3}\big)$ である.

問 18.4 $f(x) = \sqrt{R^2 - x^2}$ とおくと, $1 + \big(f'(x)\big)^2 = 1 + \dfrac{x^2}{R^2 - x^2} = \dfrac{R^2}{R^2 - x^2}$ で

あるので, $l = \displaystyle\int_0^{\frac{R}{\sqrt{2}}} \sqrt{1 + \big(f'(x)\big)}\, dx = R\int_0^{\frac{R}{\sqrt{2}}} \frac{dx}{\sqrt{R^2 - x^2}}$ である.

$x = R\sin \theta$ $(0 \leq \theta \leq \dfrac{\pi}{4})$ と変換すると, $dx = R\cos \theta\, d\theta$, $\sqrt{R^2 - x^2} = R\cos \theta$

258 問の解答

であるので, $l = R \int_0^{\frac{\pi}{4}} \frac{R \cos \theta}{R \cos \theta} \, d\theta = R \int_0^{\frac{\pi}{4}} d\theta = \frac{\pi R}{4}$.

問 18.8 $f(x) = \sqrt{x}$ とおくと, $\sqrt{1 + \left(f'(x) \right)^2} = \frac{\sqrt{4x+1}}{2\sqrt{x}}$ であるので

$$S = 2\pi \int_0^1 \sqrt{x} \frac{\sqrt{4x+1}}{2\sqrt{x}} \, dx = \pi \int_0^1 (4x+1)^{\frac{1}{2}} \, dx = \left(\frac{5\sqrt{5}}{6} - \frac{1}{6} \right) \pi.$$

問 19.14 定義 19.12 において, $\varphi_1(t), \varphi_2(t)$ を次のように定めればよい.

$$\varphi_1(t) = \begin{cases} 4t & (0 \le t \le \frac{1}{4}), \\ 1 & (\frac{1}{4} \le t \le \frac{1}{2}), \\ 1 - 4\left(t - \frac{1}{2}\right) & (\frac{1}{2} \le t \le \frac{3}{4}), \\ 0 & (\frac{3}{4} \le t \le 1), \end{cases}$$

$$\varphi_2(t) = \begin{cases} 0 & (0 \le t \le \frac{1}{4}), \\ 4\left(t - \frac{1}{4}\right) & (\frac{1}{4} \le t \le \frac{1}{2}), \\ 1 & (\frac{1}{2} \le t \le \frac{3}{4}), \\ 1 - 4\left(t - \frac{3}{4}\right) & (\frac{3}{4} \le t \le 1). \end{cases}$$

問 20.3 $\varphi_1(x) = 0, \varphi_2(x) = 1$ (定数関数) とおけば

$$D_2 = \{(x,y) \in \mathbb{R}^2 \mid 0 \le x \le 1, \ \varphi_1(x) \le y \le \varphi_2(x)\}$$

と表されるので, D_2 は縦線集合である.

問 20.9 $D_3 = \{(x,y) \in \mathbb{R}^2 \mid 0 \le x \le 1, \ 1-x \le y \le 1\}$ と表されるので

$$I_3 = \int_0^1 dx \int_{1-x}^1 (x+y)^2 \, dy = \int_0^1 \left(\frac{1}{3} x^3 + x^2 + x \right) dx = \frac{11}{12}$$

が得られる. $I_2 + I_3 = \frac{1}{4} + \frac{11}{12} = \frac{7}{6} = I_1$ である.

問 20.12

$$I = \int_0^1 dx \int_{-\sqrt{1-x^2}}^{\sqrt{1-x^2}} x \, dy = \int_0^1 2x \sqrt{1-x^2} \, dx = \left[-\frac{2}{3} (1-x^2)^{\frac{3}{2}} \right]_0^1 = \frac{2}{3}.$$

問 20.18 $x = r \cos \theta, y = r \sin \theta \ (0 < r \le 1, \ -\frac{\pi}{2} < \theta < \frac{\pi}{2})$ と変換する.

$$I = \int_0^1 dr \int_{-\frac{\pi}{2}}^{\frac{\pi}{2}} r^2 \cos \theta \, d\theta = \int_0^1 2r^2 \, dr = \frac{2}{3}.$$

問 21.10 自然数 n に対して, $K_n = \{(x,y) \in \mathbb{R}^2 \mid \frac{1}{n} \le x \le 1, \ 0 \le y \le x\}$,

$I_n = \displaystyle\iint_{K_n} \frac{dxdy}{\sqrt{x^2+y^2}}$ とおくと

$$I_n = \int_{\frac{1}{n}}^1 dx \int_0^x \frac{dy}{\sqrt{x^2+y^2}}$$

が成り立つ. x を定数とみて, $y = xz$ と変数変換することにより

$$\int_0^x \frac{dy}{\sqrt{x^2+y^2}} = \int_0^1 \frac{dz}{\sqrt{z^2+1}}$$

$$= \left[\log\left(z + \sqrt{z^2+1}\right)\right]_0^1 = \log(1+\sqrt{2})$$

が得られる. よって

$$I_n = \int_{\frac{1}{n}}^1 \log\left(1+\sqrt{2}\right) dx = \left(1 - \frac{1}{n}\right) \log\left(1+\sqrt{2}\right)$$

となる. したがって, $I = \displaystyle\lim_{n\to\infty} I_n = \log\left(1+\sqrt{2}\right)$ である.

問 21.17 $f(x,y) = x^2 + y^2$ とおく. Γ の面積を S とすると

$$S = \iint_D \sqrt{1 + \left(f_x(x,y)\right)^2 + \left(f_y(x,y)\right)^2}\, dxdy = \iint_D \sqrt{1 + 4x^2 + 4y^2}\, dxdy$$

である. 極座標変換 $x = r\cos\theta,\, y = r\sin\theta$ ($0 \le r \le 1,\, 0 \le \theta < 2\pi$) をほどこ
すと, $\dfrac{\partial(x,y)}{\partial(r,\theta)} = r,\ \sqrt{1+4x^2+4y^2} = \sqrt{1+4r^2}$ であるので

$$S = \int_0^1 dr \int_0^{2\pi} r\sqrt{1+4r^2}\, d\theta = 2\pi \int_0^1 r\sqrt{1+4r^2}\, dr$$

$$= 2\pi \left[\frac{1}{12}\left(1+4r^2\right)^{\frac{3}{2}}\right]_0^1 = \left(\frac{5\sqrt{5}}{6} - \frac{1}{6}\right)\pi.$$

索引

■あ行

鞍点　165

1 次結合　30
1 次従属　31
1 次独立　32
一般解　19
陰関数　167

上に凸　135

n 階導関数　132
n 次導関数　132
n 次の無限小　119
n 重積分　211
エルミート行列　93
円柱座標　235

■か行

解空間　30
開区間　106
開集合　146
階数　20
解析的　144, 162
階段行列　19
回転行列　37
核　44
拡大係数行列　17
片側極限　110
傾き　1
合併集合, ix

基底　32
基本単位ベクトル　33
基本変形　25

逆関数　116
逆行列　12
逆三角関数　131
逆正弦関数　130
逆正接関数　131
逆余弦関数　131
球座標　235
行　7
鏡映行列　38
行基本変形　18
共通部分, ix
行に関する交代性　53, 57
行に関する多重線形性　53, 57
行に関する展開　63
共役　16
共役行列　16
行列　7
行列によって定まる線形写像　43
極限　107, 108, 110, 121
極限値　107, 108, 110, 121
極座標　226, 235
極座標変換　226
極小　135, 162
極小値　135, 162
局所的に積分可能　230
極大　135, 162
極大値　135, 162
極値　135, 162
曲面積　237
近似列　230

空集合, ix
区間　107
区分的に C^1 級の単一閉曲線　214
グラム–シュミットの直交化法　74

クラメールの公式　67
区分け　14

係数行列　17
元, ix
原始関数　180

高位の無限小　118, 122
高階導関数　131
高階の偏導関数　156
広義積分　195
広義積分可能　231
高次の偏導関数　156
合成関数　114
交代性　51, 56
合同変換　77
コーシーの平均値の定理　137
固有多項式　83
固有値　81
固有ベクトル　81
固有方程式　83

■さ行
最大値・最小値の定理　115
差集合, ix
サラスの規則　56
三角不等式　72
3 重積分　211

C^0 級　132, 156
C^0 級関数　132, 156
C^∞ 級　132, 156
C^∞ 級関数　132, 156
C^n 級　132, 156
C^n 級関数　132, 156
次元　33
次元定理　47
自然基底　33
下に凸　135

実行列　8
実ベクトル　6
自明な解　27
写像　42
集合, ix
重積分　211
収束　107, 108, 110, 120, 195, 231
主値　130
シュワルツの不等式　72
小行列　68
小行列式　68
条件付き極値問題　171
剰余項　144, 161
シルベスタの慣性法則　103
シルベスタ標準形　103

随伴行列　77
スカラー　7
スカラー乗法　7
少なくとも n 次の無限小　119

正規行列　96
正規直交基底　73
正射影　43
斉次連立 1 次方程式　27
生成される　30
正則行列　12
正定値　104
成分　6, 7
正方行列　12
積　10
積分可能　178, 211, 212
積分値　178
積分定数　181
積分の平均値の定理　179
零行列　8
零ベクトル　6
線形結合　30
線形写像　43

線形従属　31
線形独立　32
線形部分空間　29
全微分可能　147

像　42, 44
属する, ix

■た行
対角化　80
対角行列　14
対角成分　14
対称行列　92
対数微分法　129
多重線形性　51, 56
たすきがけ　56
縦線集合　216
縦ベクトル　6
単位行列　12
単調関数　115
単調減少　115
単調減少関数　115
単調増加　115
単調増加関数　115
単調非減少関数　116
単調非増加関数　116

置換積分法　182
中間値の定理　115
直交行列　78
直交する　71
直交標準形　99

強い意味で極小　135, 162
強い意味で極大　135, 162

定積分　178
テイラー級数　144, 161
テイラー級数展開　144, 162

テイラー展開　144, 161, 162
テイラーの定理　142, 143, 160
停留点　163
展開　63
転置行列　15

同位以上の無限小　118, 122
同位の無限小　118, 122
導関数　126
特性多項式　83
特性方程式　83

■な行
内積　70
長さ　71

2 階導関数　132
2 階の偏導関数　155
2 次形式　96
2 次導関数　132
2 次の偏導関数　155
2 重積分　211, 212
任意定数　19

ノルム　71

■は行
掃き出し法　21
掃き出す　21
はさみうちの原理　111
発散　107, 108, 110, 111, 121, 196
張られる　30

非自明な解　27
左側極限　110
左手系　54
微分可能　126, 147
微分係数　1, 125
標準基底　33

フィボナッチ数列　91
複素共役　16
複素共役行列　16
複素行列　8
複素ベクトル　6
含まれる, ix
含む, ix
符号　103
不定積分　181
負定値　104
部分集合, ix
部分積分法　181
ブロック分け　14

平均値の定理　133, 160, 179
閉区間　107
閉集合　229
平方完成　103
ベクトル　6
変曲点　136
偏導関数　149
偏微分可能　148, 149
偏微分係数　2, 148

方向微分係数　153
法線ベクトル　3, 149

■ま行
マクローリン級数　144, 161
マクローリン級数展開　144, 162
マクローリン展開　144, 161, 162
交わり, ix

右側極限　110
右手系　54

無限大　107

面積　213

面積確定　213

■や行
ヤコビアン　223
ヤコビ行列　223
ヤコビ行列式　223

有界　209, 212
有界集合　212
有界閉集合　229
有限開区間　106
有限閉区間　107
有理関数　188
ユニタリ行列　78

余因子　62
余因子行列　64
横線集合　216
横ベクトル　6

■ら行
ラグランジュの未定乗数法　171

累次積分　219

零行列　8
零ベクトル　6
列　7
列基本変形　25
列に関する交代性　51, 56
列に関する多重線形性　51, 56
列に関する展開　63
連続　114, 121
連続関数　114, 121

ロピタルの定理　137
ロルの定理　133

■わ行
和集合, ix

海老原 円
えびはら・まどか

略歴
1962 年　東京都生まれ
1985 年　東京大学理学部数学科卒業. 同大学院を経て,
1989 年　学習院大学助手
現　　在　埼玉大学大学院理工学研究科准教授
博士 (理学) 東京大学
専門は代数幾何学

著書
『線形代数』(数学書房)
『14 日間でわかる代数幾何学事始』(日本評論社)
『詳解と演習大学院入試問題〈数学〉―大学数学の理解を深めよう』(数理工学社)
『例題から展開する線形代数』(サイエンス社)
『例題から展開する線形代数演習』(サイエンス社)
『例題から展開する集合・位相』(サイエンス社)
『代数学教本』(数学書房)

じっくり速習 線形代数と微分積分 大学理系篇

2019 年　5月30日　第 1 版第 1 刷発行

著者　　海老原 円
発行者　横山 伸
発行　　有限会社　数学書房
　　　　〒 101-0051　東京都千代田区神田神保町 1-32-2
　　　　TEL　　03-5281-1777
　　　　FAX　　03-5281-1778
　　　　mathmath@sugakushobo.co.jp
　　　　振込口座　00100-0-372475

印刷
製本　　精文堂印刷株式会社
組版　　野崎 洋
装幀　　岩崎寿文

ⓒMadoka Ebihara 2019
ISBN 978-4-903342-88-7

数学書房

◆ テキスト理系の数学 3

線形代数 ………… 海老原 円 著
本書は理工系大学1,2年生向けの教科書・参考書.
題材を基本的なものに限定した上で, 一つ一つの話題に関する記述を
できるだけ丁寧に解説して理解しやすいものをめざした.
A5判／2,600円／ISBN 978-4-903342-33-7

代数学教本 ………… 海老原 円 著
文字通り, 代数学の教本である. 微積分の基礎や線形代数の知識を前提として
「群」「環」「体」「環上の加群」といった代数系を扱う.
著者の長年の講義経験が随所に生かされた教科書・参考書.
A5判／定価2,500円／ISBN 978-4-903342-85-6

◆ 数学書房選書 1

力学と微分方程式 ………… 山本義隆 著
解析学と微分方程式を力学にそくして語り, 同時に力学を, 必要とされる解析学と
微分方程式の説明をまじえて展開した. これから学ぼう, また学び直そうというかたに.
A5判／2,300円／ISBN 978-4-903342-21-4

◆ 数学書房選書 2

背理法 ………… 桂 利行・栗原将人・堤 誉志雄・深谷賢治 著
背理法ってなに? 背理法でどんなことができるの? というかたのために.
その魅力と威力をお届けします.
A5判／1,900円／ISBN 978-4-903342-22-1

◆ 数学書房選書 3

実験・発見・数学体験 ………… 小池正夫 著
手を動かして整数と式の計算. 数学の研究を体験しよう.
データを集めて, 観察をして, 規則性を探す, という実験数学に挑戦しよう.
A5判／2,400円／ISBN 978-4-903342-23-8

◆ 数学書房選書 6

ガウスの数論世界をゆく
── 正多角形の作図から相互法則・数論幾何へ ………… 栗原将人 著
正多角形の作図から4次曲線の数論までを貫くガウスの数学の真髄を
非専門家向けに解説した, 整数論へのまったく新しい入門.
A5判／2,400円／ISBN 978-4-903342-26-9

◆ 数学書房選書 7

個数を数える ………… 大島利雄 著
高校数学を前提として, 組合せ論, 特に「数え上げ」を中心に解説.
離散数学入門をめざす. 数学的思考の理解のために「母関数」の概念を導入した.
A5判／2,600円／ISBN 978-4-903342-27-6

価格税別表示